JN293364

都市のイメージ
THE IMAGE OF THE CITY
新装版

ケヴィン・リンチ
KEVIN LYNCH

丹下健三 / 富田玲子 訳

岩波書店

THE IMAGE OF THE CITY

by Kevin Lynch

Copyright © 1960 by the Massachusetts Institute of Technology
and the President and Fellows of Harvard College

First Japanese edition published 1968,
second Japanese edition published 2007
by Iwanami Shoten, Publishers, Tokyo
by arrangement with The MIT Press
though The English Agency (Japan) Ltd.

序　文

　この本は，都市の外観と，この外観にはいったいどんな重要性があるのか，またこれを変化させることはできるのか，などについて述べたものである．都市の風景にはいろいろの役割があるが，そのひとつは人々に見られ，記憶され，楽しまれることである．都市に視覚的な形態を与えるということは，特殊なデザイン上の問題であり，どちらかといえば新しい問題である．

　この新しい問題を検討するために，この本ではボストン，ジャージー・シティ，ロサンゼルスの3つのアメリカの都市をとりあげた．その目的は，都市的なスケールを持つ視覚的形態と取り組むひとつの方法を示し，都市のデザインについての第1原則をいくつか提案することである．

　この研究の基礎となった作業は，ギオルギー・ケペス Gyorgy Kepes 教授と私の指導のもとに，マサチューセッツ工科大学 M. I. T. の都市・地域研究センター Center for Urban and Regional Studies でおこなわれた．その資金は数年にわたり，ロックフェラー財団が気まえよく提供してくれた．そしてこの本は，M. I. T. とハーバード大学両校の都市研究合同センター Joint Center for Urban Studies の図書シリーズの1冊として出版される．この合同センターは，両大学の都

市研究活動が成長発展したものである．

　どんな知的な作品でもそうだが，この本の内容もいろいろな資料からひき出されたものであり，その跡をたどるのはむずかしいが，デーヴィッド・クレーン David Crane，バーナード・フリーデン Bernard Frieden，ウィリアム・アロンソ William Alonso，フランク・ホッチキス Frank Hotchkiss，リチャード・ドーバー Richard Dober，メアリー・エレン・ピーターズ Mary Ellen Peters（現在はアロンソ夫人）など数人の研究員は，直接にこの研究の発展に貢献してくれた．私は彼ら全員に心から感謝している．

　もしこの本の至らない点についての責任まで負わされることになるのでさえなければ，この本の扉には私の名と並んで，もうひとつの名前が掲げられなければならない．その人の名はギオルギー・ケペスである．詳細にわたる展開と具体的な研究は私自身が行なったものだが，その基本となった概念は，ケペス教授との多くの意見交換から生まれたものである．かれの考えと私の考えのからみ合いを解かねばならないとしたら私は困ってしまうだろう．私は，この数年間，すばらしい交流に恵まれてきたのである．

　　　1959年12月

　　　　　　　　　　M. I. T.　　　ケヴィン・リンチ

目　次

序　文

I 環境のイメージ ················· 1
　　わかりやすさ(3)　イメージづくり(7)　ストラクチャーとアイデンティティ(10)　イメージアビリティ(12)

II 3つの都市 ··················· 17
　　ボストン(20)　ジャージー・シティ(30)　ロサンゼルス(38)　共通のテーマ(51)

III 都市のイメージとそのエレメント ········ 55
　　パス(59)　エッジ(76)　ディストリクト(82)　ノード(90)　ランドマーク(98)　エレメントの相互関係(104)　変化するイメージ(107)　イメージの特質(109)

IV 都市の形態 ··················· 114
　　パスをデザインする(119)　他のエレメントのデザイン(125)　形態の特質(132)　全体としての感じ(137)　大都市の形態(141)　デザインの過程(146)

V 新しいスケール ················· 150

付録　A　オリエンテーションに関して ········· 155
　　　B　調査と分析の方法 ············ 181
　　　C　2つの分析例 ··············· 207

書　目 ······················· 237
解　説 ······················· 243
訳者あとがき ····················· 275
いま『都市のイメージ』を読む(西村幸夫) ········ 277

写真提供：
Nishan Bichajian： 図 4, 6, 7, 11, 12, 13, 21, 22, 23, 26,
　　　　　　　　　　　28, 29, 30, 52, 55, 58, 59, 61
Fairchild Aerial Surveys： 図 1, 9, 15, 24
Italian State Tourist Office： 図 31, 34
Gordon Sommers： 図 16, 17, 18, 19, 20, 27, 32

I.

環境のイメージ

　都市を眺めるということは，それがどんなにありふれた景色であれ，まことに楽しいことである．建築作品と同じ様に都市も空間の構成ではあるが，スケールが非常に大きく，長い時間をかけてようやく感じとられるものである．だから，都市のデザインは時間が生み出す芸術である．しかし，音楽など他の時間の芸術とちがって，これには調整され限定されたシークエンス（継起的連続）sequence が用いられることはほとんどない．そのシークエンスは，人と場合によって，あべこべになったり，とぎれたり，見捨てられたり，他のシークエンスと交差したりする．また都市はあらゆる光とあらゆる天候のもとで眺められるものである．

　どの瞬間にも，出来事や眺めには，目で見，耳で聞くことが出来るものよりも多くのものが隠されていて，われわれに探検されるのを待っている．なにごとも，単独ではなくその四周の情況，その時までに次々に起こった出来事，そして過去の思い出との関係において，体験される．ワシントン・ストリートが畑の中におかれたならば，やはりボストンの中心の商店街のように見えるかもしれないが，それでいて全く違って感じとられるだろう．市民はだれでも，自分の住む都市のどこかの部分に長い間親しんでいて，彼らの抱くイメージは記憶と意

味づけに満たされている．

　都市の中の動く要素，なかでも人間とその活動は，静的な物理的要素と同じくらいに重要である．われわれは単にこの光景の観察者であるだけでなく，われわれ自身その一部であって，他の登場人物と一緒に舞台の上で演じているのである．往々にして，都市に対するわれわれの感じ方は，一様ではなくて，部分的であり，断片的であり，その他いろいろの関心事とまぜこぜになっている．そこにはすべての感覚が活動しており，イメージとはそれらすべてが合成されたものである．

　都市は一方では，階級や性格がいろいろに異なる数百万の人間が感じとる（そしておそらく楽しむ）対象であるが，また一方では，たくさんの制作者たちの作品でもある．彼らはそれぞれ自分なりの理由から，その構造に休むことなく手を加えている．全体の輪郭はしばらくの間は安定しているかもしれないが，細部は常に変化しているのである．その成長や形態についての制御は，部分的に行なわれるだけである．終着点といったものはなく，いろいろな様相が切れ目なく連続しているだけである．だから，感覚の喜びのために都市を形づくろうとする芸術が，建築や音楽や文学と全くちがうのは当然である．これらの芸術から学ぶところは多いが，真似することはできない．

　美しくて快適な都市環境は存在する方が奇妙だといえるくらい少ない．そもそもそれは不可能だという人さえあるだろう．村より大きな規模を持つようなアメリカ都市のうち，全体の質が一貫してすぐれているものはただのひとつもない．もっとも愛すべき側面をいくつか持った町なら2,3あるが……．だから，たいていのアメリカ人が，そのような環境に住むことがどんな意味を持つことなのかほとんどわかっていないということも驚くには及ばない．彼らは自分たちが住む世界の醜さについてはよく承知していて，ほこり，煤煙，暑さ，雑踏，無秩序でしかも単調なことなどについて，まことにやかましい．しかし彼らは，旅行や休暇のさいには調和のとれた環境という世界を垣間見ているかもしれないのに，それがどんな価値を秘めているのかほとんど気づいていないのだ．日々の喜びとして，つねに生活の頼りの綱にな

るものとして，そしてさらにこの世界の意味深さと豊かさの延長として，環境というものがどんな意味を持つことができるのかを，彼らはほとんど理解していないのである．

わかりやすさ Legibility

　この本では，アメリカの市民が彼らの都市に対して心に描いているイメージを調べることによって，アメリカ都市の視覚的な特質について考えてみよう．そしてこの視覚的な特質の中でも，とくに都市の眺めの外見の明瞭さあるいはわかりやすさ legibility ということに焦点をしぼることにしよう．これは人々が都市の各部分を認識し，さらにそれらをひとつの筋の通ったパターンに構成するのがたやすいということである．この本のこの頁をよみやすいということは，見分けのつく記号の組合せからなるパターンとして，それを視覚的に把握できるということであるが，わかりやすい都市とは，その中の地域とか目印とか道路などがたやすく見分けられ，しかもたやすく全体的なパターンへとまとめられるものであろう．

　この本は，わかりやすさということが都市環境にとって決定的な重要性を持つと主張し，それをやや詳細に分析し，この概念が今日われわれの都市を改造するのにどのように応用されるかを示そうとしている．しかし読者はすぐに気づかれるであろうが，この研究は予備的なものであって，結びではなくて序文である．いくつかの概念を獲得し，それらを展開し，試してみるにはどうしたらよいかを示唆する試みにすぎないのである．その論調は推論的で，いささか無責任であるかもしれない．試論でありながら無遠慮であるかもしれない．ともあれこの第1章では，基本的な考えのいくつかを展開し，続く各章では，それらをアメリカのいくつかの都市に適用し，それらの重要性について都市設計の見地から検討することとする．

　明瞭さとかわかりやすさは，決して美しい都市のためのただひとつの重要な特性ではないが，空間，時間，複雑さの点で都市のスケールを持つ環境について考える場合に，それは特に重要である．このこと

を理解するためには，われわれは，都市をものそれ自体としてばかりでなく，そこに住む人々によって感じとられるものとして考えてみなければならない．

　環境を組み立てたり見分けたりするのは，あらゆる移動性の動物にとって必要欠くべからざる能力である．これには，色，形，動き，偏光などの視覚的な感覚をはじめ，におい，音，接触，筋肉運動の感覚，それに重力感からおそらくは電場，磁場の感覚にいたるまでの，たくさんの手がかりが用いられる．このオリエンテーション（適応，位置づけ，方向づけ）の技術については，極地飛行をするあじさしのそれから，ひとつの岩という微小な地形の上で道をみつけるかさがいのそれにいたるまで，多方面にわたる文献に記述され，その重要性が強調されている[10, 20, 31, 59]．心理学者たちもまた，人間のこの能力について研究している．ただし，それは大まかであるか，実験室での限られた条件のもとにおいてではあるが……[1, 5, 8, 12, 37, 63, 65, 76, 81]．まだいささかの謎は残されているが，現在のところ，道を見つける神秘的な"本能"などは存在しないらしいと考えられている．むしろ，周囲の環境から得られるいくつかの明確な感覚的手がかりが，徹底的にとり入れられ，組み立てられているのである．この組み立てること organization こそ，自由に動きまわる生活の能率ばかりかそのような生活の存在そのものにとって，欠くことのできないものなのである．

　現代の都市に住む大部分の人々にとって，完全に道に迷ってしまうということは，おそらく，どちらかといえばめずらしい経験であろう．われわれは周囲にいる他の人々や，地図，街路番号，道路標識，バスの停留所の立札など，特に道案内のために設けられたものに頼ることができる．しかし，方角を見失うという災難に，1度遭遇してみさえすれば，必ず不安感に，そして恐怖感にさえ見舞われるので，それがわれわれの均衡感と安心感といかに密接につながっているのかわかるだろう．"迷った" lost というわれわれの言葉は，単なる地理的な不確かさというよりもはるかに重大な意味を含んでいる．それは徹底的

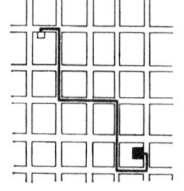

な不幸を意味するのである．

　道を見つける過程における重要な手がかりは，環境のイメージである．つまり，これは個々の人間が物理的外界に対して抱いている総合的な心像のことである．このイメージは，現在の知覚と過去の経験の両者から生まれるものであり，情報を解釈して行動を導くために用いられる．われわれをとりまく事物を認識し，それにパターンを与えるということの必要性は，非常に大きいので，このイメージは，個々の人間にとって，広く実際的な面でも情緒の点でも重要なのである．

　鮮明なイメージは，人間の行動をなめらかにし，すみやかにするにちがいない．たとえば，友人の家や，巡査や，ボタン屋をさがす場合にしてもそうだ．しかし，秩序ある環境には，それ以上のことができるのである．それは大きな座標系として，あるいは，行動，信念，知識などを組織するもの organizer として役立つであろう．たとえば，マンハッタンの構造を理解している人は，われわれの住むこの世界の本質についてのおびただしい量の事実や空想を整理することができるだろう．すぐれた枠組 framework なら何でもそうだが，このような構造は，個々の人間に選択の可能性とさらに広く情報を獲得するための出発点を与える．したがって，周囲に対する鮮明なイメージは，各個人の成長にとっての有益な基礎になるのである．

　くっきりしたイメージを生み出すような，生き生きとした，完全にまとまりのある物理的背景というものは，また社会的な役目も果たすものである．それは素材を集団のコミュニケーションのシンボルあるいは共通の思い出に仕立てあげる．多くの原始民族にあっては，特別に印象的な風景が骨格となって，社会的に重要な神話が組み立てられているし，"生まれ故郷"に関する共通の思い出が，戦場の孤独な兵士たちの間の最初のそして最も簡単な接触点であることが多いのである．

　すぐれた環境のイメージは，その所有者に情緒の安定という大切な感覚をもたらす．彼は自分と外界との間に調和のとれた関係を確立することができる．これは道に迷った時に感じる恐怖感とは反対のもの

である。これはまた，自分の家が，住みなれているというだけでなく，きわだった特色をもつものであるほど，家庭の甘い味がするものであるという意味である．

　事実，特色があってしかもわかりやすい環境は，安定感をもたらすのみならず，人間の体験が達し得る深さと密度を高めもする．現代の都市の視覚的な混乱の中にあっても，生活することが不可能だということはありえないが，もっと生き生きした背景においては，日々の同じ行為が新しい意味を持つこともできるだろう．都市は，それ自体，複雑な社会の強力なシンボルとなる可能性を持っている．だから視覚的にすぐれて組み立てられていれば，それはまた強力で深い意味を持つこともできるのだ．

　物理的なわかりやすさが重要だということに対して，人間の頭脳は驚くほど融通が利くから，どんなに無秩序で特徴のない環境においても，少々の体験さえあればすぐに道をたどれるようになるだろう，という反論が出るかもしれない．たしかに"人跡未到"の海，砂漠，氷原，あるいはジャングルの迷路をみごとに乗り切ったという例はいくらでもある．

付録A参照

　だがその海にも，太陽，星，風，潮流，鳥，水の色などの手がかりがあるのであって，それらの援けがなかったら，単独の航海は不可能である．ポリネシアの島々の間を航海ができたのは熟練した専門家だけだということ，しかもそれは長い訓練を経たのちにやっと可能であったという事実は，この特定な環境がもたらす困難を物語っている．準備に最善をつくした探検隊にも緊張と不安感はつねにつきまとうものである．

ジャージー・シティについては第2章で述べられる

　われわれの周囲に目を向けてみるならば，ジャージー・シティ Jersey City でも，注意深くさえあれば，ほとんどだれでも歩きまわれるようになるだろう．だが，それはかなりの努力と不安感という犠牲においてのみ可能なのである．さらに，それはわかりやすい環境ならばそなえている積極的な価値を持ちあわせていないのだ．その価値とは，情緒の満足感をもたらし，意志の伝達あるいは概念の構成のための骨

組となり，日常の体験に新しい奥行きを与える，といったことである．現在の都市環境が，それに慣れ親しむ人々にがまんできないような緊張を及ぼすほど無秩序ではないとしても，こういう喜びがわれわれには欠けているのである．

一方，環境の中の神秘とか迷路とか意外さなどにも，かなりの価値があることは認められなければならない．われわれはたいてい"鏡の家"が好きだし，ボストンの曲がりくねった街路にはある種の魅力が感じられる．しかし，これには２つの条件が必要である．第一に，基本的な形態や方向を見失う危険，つまりそこから脱け出せなくなってしまう危険があってはいけない．意外さというものは一定の枠組の中で起こるべきであり，混乱は目に見える範囲内のいくつかの小部分に限定されなければならない．次に，迷路や神秘は，さらにつきつめて調べればやがて理解できるような形態をそなえていなければならない．何らの暗示も与えぬ全くの混乱というものは決して快いものではない．

しかし，このように考え直してみると，次のような重要な点に思い当たる．外界を知覚するにさいし，観察者自身が積極的な役割を演じなければならないし，そのイメージを発展させるのにも，創造的役目を受け持たなければならない．変化する要求に応じてそのイメージを変化させる力ももっていなければならない．細部にいたるまで精密に決定的に秩序立てられた環境のもとでは，活動の新しいパターンは育たないであろう．岩のひとつひとつにまで物語がまつわっているような風景からは，新しい物語は生まれにくいであろう．現在の都市の混乱のただ中にいるわれわれにとっては，このことは危急の問題ではないかもしれないとしても，われわれの求めるものが，究極的な秩序ではなく，ますます発展しつづける可能性をもつ未完結な秩序なのだということを，このことは指摘しているのである．

これらの点については付録Aでくわしく説明する

イメージづくり Building the Image

環境のイメージは観察者と環境との間に行なわれる相互作用の産物である．環境は区別と関係を提示し，観察者は——広い適応性をもち

つつ，自分自身の目的に照らし合わせながら——見るものを選択し，組み立て，意味づけを行なう．このようにして出来あがったイメージは，こんどは彼の目に見えるものを限定し強調するが，一方，イメージそのものは，新たに知覚されたものに照らし合わせてテストされる．こうして絶え間ない相互作用がつづけられる．したがって，一定の現実に対するイメージも，それを見る人によって大いに異なるであろう．

イメージの凝集の仕方はいろいろである．現実の対象物には，秩序をもつものや目立つものはあまりないと考えられるのに，その心像が実体と組立てをもつようになるのは，それが長い間慣れ親しまれるからである．他人にはちらかし放題にしか見えないテーブルの上から，めざす品物を簡単に探し出す人もいることだろう．これとは反対に，はじめて目に入る対象でも，それと見分けられ，関係づけが行なわれることもある．それは，観察者個人がその対象をよく知っているからではなく，それが彼がすでにつくり上げているステレオタイプに一致するからである．ブッシュ人には見分けがつくまいが，アメリカ人が角のドラッグストアを見つけるのは簡単である．次に，ふたたび新しい対象についてであるが，それが著しい物理的特徴を備えていて，それのもつパターンを暗示したり押し付けている場合も，それは強力な構造あるいは実体をもっているように思われるであろう．奥地の平野からやって来た人の前に，海とか高い山があらわれるとき，たとえ彼が幼なかったり物をあまり知らないためにこれらの偉大な現象をどう呼んでよいのかわからないとしても，目がくぎづけにされてしまうのは，このためである．

物理的環境を操作する者として，都市計画家たちは，環境を生み出す相互作用における外的要因の方に主に興味をもっている．環境にはイメージづくりを阻むものもあれば，促進するものもある．一方，きれいな花瓶であれ，ひとかたまりの粘土であれ，何らかの形態が強いイメージを呼びおこす可能性は，それを見る人によって大きい場合も小さい場合もある．おそらく観察者が，年齢，性別，教養，職業，気質，対象との親密度などを基準にして，より一層均質なグループに分

類されるほど，その可能性の大小は一層正確に決まるだろう．イメージは各個人がつくり出して胸に抱いているものではあるが，同じグループのメンバーの間では本質的な一致が存在するようである．たくさんの人々に使われるための環境を形づくろうという大望を抱いている都市計画家たちの興味を引くのは，たくさんの人々の間に一致がみられるこのグループ・イメージなのである．

したがって，この研究は，心理学者には興味があるような個人差については省略しがちになることだろう．仕事の最初の手順としてとりあげられるのは，"パブリック・イメージ"，つまり，ある都市の住民の大多数が共通に抱いている心像である．すなわち，これは，ある特定な物理的現実と，共通の文化と，基本的な生理学的特質という3つの要素が相互作用をおこなう場合に，そこからあらわれてくると予想される一致領域である．

これまでに使われているオリエンテーションの方式は，文化や風景の相違に応じて，世界のいたるところで異なっている．付録Aはその例をたくさんとりあげている．それは抽象的で固定的な方角を用いる方式，動的な方式，あるいは人間，家，海などに結びつける方式などのいろいろである．この世界はいくつかの焦点を中心として組み立てられることもあり，それぞれ名づけられた地域に分けられることもあり，またよく記憶されている道筋によってつなげられることもあるだろう．このようにこれらの方法は種々様々で，人が自分のまわりの世界を見分けるためにえらぶことができる手がかりは，無尽蔵にひそんでいるように思われるのであるが，これらの方法はおもしろいことに，われわれが今日の都市環境において用いている位置づけのための手段について間接的に説明しているのである．われわれはうまいことに，都市のイメージのエレメント(要素)を分類するために，形態のタイプ(型)を5つ見つけたのであるが，全く奇妙なことにも，これらの例の大部分がこのタイプをそっくり同じ様に用いているのである．そのタイプとは，パス path，ランドマーク landmark，エッジ edge，ノード node，そしてディストリクト district である．これらのエレメン

トについては第3章で定義し，検討することとする．

ストラクチャーとアイデンティティ Structure and Identity

　環境のイメージは3つの成分に分析される．それは，アイデンティティ identity（そのものであること），ストラクチャー structure（構造），ミーニング meaning（意味）である．実際にはこれらは常に同時に現われるものだということを承知の上であれば，これらを分析のために抽出することは有益である．イメージが役に立つためにまず必要なことは，それがその対象物を他のものから見分けていること，独立した実体として認めていることである．これをアイデンティティと呼ぶことにする．この場合，アイデンティティという言葉の持つ何か他のものと同一であるという意味の方ではなく，個性とか単一性の意味の方を取っている．2番目に，イメージは対象と観察者との，そして他の物体との間の空間の関係あるいはパターンの関係，つまり構造を含まなければならない．最後に，この対象は実際的にしろ感情的にしろ，観察者にとって何らかの意味をもたなければならない．意味もまた関係ではあるが，空間あるいはパターンの関係とは全く異なるものである．

　したがって，ある場所から退場するさいに有益なイメージとは，ドアをはっきりした実体として認め，それと観察者との空間関係を認め，そしてそれが出るための穴であることを認めているものなのである．これらは実際には互いに切り離されるものではない．ドアを視覚的に認めることは，ドアのもつ意味とからみあっているからである．しかし，意味に先立つものとしての形態のアイデンティティと位置の明瞭さの見地から，ドアを分析することも可能なのである．

　このような分析の芸当は，ドアの研究においては無意味かもしれないが，都市環境の研究においてはそうではない．そもそも，都市における意味の問題は複雑なものである．この段階では，意味のグループ・イメージは，実体と関係の知覚ほどには一貫していない．意味はさらにこれらの2つの成分ほど容易には，物理的操作に影響されることはない．もしわれわれの目的が，さまざまな背景をもつ無数の人々

の喜びのための都市，そして将来の目的にもかなう都市をつくることにあるのならば，イメージの物理的な明瞭さに集中して，意味の方はわれわれの直接の指導なしに展開させる方が賢明であるとさえ言えるだろう．マンハッタンのスカイラインのイメージは，人によって，活気，力，頽廃，神秘，雑踏，偉大，その他いろいろに異なるであろうが，いずれの場合にも，その鮮明な光景がその意味を結晶させ強化しているのである．都市についての個人的な意味は，その形態がわかりやすい場合でさえ非常にばらばらなので，少なくとも分析の初期の段階では，意味を形態から切り離してもよいだろうと思われる．したがって，この研究は都市のイメージのアイデンティティとストラクチャーに集中して進められることになる．

　イメージが生活空間においてオリエンテーションのために価値をもつためには，いくつかの特質が必要とされる．それはまず，与えられた環境の中で意のままに行動できるという実用的な意味において，十分で真実でなければならない．地図というものは正確であろうとなかろうと，人が自分の家に帰るために十分役に立たなければいけないのである．次に，イメージは，頭脳労働の節約のために十分に明晰でまとまりのよいものでなければならない．地図は読みやすいことが必要である．次にイメージは安全であるべきである．代りの行動が可能で失敗の危険率があまり高くないように，余分な手がかりを用意しているものでなければならない．危険な曲り角を示すのが，ひとつの明滅する光だけだったとしたら，動力の故障は災難をまねくであろう．さらに，イメージは未完結で，変化に適応できるものであることが望ましい．各個人が現実を探検し組み立てつづけることができるようにするものでなければならない．地図には自分で描き加えていくことができる空白が必要なのである．最後に，イメージは，ある程度他の人々に伝えられるものでなければならない．"良い"イメージのためのこれらの基準の相対的な重要性は，人と場合によって様々に異なるであろう．経済的で十分なシステムを重んじる人もあろうし，未完結で人に伝えやすいのを重んじる人もあるだろう．

イメージアビリティ Imageability

　さてここでは物理的環境を独立変数として強調したいので，心に描かれるイメージのアイデンティティとストラクチャーの性質にかかわる物理的特質を求めることにする．ここでイメージアビリティ imageability とでも呼ぶべきものの定義が必要になる．これは物体にそなわる特質であって，これがあるためにその物体があらゆる観察者に強烈なイメージを呼びおこさせる可能性が高くなる，というものである．それは，あざやかなアイデンティティと強力なストラクチャーをそなえた非常に有益な環境のイメージをつくるのに役立つ，色や形や配置などである．単に見えるというだけでなく，鮮明にそして強烈に諸感覚に訴えるという高度な意味においてならば，イメージアビリティは，わかりやすさ legibility とか見えやすさ visibility と呼ばれてもよいだろう．

　今から半世紀前に，スターン Stern は芸術の目的におけるこの特質について論じ，それを明白であること apparency と名づけた[74]．芸術の目標はこの特質のみに限られているのではないが，彼は，芸術のもつ2つの基本的な機能のうちのひとつは"形態の明瞭さと調和によって，あざやかに理解できる外観への要求を満たすようなイメージを創造すること"であると考えていたのである．これは彼にとって，内的意味を表現するために絶対必要な第一歩であった．

　こうした特殊な意味における非常にイメージアブルな（明白な，わかりやすい，またはよく見える）都市というものは，よく形づくられ，明瞭で，人目につくものであろう．それは人間の耳目を強くひきつけ，さそいこむものであろう．このような周囲に対しては，感覚的な把握が単純化されるのみならず，拡大され，深みを増したものとなるであろう．そのような都市は，時がたつにつれて，明瞭な相互関係をもつ多くの独得な部分からなる非常に連続的なパターンとしてとらえられるであろう．またそこでは，知覚力が鋭くしかも住みなれた観察者は，彼の基本的なイメージを損うことなく，新たな感覚的な刺激を吸収す

ることができるだろう．しかも，それぞれの新たな刺激は，それまでのものの多くについて何らかを語るものであろう．彼は方位がよくわかり，たやすく活動できるであろう．彼は自分の環境について熟知しているであろう．ベネチアは，そのように非常にイメージアブルな環境の一例であろう．アメリカ合衆国では，マンハッタン，サンフランシスコ，ボストンなどの内部の数カ所，それにシカゴの湖畔などを例としてとりあげたい．

　これらはわれわれの定義から発生する特性を記述したものである．イメージアビリティの概念は，必ずしも，固定された，限定された，正確な，画一的な，あるいは規則的に並べられた何ものかを意味するのではない．時にはこれらの特質を含む場合もあるが．それはまた，一目瞭然とか，明白とか，わかりきったとか，単調なという意味でもない．構成されるべき環境の全体は非常に複雑であって，わかりきったイメージは退屈でもあり，生きている世界のほんの一面を示しているにすぎない．

　都市の形態のイメージアビリティが，これから進められる研究の中心になる．美しい環境には，この他にも，意味または表現の豊かさ，感覚的なよろこび，リズム，刺激，選択といった基本的な特性も含まれている．われわれがイメージアビリティに集中しても，それらの重要性を否定しているわけではない．われわれの目的は，知覚の世界におけるアイデンティティとストラクチャーの必要性を考慮し，この特質が複雑で常に変化しつつある都市環境という特別なケースに対して特殊な関連をもつことを説明することにこそあるのである．

　イメージの展開は観察者と観察されるものの間の相互作用であるので，記号による仕掛を用いる方法，観察者を再訓練する方法，あるいは環境を改造するなどの方法によって，イメージを強めることが可能である．観察者に符号からできている図表を与えて，この世界がいかに組み立てられているかを示すことができる．それは地図でも，文字による指示でもよい．現実を図表に合わせることができるかぎり，彼は事物相互の関係を知る手がかりをもっていることになる．またさら

に，最近ニューヨークに実現したような，道案内用の機械をとりつけることもできる[49]．これらの仕掛は，相互連絡についての濃縮された資料を提供するのには非常に有益であるが，同時に危険でもある．というのは，もしその仕掛をなくしてしまったら，方角を見失うし，その仕掛そのものにしても，絶えず正確かどうか確かめて，現実に即したものにしておかなければならないからである．付録Aに掲げた脳障害者の例は，そのような手段に全面的に頼る場合には不安感と努力がつきものであることを証明している．しかもその場合には，相互連絡を完全に体験し，あざやかなイメージを深く発展させるということができないのである．

もうひとつの方法は，観察者を訓練することである．被験者たちに目隠しをして迷路を歩かせる実験をしたブラウン Brown によると，最初彼らはこの迷路をとても解けそうもない問題だと考えたようである．しかしこの実験をくりかえすうちに，迷路のパターンのいくつかの部分，とくに始めと終りの部分がはっきりしてきて，それぞれが独立した場の性格をもち始めた．だがついに誤たずに迷路をたどることができるようになると，全体のシステムがひとつの場になってしまったように感じられたのである[8]．またデシルヴァ DeSilva は，"自動現象的"な方向感覚をもつかに見えた少年が，実は幼時から(左右の区別のできない母親によって)"玄関の東側"とか"鏡台の南側の端"などといった指示に従うように訓練されていたということがわかった例を述べている[71]．

エベレスト登頂をめざして周辺の踏査をおこなったシプトン Shipton の記録は，そのような学習の劇的な例を示している．新しい方向からエベレストに近づいたシプトンは，以前北側から見て知っていた主頂と鞍部を，すぐそれと見てとった．だがかれに同行したシェルパの案内人は，この頂きの両側を長い間見なれていたのに，それが同じ山であるとは夢にも思っていなかったので，この意外な新事実に彼は驚きかつ喜んだということである[70]．

キルパトリック Kilpatrick は，もはや既成のイメージには調和し

ない新しい刺激が観察者に強いる知覚的な学習の過程について述べている[41]．それは，新しい刺激を概念的に説明するような仮説的な形態から始まるが，一方ではまだ古い形態の幻影が持続している．適当ではないと概念的にはわかってからもなお長い間幻影的なイメージが続いているという経験は，われわれのだれにでもあるだろう．たとえばジャングルの中をのぞいて，眼に入るのは緑の木の葉を照らす日光だけだったとしよう．だが，ある物音がそこに1匹の動物がかくれていることを教えてくれる．そこで観察者は，"種をあかす"手がかりを選び出し，またすでに与えられている合図について考えなおすことによって情況を解釈するようになるのである．カムフラージュされた動物の目の光に気がつけばそのありかをつかむことができよう．これがくりかえされるうちに，ついに知覚のパターン全体が変わり，観察者はもはや意識して種あかしを探したり，新しいデータを古い骨組に加えたりする必要がなくなる．彼は新しい情況において十分に役に立ち自然で正しく思われるイメージを獲得したのである．こうして全く突然，かくれていた動物は木の葉の間から"明々白々に"現われ出るであろう．

同様にして，われわれは，われわれの都市の果てしないぶざまな広がりの中からも，かくれた形態をみつけ出すことを学ばねばならない．われわれは，このように大きなスケールで，人工的な環境を組み立てたりイメージすることにはなれていない．しかし，われわれが今ここで行なっている作業は，その目的にむかってわれわれをかりたてている．クルト・ザックス Curt Sachs は，ある水準を越える関連づけはうまくいかない，という一例をあげている[64]．北米インディアンの音声と太鼓を打つ音は，全く異なるテンポに従っていて，それぞれ独立して感じとられるということである．われわれの社会においてこれと同様な音楽的現象を探し求めて，彼は教会での礼拝をあげ，中の聖歌隊と外の鐘を結びつけることは考えられないと言っている．

巨大な大都市地域 metropolitan area の中にあって，われわれは聖歌隊と鐘とを結びつけはしない．シェルバと同じ様に，われわれはエ

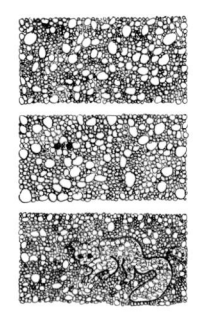

ベレストの側面を見るだけで山は見ていないのである．環境に対するわれわれの知覚を拡大し深めるためには，直接的感覚から間接的感覚へ，間接的感覚から象徴的コミュニケーションへと発展してきた，長い生物的文化的な進歩をさらに進めなければならないであろう．われわれの命題は，今やわれわれが，内的学習の過程によってと同様に，外的な物理的形態の操作によっても，環境のイメージを発展させることができるという点にある．実際，われわれの環境の複雑さがそのように強いるのである．その方法については第4章で検討される．

原始人は，環境のイメージを改めるには，与えられた風景に自分の知覚を適応させなければならなかった．彼は，石塚や，かがり火や，樹木の皮はぎ目じるしなどによって環境にわずかな変化をもたらすことはできたが，視覚的な明瞭さあるいは視覚的な相互連絡のための大がかりな修正は，住居の敷地や宗教的な境内に限られていた．強力な文明のみが，かなりスケールの大きい環境の全体に手を下すことができるのである．大規模な環境を意識的に改造することが可能になったのはごく最近のことであり，したがってイメージアビリティの問題も新しいものである．オランダの埋立地の例からもわかるように，現在のわれわれには，短時間に全く新しい風景を創ることは，技術的には可能である．だから設計家たちはすでに，観察者がその各部分を見分け全体を組み立てることが容易であるような風景を形づくる問題にとりくんでいる[30]．

われわれは機能的な単位としての大都市地域を急速につくり出しつつあるが，この単位もまたそれ相応のイメージをもつべきであるということはまだよく理解されていない．スーザン・ランガー Suzanne Langer は，建築について被膜の定義を下しているが，その中でこの問題について述べている．

"それは視覚にうったえるようにつくられた全体的環境である"[42]．

II.

3つの都市

　環境のイメージが都市生活においてどんな役割を果たしているかを理解するために，いくつかの都市地域を注意深く観察し，またその住民と話し合ってみることがわれわれには必要であった．イメージアビリティという考えを展開し検討し，またイメージを視覚的現実と対比させて，どんな形態が強いイメージを生むのかを知り，それによって都市のデザインのためにいくつかの原則を提案することが必要であった．われわれは，実在する形態とそれが住民におよぼす影響を分析することが，都市のデザインの礎石のひとつであると確信し，また，副産物として現地踏査や住民面接に役立つ手法を開発することができるだろうと期待しながらこの作業をおこなった．小規模な試験的研究の通例であるが，われわれの目的は最終的にそして決定的に事実を証明することではなく，むしろ考え方や方法を展開することにあった．

　分析は，マサチューセッツ州ボストンBoston，ニュージャージー州ジャージー・シティ Jersey City，カリフォルニア州ロサンゼルス Los Angeles，の3つのアメリカ都市の中心部についておこなわれた．われわれの最も手近にあるボストンは，形態があざやかでありながら，同時に位置づけがむずかしいところがたくさんあるという点で，アメリカの都市の中ではユニークな存在である．ジャージー・シティが選

ばれたのは，外見は形が明瞭でなく，一見したところイメージアビリティが極端に低いように思われたからである．これに対しロサンゼルスは全く異なる尺度を持つ新しい都市で，その中心部の平面は格子状である．いずれの場合にも，ほぼ $2 1/2$ マイル× $1 1/2$ マイル程度の中心部が研究の対象となった．

どの都市についても，次のような2つの基本的な分析がおこなわれた．

詳細については付録Bを参照

1. 訓練を受けた1人の観察者が歩きながらその地域についての組織的な現地踏査をおこなった．彼は種々のエレメントの存在，その見やすさ，イメージの強弱，関連や断絶やその他の相互関係などを地図に記す一方，イメージのストラクチャー structure にとってとくにうまくできている点または困難をもたらしている点などについても記述した．これは，現地におけるエレメントのありのままの外観のみにもとづいた主観的な評価であった．

2. 住民の中から少数のサンプル(標本)が選ばれ，物理的環境に対する彼ら自身のイメージを呼び起こすために，長時間の面接が行なわれた．この面接では，説明，位置づけ，見取り図，さらにその地域での架空の旅をすることなどが各人に依頼された．面接を受けたのはこれらの地域に長く住むかまたは働いている人々で，かれらの住居や勤務先は問題の地域内に広く散在していた．

ボストンでは約30人が，ジャージー・シティとロサンゼルスではそれぞれ15人がこのような面接を受けた．ボストンでは上記の基礎的な分析を補うために，写真の識別テスト，現地を実際に歩きまわらせること，街頭で通行人に対し繰り返して道案内を求めることなどの作業が行なわれた．さらにボストンのいくつかの特殊なエレメントについては，詳細な現地踏査も行なわれた．

これらの方法については付録Bで詳述し，評価を加えてある．サンプルが，小さい上に専門職階級や管理職階級に片寄っていたので，この調査から真の"パブリック・イメージ"が得られたと主張することはできない．しかしこの結果入手できた資料は示唆に富むものであり，

またその内容がかなり一貫したものであったということは，グループ・イメージと呼べるものがたしかに存在し，また少なくとも部分的にはこのような手段によってそれは発見され得るということを示していた．これと独立して行なわれた現地踏査は，面接からひき出されたグループ・イメージをかなり正確に予言していた．このことは物理的形態そのものの役割を物語るものであった．

たしかに，通り道や勤務先が同じ地域に集中していると，同じエレメントが各人の目にさらされることになるので，グループ・イメージの一貫性は生じやすいにちがいなかった．非視覚的な筋からくる階層や歴史の連想がこうした類似をさらに強めていた．

しかしイメージを形づくるうえで，環境の形態そのものが重大な役割をつとめていたことはたしかである．これは，鮮明なものについての描写が一致していただけでなく，住みなれているからにはいろいろ知っていそうなものなのにわかりにくいものについての描写までも一致していた，ということからも明らかである．イメージと物理的形態との間にあるこうした関係にわれわれの興味は集中するのである．

面接を受けた人々がみな，自分の環境に対してある程度実用的に順応していたにもかかわらず，3つの都市の間ではイメージアビリティ imageability についての明白な相違がみられた．また，ある種の特徴，つまり空地，植物，道路における運動感，視覚的なコントラストなどが，都市の眺めにとって特殊な重要性をもつことも明らかになった．

この本で以下にのべることは，ほとんどこうしたグループ・イメージと視覚的現実との比較から得られたデータ，およびそのデータから出発した考察にもとづいている．イメージアビリティ，エレメントのタイプ（これは第3章で扱う）などの概念は，これらのデータの分析によって生まれ，改善され，発展したものである．われわれが用いた方法の長所短所は付録Bで検討するが，その前にこの調査を支える基礎について理解することが重要である．

ボストン Boston

　　ボストンでは，マサチューセッツ・アベニュー Massachusetts Avenue で区切られるボストン半島全体を研究対象として選んだ．この地域はその年齢や歴史の点で，またいくぶんヨーロッパ的な趣きが感じられるという点で，アメリカの都市の中ではやや珍しい場所である．ここには，この大都市地域 metropolitan area の商業中心や，スラムから高級住宅地にわたる高密度の住宅地域もいくつか含まれている．図1はこの地域の空からの全景であり，図2はその略地図，図3は，現地踏査の結果得られた主要な視覚的エレメントを図に表わしたものである．

図1
図2
図3，22頁

　　面接を受けた人々の大部分にとっては，このボストンは非常に特色

図1　北側から見たボストン半島

図2 ボストンの略地図

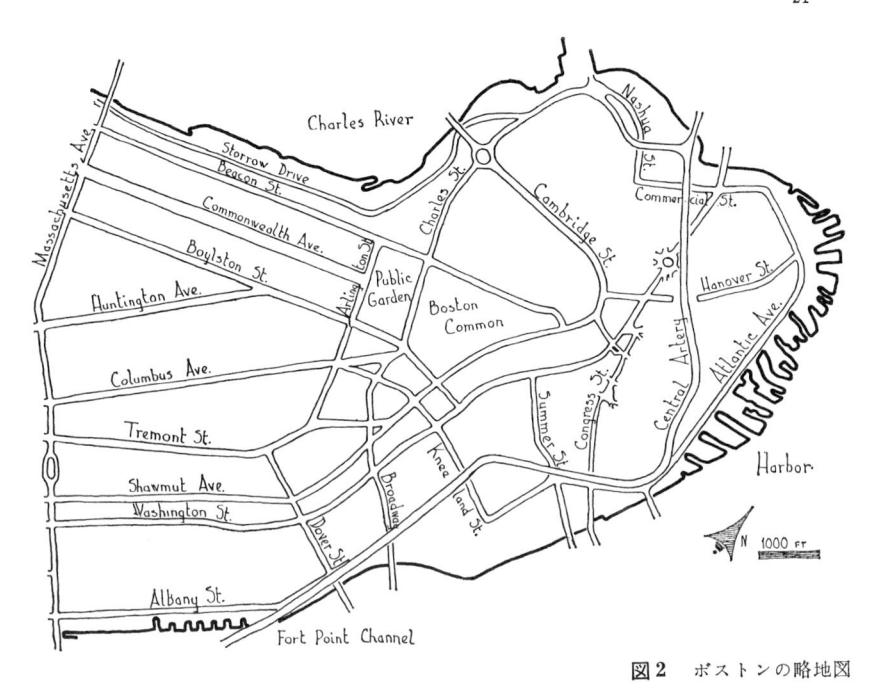

のある地域と，曲がりくねったわかりにくい道路からできている都市である．赤レンガの建物が多いよごれた都市であり，ボストン・コモン Boston Common と呼ばれる共有地や，金色の丸屋根の州議事堂や，ケンブリッジ Cambridge 側からみたチャールズ河 Charles River 対岸の眺めなどで象徴されている．かれらのほとんどが次のことをさらにつけ加えていた．ボストンは古い，歴史的なところで，くたびれ切った建物が多いが，古い中にも新しいものもいくらか含まれている．狭い通りは人間と自動車でごったがえしている．駐車のスペースもない．しかし広い大通りと狭い横通りとの間には著しいコントラストがある．市の中心部は半島であり，その周囲は水面で縁どられている．コモンやチャールズ河や州会議事堂の他に，とくに鮮明なエレメントとしてはビーコン・ヒル Beacon Hill，コモンウェルス・アベニュー Commonwealth Avenue，ワシントン・ストリート Washington

Street の商店街や劇場街，コプレイ・スクエア Copley Square，バック・ベイ Back Bay 地区，ルイスバーグ・スクエア Louisburg Square，ノース・エンド North End 地区，市場街，埠頭に面したアトランティック・アベニュー Atlantic Avenue などがあげられる．かなり多くの人々がボストンについてさらに他の特徴をつけ加えた．それは，広場やレクリエーション用のスペースがたりない，"独特な"小さなまたは中程度の大きさの都市である，雑多な用途に用いられている大きな地域がいくつかある，張出し窓や鉄の塀や褐色砂岩でできた建物の正面はボストンの印である，といったことである．

かれらのほとんどに好まれている眺めは，水や空間を感じさせる遠

図3　現地踏査からひき出されたボストンの視覚的形態

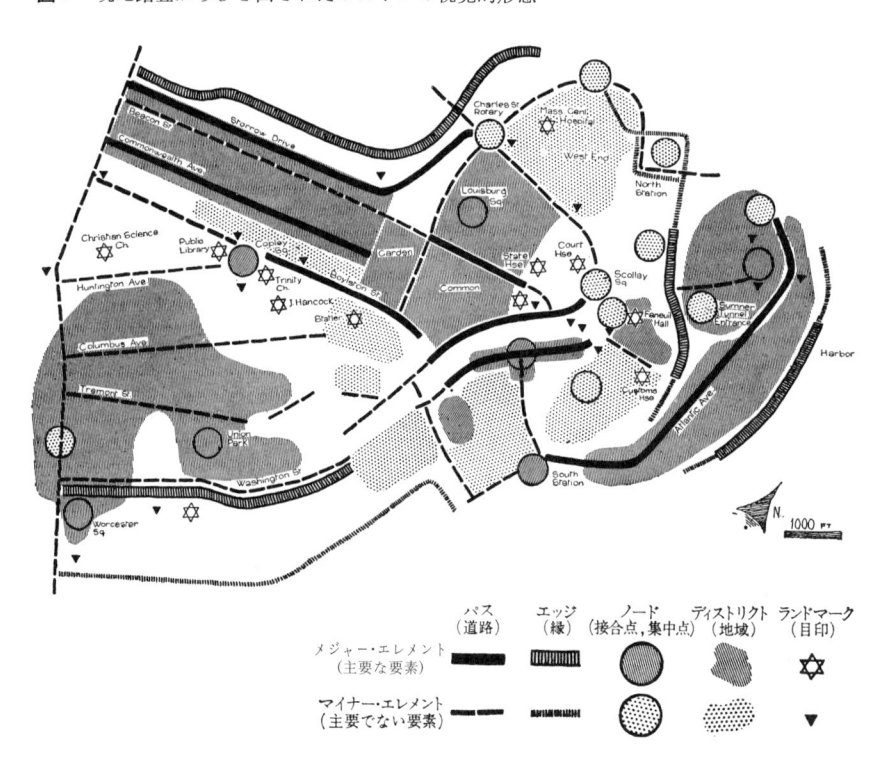

図4　チャールズ河対岸から見たボストン

　景であった．チャールズ河対岸からの眺望がしばしば例に出されたし，ピンクニー・ストリート Pinckney Street を下りながら見る川の眺めや，ブライトン Brighton のとある丘からの見通し，ボストン港からみた市内の眺めなどもとりあげられた．人気のある眺めのもうひとつは，夜のあかりがともると，いつもはこの市に欠けている活気がよみがえるためだろうか，遠近を問わぬ夜景であった．

　ボストンには，これらの人々のほとんどに理解できるストラクチャー structure (構造) があった．いくつかの橋がかかっているチャールズ河が，くっきりした縁を形づくっており，バック・ベイ地区の主な通りが，とくにビーコン・ストリート Beacon Street とコモンウェルズ・アベニューがこれと平行に走っている．これらの通りは，チャールズ河に対して直角であるマサチューセッツ・アベニューに源を発し，ボストン・コモンとパブリック・ガーデン Public Garden (公共庭園) まで達している．バック・ベイのこれらの街路群に面してコプレイ・スクエアがあり，ハンティントン・アベニュー Huntington Avenue がこの広場に通じている．

　コモンの南側にはトレモント・ストリート Tremont Street とワシントン・ストリートが平行して走り，この2つの通りの間はいくつかの小さい通りで連絡されている．トレモント・ストリートはスコレイ・

図4

図5, 24頁

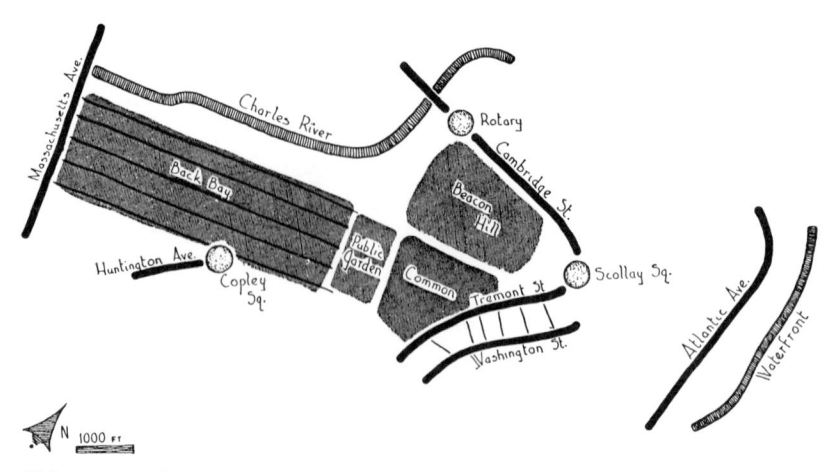

図5 みんなが知っているボストン

　スクエア Scollay Square まで達し，この接合点もしくは交点から発するケンブリッジ・ストリートは，もうひとつの交点であるチャールズ・ストリートのロータリーにまで達している．これでふたたび河までもどり骨組が完成する．そしてビーコン・ヒルを囲むことになる．河からはるかに遠ざかってもうひとつの鮮明な水面の縁があらわれる．それは，アトランティック・アベニューと波止場の帯であるが，こことその他の地域との結びつきはごく弱い．多くの被面接者はボストンが半島であることを理論的には知っていたが，河と港とを視覚的に関連づけることはできなかった．ボストンはいろいろな点で"一辺しかない"都市のようである．チャールズ河の縁から遠ざかるにつれて正確さや内容が失われてしまうのである．

　われわれが選んだサンプルが代表的なものであるとすれば，ボストン市民ならばだれでも以上のようなことを全部のべることができるはずである．一方，その他のこと，たとえばバック・ベイとサウス・エンド South End の間の三角地帯，ノース・ステーションの南側の無人地帯，ボイルストン・ストリート Boylston Street がトレモント・ストリートに合流する具合，金融街における道路のパターンなどを説明できないということも同様であろう．

最もわれわれの興味をひく地域のひとつは，実はその場所には存在 図35, 188頁
しないことになっている地域である．これはバック・ベイとサウス・
エンドの間の三角形の地域のことである．ここで生まれて育った人も
含めた被面接者のだれにたずねても，この地域は地図の上で空白であ
った．この地域はかなりの広さをもち，ハンティングトン・アベニュ
ーのようによく知られているエレメントもいくつか含まれているし，
クリスチャン・サイエンス教会 Christian Science Church などの目
印が時々あらわれるにもかかわらず，これらを含む母体が定かでなく，
人々に知られていないのである．その原因はおそらく，この地域が鉄
道の線路で囲まれ，いわば閉塞された状態にあること，およびバック・
ベイとサウス・エンドの大通りが平行に走っていると考えられがちな
ので，その結果この地域が概念的には消されてしまうことなどであろ
う．

　これに反してボストン・コモンは，多くの被面接者にとってボスト 図6
ンのイメージの中核をなすものであり，ビーコン・ヒルやチャールズ
河やコモンウェルス・アベニューとともに，とくに鮮明な場所として
非常に頻繁に例に出されていた．かれらはこの市の端から端へと横切

図6　ボストン・コモン

るにあたり，大回りしてまでしばしばこの広場に立ち寄り，いわばベースにタッチしてゆくのである．広大で樹木の多い広場で，ボストンでも最もにぎやかな地域に隣接し，いろいろな連想がまつわっていて，だれにでも入れるところ——こうした特徴を兼ね備えたコモンは，全く間違えようがない場所である．ビーコン・ヒル，バック・ベイ，それに下町の商店街という3つの重要な地域の縁がひとつにつながってここに現われているので，環境にかんする知識を拡大するよりどころとしても役立つ．またこの広場には小さな地下鉄の広場，噴水，カエルの池，音楽堂，墓地，"白鳥の池"その他があって，その内部そのものが非常に変化に富んでいるのである．

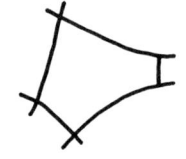

しかしこの広場は，五辺形でありながら各辺のまじわる角度はそれぞれ直角であるという，覚えにくい全く妙な形をしている．そのうえ実に広大で，しかもたくさんの樹木のためそれらの辺は互いに見通しがきかないので，この広場を横断しようとする人々はしばしば途方にくれる．それにこの広場に接する道路のうち，ボイルストンとトレモントの2つの通りは市全体からみてもとくに重要なので，困難はさらに加わる．この2つの通りはここでは直角に交差しているのに，はるか遠くではどちらもマサチューセッツ・アベニューという共通の基準線から直角に発していて平行なのである．加えに中央商店街はこのボイルストンとトレモントの交差点でぶかっこうな直角に折れ曲がり，いったんまばらになったのち，ボイルストン・ストリートをかなりのぼってから再びにぎやかになっている．これらのことがボストン中心部の形状をひどくあいまいなものとしているが，これはオリエンテーションにとっての重大な弱点である．

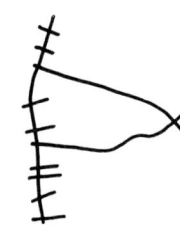

ボストンは特徴あるいくつかの地域からなりたつ都市であるが，中心部の大部分において，人々は自分の今いる地域の大体の性格をみてとるだけで，どこにいるかがわかるのである．非常に特殊な地域が連続して一群をなしている珍しい例もひとつある．つまりバック・ベイーコモンービーコン・ヒルー中央商店街のつながりである．ここでは，いまどこにいるのかと迷うことはありえない．だが，このように主題

は鮮明であっても，形態が不明瞭で配列がわかりにくいのが全体の特色である．もしボストンの各地域が特徴的な性格をもつと同時に明瞭なストラクチャーを備えていたならば，これらの地域は非常に強化されることであろう．ついでながら，多くのアメリカの都市ではこれと反対に，形態の秩序があったとしても性格が欠けているということを考え合わせると，ボストンはこの欠点のためにかなり特異な存在であるといえるかもしれない．

　ボストンの地域は一般に鮮明であるが，道路のシステムは概して混乱状態にある．だがそれにもかかわらず，動きまわるという機能は重要であるので，他の2つの都市と同様に，全体のイメージにおいて道路はやはり支配的である．これらの道路の間には，基本的な秩序といったものは存在しない．ただボストン半島の基部から内部へ向かう主な放射道路が，昔ながらの優位を保っているというだけである．中心部の大部分において，マサチューセッツ・アベニューを基点として東西へ動く方が，これと直角に行動するよりもやさしい．この意味で，ボストンにはいわば一種の木理が走っているともいえ，被面接者に架空の旅を依頼した結果でも，これが心理的なゆがみとなってあらわれていた．とはいえボストンの道路の構造は並はずれてわかりにくいものであり，その複雑さが，第3章における道路についての体系的な考察のためにたくさんの資料を提供している．"平行な"ボイルストン・ストリートとトレモント・ストリートが直角に交差するために生じている支障については，すでにのべた．バック・ベイのもつ規則的な格子は，アメリカの他の都市ではありふれた特徴のひとつであるが，ボストンにおいては他のパターンとの対比のために，特別な性質を帯びている．

　この中心部には，ストロー・ドライブStorrow Driveとセントラル・アーテリーCentral Arteryの2本の高速道路が走っている．これらの高速道路は，その他の古い通りを通行する場合を考えると障害であり，そこをドライブする場合を想像すると道路であるが，どちらの場合も，その印象ははっきりしていない．この2つの性格は，それ

図7，28頁

図7　セントラル・アーテリー

それ全く異なる様相を呈する．地上から見上げることを考えれば，セントラル・アーテリーは巨大な緑色の壁で，ところどころできれぎれにあらわれるものである．道路として考えれば，これは上ったり下ったり曲がったりする，信号のちりばめられたリボンである．これらの道路は市を貫通しているのにもかかわらず，市とはまるで関係がない，"外部の"ものであるかに感じられており，そのため各インターチェンジで切替えをするのに目がまわるほどである．ストロー・ドライブはそれでもまだ，チャールズ河と密接に結びついたものとして感じられていて，市全体のパターンにもあてはめられている．これに対しセントラル・アーテリーは，市中心部を複雑にくねりながら貫通し，またハノーバー・ストリート Hanover Street を2つに切り離すことによって，ノース・エンドとの方向関係を断っている．その上，セントラル・アーテリーは時には，コーズウェイ-コマーシャル-アトランティック Causeway-Commercial-Atlantic とつづく一連の道路と混

同されていた．この2つの道路は全く別のものなのだが，いずれもストロー・ドライブの延長ととられやすいからであろう．

　ボストンの長所なのであるが，道路のシステムの個々の部分は強い性格を持つと言えるだろう．しかしこの実に不規則なシステムを構成する要素はそれぞればらばらで，ひとつずつつながるか，全くつながらないかである．そのシステムを全体として心に描くのはむずかしく，そのためには各接合点相互のシークエンス（継起的連続）を中心として取り組まねばならないのが普通である．これらの接合点または交点はしたがってボストンでは非常に重要であり，たとえば "パーク・スクエア地帯 Park Square area" などのようなどちらかといえば色つやのない地域は，その名のように，焦点となっている交差点の名で呼ばれることが多いほどである．

　図8は，こうしてボストンのイメージを分析した結果をまとめるひとつの方法であるが，これは新たな設計計画を作製するための第一歩となることであろう．これはこの都市のイメージをはぐくむ上で大きな障害になると思われるものを集成して図式化したものである．混同，遊離点，はっきりしない境界，孤立，連続性の中断，あいまいさ，分岐，性格や差異の欠除などをあらわしている．イメージの強さと可能

図8

図8　ボストンのイメージの問題点

　方向があいまい
　特徴のないパス
　区別がつかない
　あやふやな交差
　境界が弱い，あるいは存在しない
　混乱させられるところ
　関連がない
　孤立
　"外部の" パス
　根本のない塔
　混とんした，そして/あるいは特徴のない地域
　不完全でとぎれとぎれのパス
　形態があいまい
　南北の相互関係が欠けている
　あいまいな分岐
　不連続
　切りはなされた，見えない岸辺

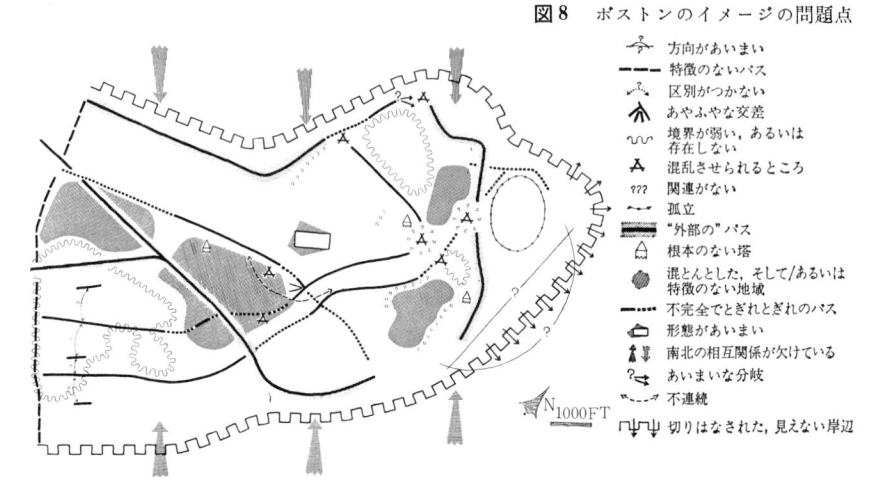

性を表わす図表と合わせて用いられれば，これはもっと規模の小さな計画における立地分析の段階に相当する．立地分析と同じように，これは計画を決定づけるものではないが，創造的な決定がなされる背景となるものである．またこれは，分析の包括的な段階でつくられたものである以上，すでにあげられた他の図表にくらべて，現実を解釈している程度が高いのは全く当然である．

ジャージー・シティ　Jersey City

　　　　　　　　ニュージャージー州のジャージー・シティは，ニューアーク Newark とニューヨーク・シティ New York City の中間に位置するが，この２つの都市の縁にあたる地域であって，それ自身の中心的活動はほとんど見当たらない．鉄道と高架道路が縦横に交差するこの都市は，一見したところ，人間が住むための場所というよりはむしろ通過する

図9

図9　南側から見たジャージー・シティ

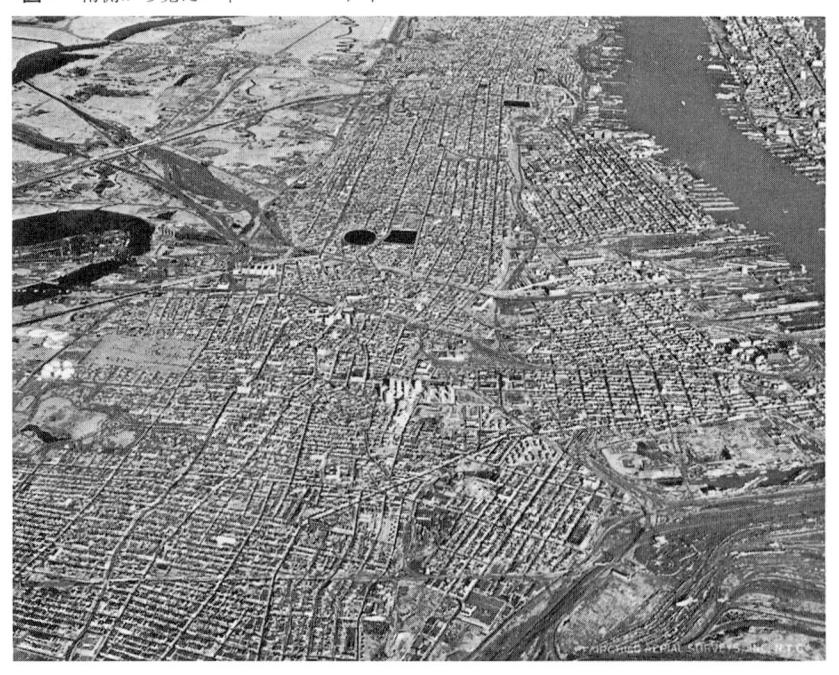

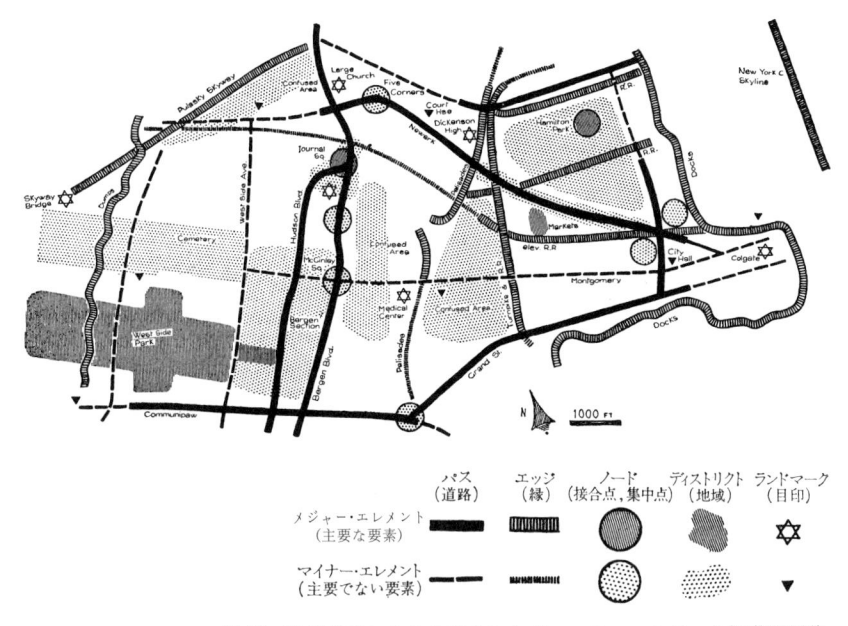

図10 現地踏査からひき出されたジャージー・シティの視覚的形態

ための場所であるかのような印象を与える．人種や階級にもとづく多くの近隣区に分割され，またパリセイズ Palisades（断崖）の壁によって切断されている．山の手にジャーナル・スクエア Journal Square が人工的につくられてしまったために，自然に繁華街になるはずであった場所が息の根を止められてしまい，その結果繁華街は現在1つではなく4つないし5つ点在している．病いにむしばまれたアメリカの都市に共通である空間の無定形や構造の不均質などの上に，調整されていない道路システムによる完全な混乱が加わっている．その単調さや汚れやにおいなどが，はじめてここを訪れる人を圧倒する．これらはもちろん，外部の者が最初に感じる表面的な印象にすぎない．そこでわれわれは，長年この都市に住む人々が，かれらなりにどんなイメージを描いているかに関心を抱いたのである．

現地踏査によって得られたジャージー・シティの視覚的な構造は，ボストンの場合と同じ記号を用い，同じ縮尺で図示してある．いやし

図10

くも住めるところであるのなら当然のことにちがいないが，踏査の結果，この都市は，外部の者が想像するよりはいくらかましな形やパターンをそなえていることがわかった．しかしボストンに比べると，その程度は低く，認識されるエレメントの数は少ない．この地域の大部分は強いエッジ（縁）によってばらばらにされている．イメージのストラクチャーにおいて最も重要なのはジャーナル・スクエアである．これは2つの主要な繁華街のひとつで，ハドソン・ブールバード Hudson Boulevard がそれを横切っている．このハドソン・ブールバードに，"バーゲンセクション Bergen Section" と呼ばれる地域とウェスト・サイド・パーク West Side Park がかかっている．東に向かって，3本の道路が絶壁を越えて低地地帯へつながり，やがてほぼひとつにまとまっている．それは，ニューアーク Newark，モンゴメリー Montgomery，それにコミュニポー・グランド Communipaw-Grand などの通りのことである．絶壁の上にはメディカル・センター Medical Center（中央病院）がそびえている．そしてすべての流れは，ハドソン河 Hudson River に面した〈鉄道－工場－ドック〉地帯という障害の前でとまってしまう．これが基本的なパターンであり，丘を下る3本の通りのうちの1,2本を除いては，被験者のほとんどがよく知っていたことであった．

図37,41,189頁,191頁

　　　　きわだったエレメントとして，彼らのみんながあげたものをボストンの場合と比較すればこの地域が独自の性格に欠けるということは一目瞭然である．ジャージー・シティの地図はほとんど空白である．ジャーナル・スクエアは商店と娯楽施設が集中しているために強いエレ

図11

メントであるが，交通と空間の混乱ぶりは人を迷わせ，落着きを失わせる．ハドソン・ブールバードはこのスクエアに匹敵する強さを持っている．ウェスト・サイド・パークがその次に位するが，ここは市中唯一の大きな公園で，特色のある地域として，また中心部全体という織物の中の浮出模様であるとして，何度も例にあげられていた．"バーゲン・セクション" は大体において，高級住宅地として知られてい

図12, 34頁

る．また絶壁の突端に高くそびえている白亜のニュージャージー・メ

図11　ジャーナル・スクエア

ディカル・センターは，不意に巨人が立ちはだかったような感じで，決して見誤ることのない建物である．

　以上のものの他には，きわだったエレメントだということで意見の一致がわずかでも見られるものは，ほとんどない．もっとも，遠方に見えるニューヨーク・シティのスカイラインが人を畏敬させるような眺めだということは，皆が認めている．この他の図表には，イメージがもっと描き込まれている．とくに，実際的に必要な主要道路が加えられている．それらは主として，交通がはげしくて，連続性を持つためにジャージー・シティの街路の中では例外的なものである．認識される地域や目印は少なく，だれもが知っているセンターとか中心的な地点といったものも欠けている．しかしこの都市は，高架鉄道や高架道路，パリセイズと呼ばれる絶壁のつらなり，それに2つの河岸などの強い縁や境界線がいくつかあるということで特徴づけられている．

　個々のスケッチや面接調査の結果を検討したところ，この都市について包括的な概念といったようなものを持ち合わせている者は，長年ここに住む被面接者の中にもひとりもいないことがわかった．彼らが

図 12　ニュージャージー・メディカル・センター

描く地図は断片的で，空白の部分が大きく，自分の家のまわりのせまい部分に集中しているのが多かった．川ぞいの絶壁は分離させる力が強いエレメントで，彼らが描く地図ではたいてい，高地の部分が強く，低地が弱くなっているか，その逆で，この2つの部分は1ないし2本の全く概念的な道路で連絡されていた．とくに低地地帯を組み立てるのはむずかしいようであった．

　この都市の性格を一口になんと表現すべきかという問いに対する答のうち最も多かったのは，ひとつにまとまってはいない，中心になるものがない，たくさんの部落のよせ集めのようなものだ，ということであった．「ジャージー・シティという言葉はまず何を連想させるか」という，ボストンの市民ならすぐ答えるような質問も，ここではむずかしい質問であった．被験者たちは口々に"何も特別なこと"は思い浮ばない，この都市は表現しにくい，そしてひときわ目立つ部分などはないと語るのだった．ある婦人はこういった．

　「これは本当にジャージー・シティに関することでいちばん哀れなことのひとつですわ．遠くからいらっしゃる方に，"そうそうぜひ

あれをご覧なさい．とてもきれいですよ"といえるものが何もないんですものね．」

ジャージー・シティを象徴するものはなにかという質問に対する答のうち最も多かったのは，この都市の中にあるなにかではなく，むしろ川向うのニューヨーク・シティの眺めであった．なにか別のものの縁にある場所のようだというのがジャージー・シティ特有の感じであった．ある人が象徴として考えていたものは，ニューヨークのスカイラインと反対側のニューアーク市を代表するプラスキ・スカイウェイ Pulaski Skyway の2つであった．また別の人は，ジャージー・シティは障壁でとり囲まれている感じがすると強調していた．つまり市の外に出るためにはハドソン河の下をくぐり抜けるか，わかりにくいトンネル・アベニュー・サークル Tonnelle Avenue Circle を通るかしなければならないということである．

もしこれから全く新しい都市を建設することができるとしても，ジ

図13　ジャージー・シティのとある通り

図13, 35頁

ャージー・シティほど劇的でイメージアブルな基本的位置や地形は，めったに求めることができないだろう．それなのに市民たちはその一般環境を描写するのに，終始，"古い""きたない""無味乾燥な"などの言葉を用いていたのである．街路は"きりきざまれた"と口々に描写された．また面接調査でめだったのは，市民がかれらの環境についてごくわずかの知識しか持たないことと，かれらが抱いているイメージが，知覚によって得られた具体的なものではなく，概念的なものだったことである．とくに印象的だったのは，視覚的なイメージによらずに，通りの名まえや用途の種類によって説明する傾向が強かったことである．たとえば，次のような身近な地域の紀行文の一部を読んでいただきたい．

「大通りを越すと上りの陸橋があります．この橋の下をくぐってから最初にぶつかる通りにはなめし皮工場があります．大通りをもっと行くと，次のかどでは両側に銀行があるし，その次の角では右側にラジオ屋と雑貨屋がくっついて並んでいます．手前の左側にあるのは食料品店と洗たく屋です．その次に渡るのが7番街で，左かどにこちらをむいた酒場があって，右側には野菜市場がみえます．さらに行くと右に酒屋が左に食料品店が見えます．次が6番街ですが，この通りにはとくに目印になるものはなくて，ただここでもういちど鉄道の下をくぐるだけです．その下を通り抜けると，次が5番街．こっち側の右に酒場があって，向う側には新しいガソリン・スタンドがあります．左にあるのは酒場です．次が4番街ですが，4番街では右のかどに空地があり，その隣は酒場です．やはり向う側の右には肉の卸売りをする店が立っています．左側にはこの肉の店と向かい合って，ガラス屋があります．3番街へくると，右手にはドラッグストアと酒屋が向かい合っていて，左手には手前に食料品店，向う側に酒場があります．その次が2番街で，こっち側の左には食料品店があり，向う側左の酒場と向かい合っています．この通りを横切る手前の右側には，家庭用具を売る店があります．さて次に1番街にくると，まず左の手前に肉屋があって，その向う側の空地は

駐車場になっています．右側には洋服屋があって，その右には菓子屋があります．……等々．」

この描写の中には，視覚的なイメージはたったひとつないし2つしか含まれていない．それは"上りの"陸橋と，強いていえば鉄道の下の通路だけだ．この婦人が環境を目で見ようとしたのは話がハミルトン・パーク Hamilton park にまで達してからで，彼女はそのときはじめて，さくに囲まれた広場に円型の野外音楽堂があって，そのまわりにベンチが並んでいることなどを思い浮べたのだった．

ジャージー・シティの各部分をいかに見分けにくいかについては，次のようないろいろな意見があった．

「どこもかしこもほとんど同じです．……私にとって多かれ少なかれみんな同じなのです．つまりどの道を上ろうと下ろうと——ニューアーク・アベニューやジャクソン・アベニュー Jackson Avenue, バーゲン・アベニュー Bergen Avenue にしても——まあ多かれ少なかれ同じことです．つまり，ときにはどの道を通ればよいのかわからなくなります．何しろみな多かれ少なかれ同じなんですからね．区別するものがなにもないのです．」

「フェアビュー・アベニュー Fairview Avenue にはいったことをどうやって知るかって？　道路標識をみるんですよ．この市では，どんな道路にしてもそれしか方法はありませんね．目立つものなんて何もありません．かどにはまた同じようなアパートがある，ただそれだけですよ．」

「まあ普通は，なんとか道をさぐりあてています．意志あるところに道ありですね．ときにはまごついて，場所さがしで時間を無駄にすることもありますが，いつかは行きたいところにたどりつくものですよ．」

相対的な特徴が少ないこの環境においては，建造物の用途や立地ばかりでなく，その用途の変化の度合や建物の手入れの相対的な状態などに頼る傾向がしばしばみられる．道路標識，ジャーナル・スクエアにある大きな広告の数々，および各種の工場などは目印となる．ハミ

ルトン・パーク，バン・ボースト・パーク Van Vorst Park，またとくに大きいウェスト・サイド・パーク West Side Park などのように造園をほどこされた広場は，どれも貴重な存在として考えられている．交差点にある小さな三角形の草地を目印としてあげた人が2人あった．またある女性は，日曜日には小さな公園へドライブして，車の中にすわったままその公園を眺めるのだと語っていた．メディカル・センターの特徴はその巨大さと雄大なシルエットにあるが，この建物の正面に小さな庭園があるという事実も，それらと同様に重要な特徴だと考えられていた．

明らかに低いと思われたこの環境のイメージアビリティはやはり，そこに長く住む人々のイメージにさえ反映されたのだった．そしてそれは不満や不十分なオリエンテーション，その各部分を説明したり区別したりすることができないことなどに示されたのである．しかし一見してこれほど混乱状態にある環境ではあっても，その中にはやはりある種のパターンが存在しており，人々は小さな手がかりに注意を注ぎ，またそのものの物理的外観ばかりでなく他の面にも注意を払いながら，このパターンをつかみとり，みがきをかけているのである．

ロサンゼルス Los Angeles

ロサンゼルスで調査の対象となった地域は，この巨大な大都市地域の心臓部であるが，ジャージー・シティともまたボストンとも，全く違う光景を示している．広さはボストン，ジャージー・シティとほぼ同じであるが，その内部にあるのは，中央業務街とその周辺部に限られている．被験者たちはこの地域について熟知していたが，それはこの地域に居住していることによってではなく，中央のオフィスか店のひとつで働くことによってであった．図14は，現地踏査の結果をこれまでどおりの方法で図示したものである．

図14

大都市の中核であるロサンゼルス中心部には，多くの意味と活動が密接にからみ，大きな，そして特色があるといえそうな建物に満ちている．ほぼ格子状の道路網という基本的なパターンも有している．だ

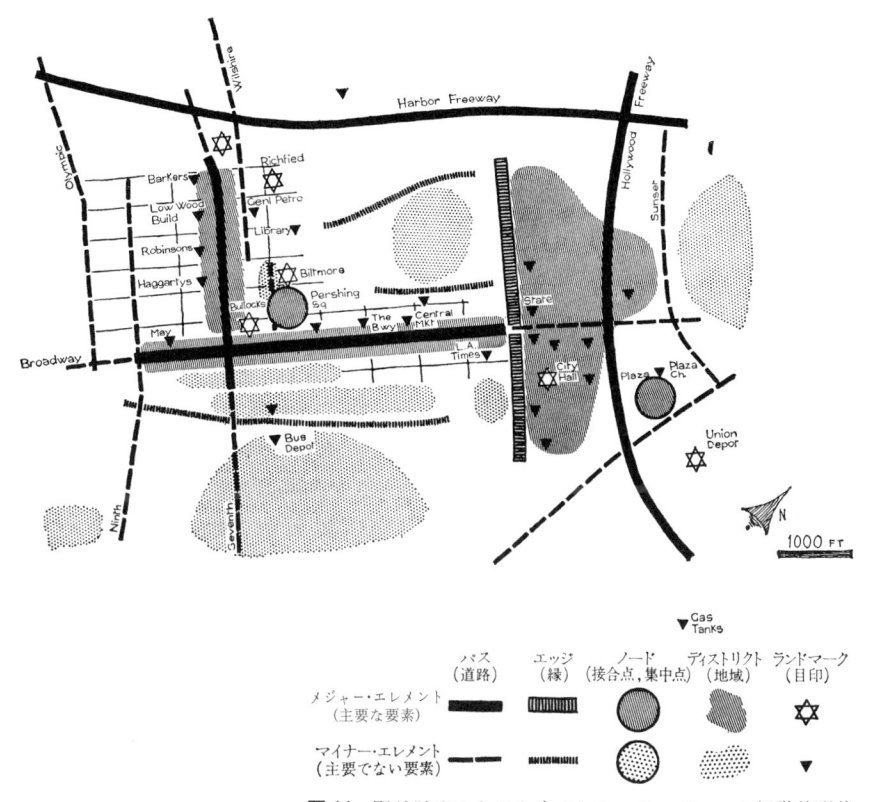

図 14 野外踏査からひき出されたロサンゼルスの視覚的形態

が，多くの要因が作用する結果，そのイメージはボストンのそれとは異なり，鋭さにおいても劣っている．第1の要因はこの都市地域の分散化である．中心部は現在でも慣例により"下町"と呼ばれてはいるが，このほかにもいくつかの中心があり，人々はそれらに足を向けるのである．中心部は繁華な商店街を含むが，それはもはや最上の場所ではなく，多くの市民は年に1回もこの地域に足を踏みいれないのである．第2に，格子状のパターン自体が，変化の少ない基盤であって，その上に各種のエレメントを，常に確信を持って位置づけできるとは限らない．第3には，この地域における種々の中心的活動は広い面積を占め，かつそれが変化しつつあるので，印象が弱められているので

ある．建物がしばしば改築されるため，歴史的な過程を経てだんだんに認識するということを不可能にしてしまう．人目を引くためにけばけばしく飾り立てようとする企てがなされているにもかかわらず（ときには，むしろそのために）エレメントそのものも視覚的な特徴を欠いている．とはいえ，われわれが今見ているのは，もうひとつの混沌たるジャージー・シティではなく，活動的で，生態学的にも整然と組み立てられた大都市の中心部であることは事実なのである．

図15　ここにかかげた空中写真はこの地域の景色の感じを伝えている．植物の種類や遠景にとくに細かな注意を払わぬ限り，これを他の多くのアメリカ都市の中心部と区別するのはむずかしかろう．ここにも同じように単調なオフィスの建物が立ち並び，いたるところに同じような道路や駐車場がある．しかしイメージを図化したイメージ・アップはジャージー・シティの場合よりも，はるかに密度が高い．

　このイメージに欠くべからざるものは，ブロードウェイ Broadway と7番街 7 th Street の2つの商店街が作るL字型のかぎの部分にあるパーシング・スクエア Pershing Square である．これらはすべて格子状の道路網という全体的な基盤にのっている．ブロードウェイは

図15　西側から見たロサンゼルス

ずれにはシヴィック・センター Civic Center(官庁街)地域があり，そのさらに先には，感傷的な重要性をもつプラザ-オルベラ・ストリート Plaza-Olvera Street の広場がある．ブロードウェイと平行してスプリング・ストリート Spring Street の金融街があり，さらにそれに平行してスキッド・ロウ Skid Row(メイン・ストリート Main Street)がある．ハリウッド・フリーウェイ Hollywood Freeway とハーバー・フリーウェイ Harbor Freeway はL字型を補なう半分の2辺として認識されるだろう．この地域全体についてのイメージに関して特筆すべきことは，メイン・ストリートまたはロサンゼルス・ストリート以東，および7番街以南については，格子が繰り返し延長しているということをのぞけば，まるで空白であったことである．その中心部は，いわば真空に包まれているといえるだろう．L字型をしたこの中心部には，スタトラー Statler，ビルトモア Biltmore の2つのホテルをはじめ，リッチフィールド・ビルディング Richfield Building, 公立図書館，ロビンソンズ Robinsons，ブロックス Bullocks の2つのデパート，連邦貯蓄ビルディング Federal Savings Building, フィルハーモニック Philharmonic 会館，市役所，ユニオン・デポッ Union Depot(連邦倉庫)などのよく知られた目印がたくさんある．しかし，いくらかでも具体的に描写されていたのは，黒と金色で色どられた醜いリッチフィールド・ビルディングと，ピラミッド型の市役所の2つだけであった．

図43, 192頁

　シヴィック・センター以外では，地域として認識されたのは，道路の境界によって限定される小さくて線状の地域(7番街商店街，ブロードウェイ商店街，スプリング・ストリート金融街，6番街のトランスポーテーション・ロウ Transportation Row，メイン・ストリートのスキッド・ロウのように)，またはバンカー・ヒル Bunker Hill, リトル・トーキョー Little Tokyo などのように比較的弱いものばかりである．シヴィック・センターはその明白な機能，規模，空間的な開放感，建物の新しさ，明確な境界などによって最も強い印象を与える．このセンターのことを口にしない者はまずいなかった．バンカー・ヒルには歴史的な意味があるが，イメージの点からいえばこれに及ばず，「"下

図16, 42頁

図 16 シヴィック・センター（官庁街）

町地域"にあるのではない」と感じていた人も少なくなかった．このような大きな地形のまわりに建物がへばりつくことによって，これが視覚から葬られてしまっているということは，全く驚くほかはない．

　パーシング・スクエアは，だれに聞いても，最も強いエレメントとされていた．下町の中央に位置し，異国風の造園をほどこされたこの広場は，屋外政治集会の会場，キャンプ場，老人たちのいこいの場などとしても用いられることにより，いっそう強い印象を与える．ブラザーオルベラ・ストリートの広場とともに，パーシング・スクエアは最もあざやかに描写されたエレメントのひとつであった．まん中のきれいな芝生のまわりにバナナの木がめぐらされ，そのまわりに石の壁にぎっしりと並んですわっている老人たちの列が輪をつくり，次にそのまわりを交通の激しい道路がめぐり，最後にそれらを下町に建ち並

図 17

ぶ建物群が囲んでいる様子が描写されていた．だがこの広場は，目立つ存在ではあっても，必ずしも楽しいところとは考えられていなかった．被験者たちはときには，この広場を利用する風変りな老人たちをこわがる気持ちを示していたし，さらに多かった答は，これらの老人たちが中央の芝生から締め出され，周囲の壁に追いやられている現状に対する悲しみを訴えるものであった．雑然としていたかもしれないが，樹木がこんもり茂ってそこここにベンチや散歩道があった以前の姿を思い出してこぼす人々もいた．中央の芝生がきらわれている理由は，公園を散歩する人たちを拒絶しているばかりでなく，通行人が通常するようにこの広場を横切ることを不可能にしてしまっているからであった．とはいっても，これは非常にくっきりしたイメージであり，また有力な目印である赤茶色のビルトモア・ホテルのかたまりがそれに面してそびえていることも，この広場を位置づけるのに大いに役立っている．

図17　パーシング・スクエア

だが，この都市全体のイメージにおいて大きな重要性をもつにもかかわらず，パーシング・スクエアはいくぶん浮き上っているような感じである．この広場が，手がかりとなる7番街とブロードウェイの2つの通りからそれぞれ1ブロック離れたところにあるために，多くの人々が，その大体の位置は心得ていても，正確な位置についてはあやふやであった．この広場へ達することを試みた被験者たちは，小さな通りを横切るたびに横に目をやり，それをさがそうとしていた．これは，この広場が中心からはずれたところに位置していること，また以下に述べるように，被験者たちの間に種々の道路を混同する傾向がみられたことに関係があると思われる．

　ブロードウェイは，だれにも間違えようのない，おそらく唯一の道路であった．昔ながらの目ぬき通りであり，現在でも下町地域における最大の商店街であるこの通りの特徴は，歩道に常に人が溢れていること，商店が切れ目なしに長く続いていること，映画館にはひさしが

図 18　ブロードウェイ

ついていること，路面電車(他の通りではバスしか走っていない)が通っていること，などである．もしこの地域にコア(中核)があるとすれば，それはこのブロードウェイであるはずなのだが，ここは，これら中流階級の人々が立ち寄る商店街ではなかった．その歩道を埋めているのは，中心部周辺に住む少数民族や，低所得階層の人々なのである．面接に応じた被験者たちは，この線状のコアは彼ら自身には関係がないものとする見方をとり，それに対してさまざまな度合の忌避感，好奇心，恐怖感などを示していた．そして彼らは，ブロードウェイ人種と，とくに高級とはいかぬまでも少なくとも中流階級の商店街である7番街に集まる人々との地位がいかに違うかを，進んで弁じ立てていた．

6番街，7番街，それに1番街などを別とすれば，番号のついた横の通りは概して区別しにくい．この混同は，面接の際に明らかに現われていた．それぞれ固有の名をもつ縦の通りも，それほどではないにせよ，やはり区別はつけにくい．これら"南北の"通りのうちのいくつか，とくにバンカー・ヒルに通じているフラワー Flower, ホープ Hope, グランド Grand, オリーブ Olive などの通りは，番号つきの通りと同様に，ときどき混同される傾向があった．

下町の通りはこのように区別しにくいが，路上で前後の方向を保つのをむずかしいと思う被験者はほとんどいなかった．7番街のスタトラー・ホテル，ホープ・ストリートの図書館，グランド・ストリートのバンカー・ヒルなどのような，それぞれの通りの終りの眺め，またブロードウェイにおけるその用途や歩行者の密度の両側のちがいなどは，方向を見分けるのに十分な手がかりとなっている．中心部の通りは規則正しい格子になってはいるが，地形，フリーウェイ，その格子自体のゆがみなどにより，実際はどの通りも視覚的に閉ざされたものになっている．

ハリウッド・フリーウェイを越えると，この地域において最も強烈なエレメントのひとつである，プラザーオルベラ・ストリートの広場がある．この広場の形，樹木，ベンチ，そこにいる人々，タイル，　　図19, 46頁

図 19 プラザとオルベラ・ストリートへの入口

"石畳みの"(実際は煉瓦敷きだが)通り,その狭さ,商品,そこで売っている蠟燭や砂糖菓子のにおいにいたるまで,この場所については実にあざやかに描写されていた.この小さな場所は視覚的にとても明瞭であるのみならず,ロサンゼルス市の歴史の真のなごりをとどめている唯一の地点でもあるので人々は猛烈な愛着を覚えているようである.

しかしこれと同じ地域内ではあっても,ユニオン・デポゥとシヴィック・センターの中間においては,人々は道をたどるのに相当の困難を感じていた.ここでは彼らは格子から見捨てられてしまったように感じ,自分たちがよく知っている通りが,いったいこのように形のはっきりしない地帯のどこに通じていてくれるのだろうかと迷うのだった.アラメダ・ストリート Alameda Street は,南北に走る他の通りとは平行せずに,左へ大きくそれている.官庁街では大規模なとりこわしがおこなわれたために,従来の格子は消えてしまい,その代りになるものもほとんど設けられなかった.フリーウェイは沈められた障

図20

害である．ユニオン・デポゥからスタトラー・ホテルまで歩く課題を与えられた人々が，1番街が見えてくると，たいていほっとひと息つくのが聞こえるほどであった．

ロサンゼルスという都市を総括して描写あるいは表現するように頼むと，被験者たちは"広がりきった""広々とした""形がはっきりしない""中心になるものがない"などきまりきった言葉を用いていた．ロサンゼルスは，全体として頭の中に描いたり，概念化したりするのがむずかしい都市であるらしい．どこまでも限りなく続く広いところというのがだれにも共通のイメージであったが，それには，住居の周囲に空間が多くて楽しいという意味から，退屈だとか適応しにくいといった意味も含まれていたようである．ある被面接者はこう語った．

「ある所に向かってかなり長いこと歩きつづけて行ったのに，いざそこへ着いてみると，そこには結局なにもないことがわかった――

図20　ハリウッド・フリーウェイ

そんな感じがするところです.」

　しかし，地域的な規模におけるオリエンテーション(位置づけ，方向づけ)は，それほど困難ではないらしいといういくつかの証拠が見られた．こうしたオリエンテーションに用いられているしかけには，海や山や丘(これらは古い住民が用いる)があり，またサン・フェルナンド San Fernando のような渓谷地域，ビバリー・ヒルズ Beverly Hills のような大がかりな開発地域，フリーウェイ，ブールバードなどの主要な道路の体系，また市が成長を重ねてきたそれぞれの時代にふさわしい建造物の状態や様式や型などによって証明されるこの都市地域全体にわたる年齢の変化度などがある．

　だがこれより下の規模になると，イメージのストラクチャー structure とアイデンティティ identity を得ることは非常にむずかしかった．中程度の大きさの地域といったものは存在せず，道路はわかりにくい．人々は，通りなれた道を離れると迷ってしまうこと，また道路標識に大いに頼らねばならないことなどを語っていた．ごく小さな規模においては，山小屋，ビーチ・ハウス，非常に特徴のある植物が植えてあるところなど，高度なアイデンティティ identity と意味 meaning を持つ個所がところどころに点在していた．しかしこれらはいたるところにばらまかれていたわけではないし，中間の大きさの地域のイメージアビリティが，全体のストラクチャー structure にとって不可欠な鎖の環となるものなのに，大体において弱いものでしかなかった．

　自宅から勤務先までの道筋を説明するという面接の問題において，ほとんどの人の場合にも，その説明が下町に近づくにつれて，印象の鮮明さが急速に減少してゆく傾向がみられた．居住地に近いところでは，坂や曲りかど，植物や人間などについてくわしい説明があり，こうした状景に日常の関心を抱き，喜びを感じていることが立証されていた．だが中心部に近づくにつれ，このイメージは次第にぼやけて，もっと抽象的かつ概念的なものとなってしまう．下町地域のイメージは，ジャージー・シティと同じように，基本的には用途の種類と店舗の名前の寄せ集めであった．たしかにこれは主要放射線上にくるにつ

れ車の運転に緊張が加わることにも原因があろうが，この感じは，自動車をおりたのちもつづくようであったのだから，明らかに，視覚的な材料そのものが粗末なのである．またスモッグがひどくなっていることも影響しているのかも知れない．

　ところでこのスモッグともやについては，都市居住者の悩みのたねとして，しばしば言及されている．これらのものは環境の色彩をくすませてしまうらしく，全体の色調について，白っぽい，黄色がかった，灰色である，などとする答が多かった．中心部へ通勤するドライバーの数人は，毎朝かならずリッチフィールド・ビルディングや市役所のような遠くにそびえたつ標識の見え方に注意してスモッグの状態を点検するのだと語っていた．

　面接において最も支配的だったテーマは，自動車交通と道路のシステムの2点である．これは，人々が連日繰り返す体験であり，戦いであり，ときには胸をおどらせるようなこともあるが，大体において心身を緊張させ，消耗させるものである．信号や標識，交差点，そして右折や左折の問題に関する記述が多かった．フリーウェイでは，その場にのぞむかなり前から決定を下さねばならないし，車線を守ったり別の車線に移ったり，ひっきりなしに操作しなければならない．これはまるで，ボートで急流を下るようなもので，同じような興奮と緊張を味わい，また"おぼれない"ためには，やはり一瞬も努力を怠たることができないのである．多くの人々が，知らない道をはじめて運転するときのおそろしさを語っていた．高架道路，巨大なインターチェンジのおもしろさ，下ったり曲がったり上ったりする筋肉運動的な感覚なども，しばしば話題となった．ある種の人々にとっては，ドライブは挑戦に満ちた，一種の高速のゲームでもあった．

　これらの高速道路においては，周囲の主な地形をほぼつかむことができる．ある婦人は，毎朝ある大きな丘を越えるたびに，これで半分きたのだと感じ，それで彼女の旅路にかっこうがつくような気がするのだと報告した．別の婦人は，新しい道ができたため市の規模が拡大したことをあげ，その結果，いろいろなエレメントの相互関係につ

図20, 47頁

いての彼女の一切の考え方が変わってしまったとのべていた．フリーウェイの高い部分を走っているときに瞬間的にみえる広大な眺めがすばらしいこと，それに反して，土手に囲まれた切通しの部分では抑圧された単調な感じしか受けないこと，なども語られた．しかしその半面，これらのドライバーたちは，ボストンの場合もそうだったように，そのフリーウェイの位置を知ること，つまりそれを市内の他の構造と関連づけることには，かなりの困難を感じていたようだ．フリーウェイの斜路から出てくる時に瞬間的に方角を見失うことは，だれにも共通の経験であった．

　しばしば話題になったもうひとつのテーマは，相対的な年齢のことであった．おそらくこの環境の非常に多くの部分が新しいか変化しつつあるからなのであろうが，この激変を免れたものすべてに対して，病的といえるほどの愛着をもつ傾向が広くみられた．プラザ-オルベラ・ストリートの小さな広場またはバンカー・ヒルにあるくたびれたホテルなどでさえも多くの人々の関心を集めていたのは，そのためなのである．ごく限定された面接の結果ではあったが，われわれはロサンゼルスにおいては，古いものに感傷的に執着する傾向が，保守的なボストンの場合よりも一層強いという印象を受けた．

　ジャージー・シティと同様にロサンゼルスにおいても，草花やその他の植物に大きな喜びが見出されていたが，実際これらは市の住宅区域の多くにおいてすばらしい景観をつくり出している．自宅から勤務先までの通勤の経路のはじめの部分では，草花や樹木についての生き生きとした描写がたくさん登場していた．高速で走っている自動車のドライバーたちでさえも，こうしたこまかな点に注意し，しかも楽しんでいるようであった．

　しかしこれらのことは，研究対象としてとりあげられた地域そのものにはあてはまらなかった．ロサンゼルスの中心部は，ジャージー・シティの視覚的混乱からはほど遠い状態にあるし，目印の役目を果たす個々の建物の数もかなり多い．だがそれなのに，概念的でかつ無性格な格子を思い浮かべることを別とすれば，全体として組み立てたり

理解したりするのがむずかしかった．全体的な強いシンボルはなにもなかった．最も強力なイメージであるブロードウェイやパーシング・スクエアにしても，少なくともわれわれが接した中流階級の人々は，どちらかといえば異質なあるいは威嚇的な場所だと感じられていた．それらを快適とか美しいとか表現した者は1人もいなかった．愛情らしきものがなげかけられていたのは，ちっぽけで目立たないプラザと，いろいろな目印によって象徴される7番街上手の商店や娯楽施設の一部に対してだけであった．ある人はこのことを表現して，独自の性格をもっているのは，一方の端では古いプラザ，もう一方の端では新しいウィルシャー・ブールバードだけであり，この2つがロサンゼルスを代表していると語った．ロサンゼルス中心部のイメージには，ボストン中心部のそれには存在していたひと目でわかる性格とか安定感とかこころよい意味などが欠けているようであった．

共通のテーマ Common Themes

われわれはこれら3つの都市を比較する作業において（極く小さなサンプルではあるが），予想の通り人々は自分の環境に順応しており，手近な材料をもとにしてストラクチャーとアイデンティティを引き出していることがわかった．都市のイメージにあらわれるエレメントのタイプ，またそれらの強弱を決定する特質は，どの都市の場合にも同じ様である．ただそうしたエレメントのタイプの比率は，実際の形態に応じて異なると考えられるが……．しかし同時に，これらの物理的に異なる環境の間には，オリエンテーションや満足の度合についてのいちじるしい相違が存在する．

調査が明らかにしたことのひとつは，眺めの広がりの重要性である．ボストンでチャールズ河の縁が最も強いエレメントとなっているのは，この側からボストンにはいるにさいして，広い視界がくりひろげられるからである．つまり，この都市の中のたくさんのエレメントとその相互関係をひと目でみてとることができ，全体との関連における個人の位置も，そのために十二分に明らかになるからである．ロサンゼル

図4, 23頁

スのシヴィック・センターは，その空間的な開放感のために目立った存在となっていた．ジャージー・シティでの被面接者たちは，マンハッタンに向かってパリセーズをくだるときに目の前に広がる眺めに対して，とくに反応を示していた．

広大な眺めに接すると感情的なよろこびが生じるということは，しばしば指摘された．われわれの都市において，毎日往き来する何千人もの人々のために，こうしたパノラマの経験をもっとあたりまえのこととすることは可能であろうか．広い眺めはときには混乱を暴露し，性格の欠除からくる寂しさを表現する．しかしうまく処理されたパノラマは，都市の楽しさの主要素であるように思われる．

たとえ自然のままのあるいはまとまりのない空間であっても，おそらく楽しさは伴なわないにせよ，強い印象は与えるものである．ボストンのデューウィー・スクエア Dewey Square でおこなわれていた建物の取りこわしと穴掘りの光景を，印象的な眺めだと言う人が多かった．これはきっと，それ以外の都市空間がすき間なく詰まっていることとの対照のためであろう．しかしこれがたとえばチャールズ河やコモンウェルス・アベニューぞいの地域，またはパーシング・スクエア，ルイスバーグ・スクエア Louisburg Square のように，空間にある種の形態が伴なってくると，衝撃はさらに強烈となり，その特色が記憶にきざみつけられるようになるのである．もしボストンのスコレイ・スクエアやジャージー・シティのジャーナル・スクエアに，その機能的な重要性にふさわしい空間的な性格が備えられるならば，これらの広場がそれぞれの都市における中心的な存在となることは確実であろう．

植物や水面など都市の中の自然の要素については，注意深く，しかもよろこびをもって語られた．ジャージー・シティの人々はかれらの周囲にある数少ない緑のオアシスのことをはっきりと知っていたし，ロサンゼルスの人々は話の途中でしばしば，どこにどんな異国風の植物があるかを説明した．なにか特定の植物とか公園とか水面などを見たいばかりに，毎日出勤の途中で，わざわざ遠まわりをするのだと報

告した人もいた．ロサンゼルスでは下に掲げるような描写はめずらしくなかった．

「サンセット Sunset 通りを越すのは，小さな公園を通り過ぎてからです——名前は知りません．とてもいいところです．

そうそう，ノウゼンカズラがいま咲きかけています．そこから1ブロックほど上にある家で咲いているのです．それからキャニオン通りを下ってゆくと，いろいろの種類の椰子の木があります．高い椰子の木に低い椰子の木．それがその公園まで続いているのです．」

またロサンゼルスは自動車交通に適合するようにつくられているので，道路のシステムに対する最も生き生きした反応の例を提供している．すなわち，そのシステムそのものの組立て，あるいは都市の他のエレメントとの関係，あるいは空間，眺望，運動といったシステム内部の性格などに対する反応である．しかし，道路が視覚的に支配的であること，また道路網が人々が環境を経験するさいの出発点として重要な役割を果たしていることは，ボストンとジャージー・シティの資料においても十分に立証されていた．

また社会経済的な階級が存在することも，しばしば口に出されたことであった．ロサンゼルスではブロードウェイが"低級"であるとして避けられ，ジャージー・シティではバーゲン・セクションが"高級"あつかいをされていた．またボストンのビーコン・ヒルは明らかに2つの別々の斜面に分けて考えられていた．

面接調査はもうひとつの一般的な反応をもたらした．それは物理的な景観が時間の経過を象徴しているということである．ボストンの面接では，"新しい"アーテリー(幹線)が"古い"市場街を横断しているとか，アーチ・ストリート Arch Street の古い建物の間に新しいカトリックの教会があるとか，古い(暗い，飾りのついた，低い)トリニティ・チャーチ Trinity Church が新しい(明るい，飾りのない，高い)ジョン・ハンコック・ビルディング John Hancock Building を背景にシルエットを描くとかいうように，年齢の対比について語られることが多かった．全く彼らの描写には，あたかも都市の風景に見られる

コントラストに対する反応を示しているようなものが多かった．空間のコントラスト，地位や身分のコントラスト，用途のコントラスト，相対的な年齢，清潔さや造園の程度の対比など，いろいろなコントラストについて語られていたのである．エレメントとその属性が重要なものとなるかどうかは，それが全体の中でどんな位置を占めるかに左右されていたのである．

ロサンゼルスでは，われわれは，環境の流動性と過去のなごりをとどめる物理的エレメントの不在とが人々を刺激し不安にしているという印象を受ける．ここで生まれて住みついている人々による景色の描写の多くは，老若を問わず，以前あったものの亡霊につきまとわれていた．いろいろな変化，たとえばフリーウェイの出現によってもたらされたような変化は，精神的なイメージにもその傷痕を残している．面接担当者は次のように語っている．

「土着の人たちは，苦痛または郷愁を感じているように思えた．これは変化が多いことに対する怒り，またはそうした速い変化に追いついていけないという無力感を表わしているものと考えられる．」

こうした全般的な解説の意味するところは，面接で得られた資料を読むとたちまち明らかになる．しかし面接および現地踏査の結果をさらに系統的に研究して，都市のイメージの性格と構造についてさらにくわしく学ぶことも可能である．これが次章の課題である．

III.

都市のイメージと
そのエレメント

　どんな都市にも，たくさんの個人のイメージが重なり合った結果としての一つのパブリック・イメージが存在するようである．あるいは，それぞれかなりの数の市民たちにより作られるパブリック・イメージがいくつか集まっているのかもしれない．各個人がその環境の中で首尾よく行動し，仲間との協力を進めていくためには，こうした集団的なイメージが必要である．各個人が描く心像はそれぞれ独自のものであり，その内容の一部はめったに，または絶対に，他人に伝達されないということもあるのだが，大体においてそれは，パブリック・イメージに近いものなのである．そしてこのパブリック・イメージは環境の差に応じて，個人のイメージにとって多かれ少なかれおしつけがましかったり，多かれ少なかれ寛容であったりするのである．ここでの分析は，物理的な，知覚できる物体がもたらす効果のみを対象とすることとする．イメージアビリティに影響を与えるものとしてはこの他にいろいろなものが考えられる．たとえばある地域がもつ社会的な意味，その機能，その歴史，またときにはその名称までが影響している．だがここでの目的は形態そのものの役割を明らかにすることにあるので，それらの諸点については詳述しないことにする．実際のデザインにおいては，形態は意味を強化するために用いられるべきで，否定す

るために使われてはならないことはもちろんである.

これまで検討してきた都市のイメージの内容は,物理的な形態に帰せられるものであるが,丁度いい具合に5つのエレメントのタイプに分類することができる.それはパス path(道路),エッジ edge(縁),ディストリクト district(地域),ノード node(接合点,集中点),そしてランドマーク landmark(目印)である.付録Aにおいてこれらのエレメントがいろいろな環境のイメージにも登場しているところをみると,これらはさらに一般的に応用できそうである.これらのエレメントは,次のように定義されるだろう.

1. パス Paths

パス path とは,観察者が日ごろあるいは時々通る,もしくは通る可能性のある道筋のことである.街路,散歩道,運送路,運河,鉄道などである.多くの人々にとっては,これらがイメージの支配的なエレメントになっている.人々は移動しながらその都市を観察している.そしてこうしたパスにそってその他のエレメントが配置され,関連づけられているのである.

2. エッジ Edges

エッジ edge とは,観察者がパスとしては用いない,あるいはパスとはみなさない,線状のエレメントをいう.つまり海岸,鉄道線路の切通し,開発地の縁,壁など,2つの局面の間にある境界であり,連続状態を中断する線状のもののことである.これは点を示す座標軸というよりは,人々が領域を知るために横側から参照するものである.これは多少の通りぬけは許すとしても,ひとつの地域を他から切り離している障壁であるかも知れないし,2つの地域を相互に関連させ,結びつけている継ぎ目であるかも知れない.このようなエッジというエレメントはおそらく,パスほど支配的なものではないが,それでも多くの人々にとって組立てのための重要な要素であり,とくに,水面や壁が都市の輪郭を形づくっている場合のように,漠然とした地域をひとつにまとめる役割を果たす点で重要である.

3. ディストリクト Districts

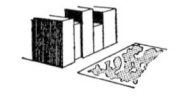

ディストリクト district とは，中から大の大きさをもつ都市の部分であり，2次元の広がりをもつものとして考えられ，観察者は心の中で"その中に"はいるものであり，また何か独自な特徴がその内部の各所に共通して見られるために認識されるものである．通常は内部から認識されるのだが，もし外からも見えるものであれば，外からも参照されている．多くの人々はかなりこの方法にもとづいて，彼らの住む都市を組み立てている．ただし，パスとディストリクトのどちらを支配的なエレメントとするかについては個人差もあり，また都市によっても差が生じているようである．

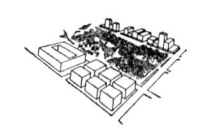

4. ノード Nodes

ノード node は点である．都市内部にある主要な地点である．観察者がその中にはいることができる点であり，彼がそこへ向かったり，そこから出発したりする強い焦点である．ノードとなるのは，まず第一に接合点である．すなわち交通が調子を変える地点，あるいは道路の交差点ないし集合点，あるいはひとつの構造が他の構造にうつり変わる地点などである．次にノードは単なる集中点であることもある．つまり町かどの寄合い所とか囲われた広場のように，なんらかの用途または物理的な性格がそこに凝縮されているために，重要性をもつものである．こうした集中点のノードはディストリクトの焦点とも縮図ともなることがあり，その影響力はディストリクト全体に広がり，そのディストリクトの象徴の役割も果たしているのである．これらはコア(核)と呼ばれてもよいだろう．もちろん多くのノードは，接合点と集中点の両方の性質を兼ね備えている．ノードの概念はパスの概念と結びついている．というのは，接合点は通常，パスが集合するところであり，人々の移動中のできごとであるからである．同じようにそれはディストリクトの概念とも関連があるが，これはコアというものはたいていの場合，ディストリクトの強力な焦点であり，ディストリクトに極性を与える中心であるからである．いずれにせよ，ノードはほとんどすべてのイメージから必ずいくつか発見できるものであり，それが最も支配的な要素になっている場合もあるのである．

5. ランドマーク Landmarks

ランドマーク landmark もやはり，点を示すものであるが，この場合は観察者はその中にははいらず，外部から見るのである．これは普通は，建物，看板，商店，山など，どちらかといえば単純に定義される物理的な物をさす．何かをランドマークとして用いるということは，必然的に，限りない多くの可能性の中から，あるひとつのエレメントをとりだすということを意味している．ランドマークの中には，はるか遠くにあって，いろいろの角度や距離から，それよりは小さいエレメントの頭を越えて眺められ，放射的に参照されるものがある．それらは都市の内部にあるかもしれないし，またかなり遠くにあるために，あらゆる実際的な目的のために，一定の方位を示しているものもある．この種のものには，孤立して立っている塔，金色の円屋根，大きな丘などがある．動くものでさえも，たとえば太陽のように，その動きがのろく，かつ規則的なものであれば，ランドマークとして用いられるであろう．その他のランドマークは主として局地的なもので，限られた場所でしかも特定の方向から近づく時しか見えない．この種類に属するのは，どこにでもある看板，商店の正面，樹木，ドアのとっ手，その他の都市のディテールなどで，たいていの観察者のイメージには，こうしたものが詰まっているのである．これらはしばしば，アイデンティティ identity の手がかりとして，そしてストラクチャー structure の手がかりとして用いられており，市内での行動に慣れれば慣れるほど，それらに頼る度合いも強まるようである．

ある物理的現実に対するイメージは，それをみる事情の相違により，そのタイプが変わってくることがある．つまり高速道路は運転する者にとってはパスであり，歩行者にとってはエッジであろう．また中心地域は，その都市を中位の大きさの範囲で考えるときはディストリクトであるが，都市地域全体を考えれば，ノードとしてうつるかも知れない．しかしいかなる観察者がいかなるレベルで観察する場合にも，常にこれらの5つの領域そのものは安定しているようである．

上述のようにばらばらにされたタイプは、実際にはそれぞればらばらに存在するのではない。ディストリクトはノードで組み立てられ、エッジに囲まれ、パスに貫通され、ランドマークでいろどられている。各種のエレメントは釣合よく重なり合い、つらぬき合っているものである。われわれの分析がデータを領域に分類することに始まるとすれば、それは、それらをふたたび全体のイメージに統合することに終らなければならない。

　われわれの研究はエレメントのタイプがもつ視覚的な性格についての多くの情報を得たが、それについては以下で述べる。しかし残念ながら、各種のエレメント間の相互関係、イメージのレベル、イメージの質、イメージの展開などについては、われわれの研究も十分に明らかにすることはできなかった。後者の点については、この章の末尾でとりあげることとする。

パ　　ス　Paths（道路）

　面接を受けた人々の大半にとって、パスは都市のエレメントの中で卓越したエレメントであった。もっとも、その重要性はその都市を知る度合いに応じて異なってはいたが。たとえばボストンをほとんど知らない人々には、地形とかいくつかの大きな地域、全般的な特徴、そして大体の方角の関係などの観点からこの都市を考えようとする傾向がみられた。それに対し、もっとよくこの市を知る人々は、パスの構造を部分的に理解しているのが普通だった。彼らはいくつかの特定のパスとそれらの相互関係の点からボストンをみていたのである。またボストンを非常に良く知っている人々の間には、ディストリクトとかパスよりも、小さなランドマークにより多く頼る傾向が現われていた。

　道路のシステムにある潜在的ドラマと、周囲のものごとを分かりやすくする可能性とについては高く評価されなければならない。ジャージー・シティで面接を受けたある婦人は、自分の環境の中には説明するに足るものがほとんどないと語っていたが、話がホーランド・トンネルのことに移ると、突然目を輝かせた。また別の婦人は、彼女が味

わう喜びについて次のように語った.

「ボールドウィン・アベニューを越えますと，目の前にニューヨークのすべてが現われてきます．そして地面が突然ぐっと低くなっているのが見えます(パリセードのこと)．つまりジャージー・シティの低地地帯のパノラマが目の前に広がっていますのね．それから丘を下りながら見えるものは何でもわかります．あれはトンネル，あれはハドソン河，そしてあれは，そしてあれは，とね．……私はいつもここで右を向いて，自由の女神像が見えるかどうか見てみますの．……それからエンパイア・ステート・ビルディングを見上げて，きょうのお天気はどうかとたしかめます……いまどこかへ行く途中なんだと思うと，私は本当にうれしくなってしまいますわ．私は，よそへ出かけるのがとても好きなんですの．」

いくつかの特定のパスがイメージの重要な要素となるわけだが，重要となるなり方はいろいろである．習慣的にそこを通行するということは，もちろん最大の影響のひとつであり，ボストンのボイルストン・ストリート，ストロウ・ドライブ，トレモント・ストリート，ジャージー・シティのハドソン・ブールバード，ロサンゼルスのフリーウェイなどの主要な進入路が，すべてイメージの鍵となっていたのはそのためである．交通にとっての障害物は構造を複雑にしがちなものであるが，それも場合によっては，雑多な交通の流れを少しの道筋にまとめることにより，逆に構造をわかりやすくすることもあって，その場合，その少しの道筋は概念的に有力になるのである．ボストンのビーコン・ヒルは巨大なロータリーの役目を果たして，ケンブリッジ・ストリートと，チャールズ・ストリートの重要性を増していたし，パブリック・ガーデンはビーコン・ストリートを強化していた．チャールズ河は，交通の流れを少しばかりの橋に限定しているが，それらの橋は非常によく目につき，どれも特徴のある形をしているので，これがパスの構造を明らかにするのに役立っていることも疑いない．これと全く同じようにジャージー・シティのパリセーズ(絶壁)も，それを越す3本の通りに注意を引きつけているのである．

道路ぞいに特殊の用途または活動が集中しているということも，観察者に強い印象を与えるものである．ボストンではワシントン・ストリートがその目立った例であり，どの被験者もこの通りを商店と劇場と結びつけて考えていた．中にはこれらの特徴を，ワシントン・ストリートでも性質が全く違う部分（たとえばステート・ストリート付近）に対しても拡大してあてはめて考える人々も何人かいたが，多くは，この通りが劇場街の先まで続くことを知らず，エセックス・ストリートまたはステュアート・ストリートあたりで終るものと考えているようであった．ロサンゼルスにもそうした例は数多いが——ブロードウェイ，スプリング・ストリート，スキッド・ロウ，7番街など——それらはいずれも，用途の集中が非常に顕著であるために線状のディストリクトを形成するほどである．人々は彼らが出くわす活動の量の変化に敏感であり，ときには主として交通の主流に従いながら道をたどることもあるようであった．ロサンゼルスのブロードウェイは，雑踏と市街電車とによって他と見分けられていたし，ボストンのワシントン・ストリートも，歩行者のおびただしい流れが特徴であった．またサウス・ステーション付近の建設工事とか食品市場のにぎわいのような地表面でのその他の活動も，その場所を引き立たせていることがわかった． 図30，95頁

図18，44頁

　いくつかのパスは，特色ある空間的な特質によってそのイメージを強化されていた．これは最も単純な意味では，極端に広いか極端に狭い道路が注意を引くということである．ボストンでよく知られているケンブリッジ・ストリート，コモンウェルス・アベニュー，アトランティック・アベニューなどの道路は，すべて道幅の広さのためにとりあげられていた．広さや狭さといった空間的な特質が重要性をもつようになったのは，ひとつには，表通りは幅が広く，裏通りは狭いという一般的な連想があるからであろう．人々は自動的に"表"（つまり広い）通りをさがし求め，それをたよりにするのであるが，ボストンにおいては現実のパターンも，こうした仮定を裏書きしている．道幅の狭いワシントン・ストリートはその法則の例外である．ここでは道路

の狭さが高い建物や人ごみでさらに強められているために，普通と逆の対照があまりに強いので，その正反対であること自体がこの通りを見つける手がかりになっている．ボストンの金融街では方角を定めることがむずかしいこと，またロサンゼルスの格子が無性格であることの原因の一部は，こうした支配的な空間に欠けていることかも知れない．

パスのアイデンティティ identity にとって，ファサード（建物の正面）の特別な特徴もまた重要であった．ボストンのビーコン・ストリートとコモンウェルス・アベニューが独特だと感じられていたのは，それに沿って立ち並ぶ建物のファサードによるところも多かった．ロサンゼルスのオルベラ・ストリートなどの特別の場合を除けば，舗装のテクスチャーはそれほど重要ではないようであった．沿道の樹木のディテールもやはりあまり重要でないようであったが，コモンウェルス・アベニューのようにたくさんの樹木があると，パスのイメージは非常に効果的に高められるようであった．

図 21

またその都市にあるなにか特殊な地形に近いということも，パスに一段と重要性を与えるものである．この場合のパスは，2次的にエッジの役を果たしているのであろう．ボストンのアトランティック・アベニューが重要であるのは，主としてそれが波止場や港に関係しているからであり，ストロウ・ドライブはチャールズ河沿いにあるということから，重要性をもつにいたっている．アーリントン・ストリートとトレモント・ストリートはいずれも，ある公園に接して走っているために独特だとされていたし，ケンブリッジ・ストリートはビーコン・ヒルとの接触関係から，わかりやすいものになっていた．個々のパスに重要性を与えている特質としては，このほか，そのパス自体が視覚的に剝き出しになっていること，またはそのパスから見たときに市の他の部分が剝き出しになってみえること，などがある．セントラル・アートリーがきわ立っているのは，ひとつには市の高いところを通りぬける姿の迫力のためであった．チャールズ河にかかるいくつかの橋も，やはり遠距離からはっきり見えるものであった．しかしロサ

図 7, 28 頁

図 21　コモンウェルス・アベニュー

ンゼルスの下町の端にあるフリーウェイは，切通しや植物の植えられた土手によって視覚的に隠されているため，自動車での交通に慣れた人々は，これらのフリーウェイはないのも同然だというように語っていた．だがこれらのドライバーたちも，フリーウェイが切通しを抜けて，視界がひらけると，注意力が高まるということを指摘していた．

　主としてストラクチャー(構造)の点から重要とされたパスもいくつかあった．マサチューセッツ・アベニューはたいていの被験者にとっては，純然たるストラクチャーそのものであった．つまり彼らはそれそのものについては描写することができなかった．そしてこれは，多

図20, 47頁

くのわかりにくい通りと交差しているという点でボストンの主なエレメントのひとつになっていたのである。ジャージー・シティのパスのほとんどは，このように純粋に構造的な性格をもっているようであった。

　主要なパスがアイデンティティを欠くとき，または他のパスと混同されがちである場合は，都市のイメージ全体があやふやだった。ボストンではトレモント・ストリートとショーマット・アベニューが，ロサンゼルスではオリーヴ・ストリートと，ホープ・ストリートと，ヒル・ストリートが相互に混同されやすかった。ボストンのロングフェロー橋はしばしばチャールズ河ダムと混同されていたが，これはおそらく，どちらにも輸送路が通っていること，どちらも円形交差点で終っていることなどによるのであろう。こうした現象は，この市の道路のシステムと地下鉄のシステムのむずかしさを助長していた。ジャージー・シティのパスには，実際にも，また記憶をたどる場合にも，みつけにくいものが多かった。

　パスがアイデンティティを持つと同時に，連続性を持つということも機能上当然必要である。人々は常にこの連続性という特質に頼っていた。この場合の基本的な必要条件は，その実際の道筋，つまり舗装された床が，中断されずに続いているということである。その他の特徴が連続しているかどうかは，それほど重要ではない。ジャージー・シティのような環境においては，ある程度満足のいく程度に続いているというだけで，そのパスは信頼できるものとして選び出されていた。こうしたパスはたとえ不案内な人でも，多少の困難は伴なうにせよ，なんとかたどれるものである。人々はとかく，連続性のある道に沿うその他の特徴は，実際には変化しているにもかかわらずやはり連続しているものだと考えがちであった。

　しかし連続性については，このほかにも重要なことがある。たとえばボストンのボードイン・スクエアにおけるケンブリッジ・ストリートのように道幅が変化したり，またドック・スクエアにおけるワシントン・ストリートのように空間的な連続性が中断されたりすると，人

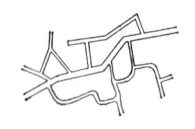

々は同じパスがさらに続いていることを納得するのに困難を感じていた．またこのワシントン・ストリートの一方のはずれでは建物の用途に突然の変化がみられるが，この通りがニーランド・ストリート Kneeland Street を越え，サウス・エンド地区まで続いていることを知らない人々が多いのは，それが一因であるかも知れない．

　パスに連続性を与えている各種の特徴の例としては，ボストンのコモンウェルス・アベニュー沿いの並木やファサード，ハドソン・ブールバード沿いの建物のタイプとセットバック（壁段）などがある．名称自体もかなりの役割を演じるものである．ビーコン・ストリートは本来バック・ベイ地区にあるのに，その名称のために，ビーコン・ヒルと関連して考えられる．ワシントン・ストリートという名称が連続しているおかげで，サウス・エンド地区を知らない人々でも，そこでの行動の手がかりを与えられていた．どんなに遠くてもその名称の点で都市の中心部とつながっている道路の上にいるだけで，関係を持つという喜びを感じるものである．その逆の例としては，ロサンゼルス中心部から発しているウィルシャー・ブールバード Wilshire Boulevard とサンセット・ブールバードは，その起点には何の特徴もないのに，はるか遠くに出てから特別な性格がそなわっているため，その起点にかなりの注目を集めているという事実がある．一方これに対しボストン港に接するパスが，コーズウェイ・ストリート，コマーシャル・ストリート，アトランティック・アベニューというぐあいに途中でいろいろ名称が変わっているので，ただそれだけの理由のために，それぞれ別のもののように受取られることが多かった．

　パスはアイデンティティと連続性をもつものであると同時に，方向性をもつこともできる．これはあるパスに沿ったひとつの方向がその逆の方向と容易に区別できるということである．これは変化度，つまりなんらかの特質が一方向に度を増しながら規則的に変化しているその度合を感じることによって可能になる．最もしばしば感じられるのは地形的な変化度であるが，それはボストンでいちじるしく，とくにケンブリッジ・ストリート，ビーコン・ストリート，ビーコン・ヒル

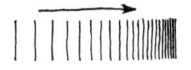

などで強く感じられていた．ワシントン・ストリートに近づくに従って感じられるような用途の集中の変化度も指摘された．また地域的なスケールでは，フリーウェイを通ってロサンゼルスの中心部に近づくに従って建物が次第に古いものに変化してゆくことなどもとりあげられていた．ジャージー・シティのように比較的単調な環境においては，アパートの手入れぐあいの変化度がその役目を果たしている例も2カ所でみられた．

　また，長いゆっくりとしたカーブも，運動の方向に沿った一様な変化を示すという意味で，やはりひとつの変化度である．しかしこれは筋肉運動を通じて知覚されることはあまりなく，カーブしているという肉体的な感覚について報告されたのは，ボストンの地下鉄と，ロサンゼルスのフリーウェイのいくつかの部分に関するもののみであった．面接において道路のカーブが云々されるのは，主として視覚的な手がかりとの関連からであった．たとえばチャールズ・ストリートがビーコン・ヒルで曲がっていることが感じられたのはすぐ近くの建物の壁がカーブを視覚的に強く印象づけていたからである．

　人々は一般に，バスの終点と起点について考える傾向をもっていた．つまり，そのバスがどこから来て，どこまで行くのかを知りたがっていたのである．起点と終点が明瞭でだれにもよく知られている場合，そのバスは強いアイデンティティ identity を持ち，都市をひとつにまとめるのに役立ち，しかもそれを横断する人々に方向感覚を与えるものである．バスの終点として大体の位置，たとえば市内のある区域を考える人々もあれば，特定の場所を考える人々もあった．都市の環境にはわかりやすさが必要だととりわけ強く感じている或る人は，或る鉄道線路を見て，そこを通る列車の行先がわからないので当惑していた．

　ボストンのケンブリッジ・ストリートには，チャールズ・ストリートのロータリーとスコレイ・スクエアという2つのはっきりした重要な終点がある．だがその他の道路では，鮮明な終点はたったひとつしかないことが多く，コモンウェルス・アベニューのパブリック・ガー

デン，フェデラル・ストリートのポスト・オフィス・スクエア（郵便局広場）などがその例である．これに対しワシントン・ストリートははっきりした終りを持っていないので，ステート・ストリートまで通じているとか，ドック・スクエアまでとか，ヘイマーケット・スクエアまでとか，さらには，ノース・ステーションまでとかいろいろに考えられており（実際はチャールズタウン橋へと正式に通じているのだが）さもなければ当然なっていたかも知れぬ主要な道路にはなっていなかった．ジャージー・シティでは，パリセーズ（絶壁）を横断する3本の大通りが1点に集まるかたちをとりながらそれが完成されずに，いずれもその終りになんらの特徴もみられぬまま消えてしまうために，非常に当惑させられるのである．

　終点があることによって可能となる端と端の区別は，端もしくは見せかけの端の近くに見える別のエレメントによってもできるものである．チャールズ・ストリートの一方の端に近いコモンやビーコン・ストリートの一方の端に近い州会議事堂がそういったエレメントの例である．ロサンゼルスの7番街はステートラー・ホテルによって，またボストンのワシントン・ストリートはオールド・サウス・ミーティング・ハウスによって，一見末端を閉ざされているように見えるが，このことも同様の効果をもたらしていた．どちらの場合にも，道路の方向がわずかに変化していることによって視覚的な軸の上に重要な建物が来ることになり，このようなことが起きているのである．またパスのどちらの側に存在するかがよく知られているエレメントも，同じく方向感覚を与えるのに役立っていた．マサチューセッツ・アベニュー沿いのシンフォニー・ホールや，トレモント・ストリート沿いのコモンにはこのような役目があった．ロサンゼルスのブロードウェイでは通行人が西側の方に比較的多いということでさえも，人々がどちらの方向に向かっているのかを判断するのに役立っていた．

　パスが方向性を持つならば，さらにそれは距離の測定を可能にするという特質を持つこともできるであろう．つまり人々は自分が今全体の長さのどの辺にいるのか，今までにどのくらい来て，これからどの

図32，100頁

図18，44頁

くらい行かなければならないのか，ということがわかるであろう．この測定を可能にする要素は，もちろんたいていの場合，方向感覚を与えてくれるものでもある．ブロック数を数えるという単純なテクニックはその例外であって，これは方向には関係がないが，距離を測るひとつの手段ではある．この手段を用いていると語った人々はかなりいたが，決してすべてではなかった．これはロサンゼルス市の規則正しいパターンの中で，しばしば用いられていた．

　距離の測定にもっとも普通に用いられていたのは，パスに沿って並ぶよく知られたランドマークやノードのシークエンス(継起的連続)であった．またどのディストリスかとわかるようなディストリクトに入る時や出る時によく注意するということもパスに方向性と距離性を与えるのに役立っていた．チャールズ・ストリートがコモンからビーコン・ヒルに入る時や，サウス・ステーションへ達するサマー・ストリートが途中で皮革工場地区に入る時などにその効果が現われている．

　では，こうした方向性をもつパスについて，それの示す方向が，もっと大きな何らかのシステムと正しく関係づけられているかどうか調べて見よう．ボストンでは，うまく関係づけられないパスの例が多かったが，それらに共通の原因のひとつは，微妙な，人を迷わせるようなカーブであった．マサチューセッツ・アベニューがファルマウス・ストリート Falmouth Street でカーブしていることに，ほとんどの人々は気づかず，その結果，彼らの考えるボストンの地図全体が混乱に陥っていた．彼らはこの通りがまっすぐ走っているものと思いこみ，それにたくさんの通りが直角に交差していることを知っていたので，それらすべてが平行していると考えていたのである．ボイルストン・ストリートとトレモント・ストリートは，はじめはほとんど平行なのに，少しずつ変化を重ねてついにはほとんど直角になっているため関係づけがむずかしかった．また，アトランティック・アベニューは2つの長いカーブとかなりの長さのまっすぐな接線からできているが，その方向が最初と最後では正反対になっているのにその最も特徴ある部分では直線なので，わかりにくいものとなっていた．

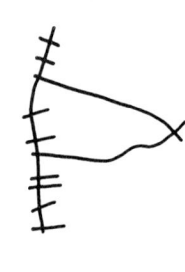

一方，パスの方向が突然に変化する場合には，道路空間が限定され，また特色ある構造物に目立ちやすい場所が与えられることによって，視覚的な鮮明さが高められることもあると考えられる．ワシントン・ストリートの中心部はこのようにして出来あがったのである．ハノーバー・ストリートの一見して端とみられがちな地点には古い教会がそびえている．サウス・エンド地区の横の通り群が，主要放射道路群と交わるために方向をかえている部分に親しみが感じられていた．全く同様に，ロサンゼルスの中心部においては格子が方向を変えて外部への視界をさえぎっているおかげで，この地域を包んでいる真空状態は感じられないようになっていた．

　パスと他の部分との関連づけを妨げていたもうひとつの共通の原因は，パスがその周囲のエレメントから著しく切り離されているということであった．たとえば，ボストン・コモンの内部のパスはかなりの混乱を招いていた．この広場の外の特定の目的地に達するには，どの散歩道を通ればよいのかがわかりにくいのである．これは，目的地を見ようとしても，その眺めは妨げられているし，広場内のパスと外部のパスとがうまく結びついていないからであった．さらによい例は，この場合以上に周囲の環境から切り離されているセントラル・アーテリーである．これは高いところを通っていて，この上からは周辺の街路をよく見ることができないが，市内では全く不可能となっている妨害なしの高速運転がここでは可能である．これは市内の普通の通りというよりは，むしろ自動車専用の場所の特殊なものである．そのために，この高速道路がノース・ステーションとサウス・ステーションとを結ぶことは知られていても，多くの被面接者たちにとって，それを周囲のエレメントと結びつけるのは非常にむずかしかった．ロサンゼルスでも同じように，フリーウェイはこの市の"中"にあるものとは感じられていなかった．そして出口の斜路から出てくる瞬間にはさっぱりわけがわからなくなるのが普通であった．

　新しいフリーウェイに方向指示の標識をつける問題にかんして最近おこなわれた調査の結果，フリーウェイが周囲から分離しているため

図7，28頁

に，ドライバーたちは曲がることについての決断を大急ぎでしかも十分な準備もできないうちに下さなければならなくなっていることがわかった．車の運転によく慣れた人々でさえも，フリーウェイのシステムやその連絡状態については，驚くほどわずかな知識しかもっていなかった．景色全体に対する全般的なオリエンテーション（方向づけ，位置づけ）こそこれらのドライバーたちにとって最も必要なことなのであった[2]．

図29, 93頁

鉄道線路も地下鉄も，やはり分離の実例である．ボストンの地下鉄という埋められたパスは，川を渡るときのように地上に姿を現わさない限り，その他の環境と関連づけられていない．地上に設けられている各駅の入口は市内の重要なノードであるかもしれないが，それらは目に見えない概念的な鎖にそって相互に関係を持っているのである．地下鉄とは，他と切り離された地下の世界であり，どんな方法によってそれを都市全体の構造に組み入れることができるだろうかということはわれわれの興味をそそる問題である．

　ボストン半島を取り巻く水面は基本的なエレメントであって他の部分はそれに関連づけられている．たとえば，バック・ベイ地区の碁盤の目はチャールズ河に，アトランティック・アベニューはボストン港に結びつけられていた．またケンブリッジ・ストリートはスコレイ・スクエアからチャールズ河まで達していることが，だれにもはっきりしていた．ジャージー・シティのハドソン・ブールバードはかなり曲がりくねってはいるが，ハッケンサックとハドソンの間の長い半島と関係づけられていた．ロサンゼルスでは，碁盤の目のおかげで各通り相互間の結びつけが自動的というほどやさしくなっているのはもちろんである．個々の通りは判別しにくくても，碁盤の目を基本的なパターンとして市の略図に書きつけるのは簡単であった．被験者の3分の2は，他のエレメントを書き加えるより先に，まずこのパターンを描いたものである．しかしこの碁盤の目は海岸線および基本的な方角のいずれともずれた角度でつくられているため，とまどいを感じている人もたくさんあった．

2つ以上のパスを考慮する場合には，交差点を考えないわけにはいかない．決定が下される地点だからである．単純な直角の関係が最もわかりやすいようであったが，その交差点の形がその他の特徴によって強化されている場合にはことさらであった．われわれの面接調査によれば，ボストンでいちばんよく知られている交差点はコモンウェルス・アベニューとアーリントン・ストリートの交差点であった．これは目で見て明らかなT字型になっていて，空間とか植物とか交通，およびそこにつながっているいろいろなエレメントの重要性がその形を強調している．チャールズ・ストリートとビーコン・ストリートの交差点もよく知られていたが，これはその輪郭が見てわかるようになっていて，しかもボストン・コモンの境界線とパブリック・ガーデンの境界線によって強調されているからである．マサチューセッツ・アベニュー上のたくさんの交差点も，おそらくこれらの交差点が市の中心部の他の交差点とは対照的に直角の関係をもつものばかりであるからであろうか，やはりわかりやすいものとされていた．

　そういえば，ボストンの被験者の何人かは，ボストンの代表的な特徴のひとつとして，道路がいろいろな角度から入って来ているために混乱を招いている交差点が多いということを指摘していた．5つ以上の角を持つ交差点は，そのほとんどが問題をかかえていた．ボストン市内のパスの構造をほとんど完全に知っているタクシー会社のベテラン配車係でさえ，サマー・ストリートのチャーチ・グリーンにおける五角形の交差点は，自分が困らされる2つのもののひとつだと打ち明けていた．また，なんの特徴もないカーブに沿って次々と多くの道路が入ってくる円形交差点も，同じく人々の気力を失わせる存在であった．

　しかし，問題は入口の数だけではない．ボストンのコプリー・スクエアの例からも明らかなように，たとえ直角でない五角の交差点であっても，わかりやすいものになりうるのである．ここではハンティントン・アベニューとボイルストン・ストリートとは斜めに交差をしているが，空間がよく整理されていて，しかもノードとしての性格が強いために，この斜めの関係がはっきりきわだっているのである．だが

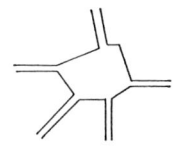

これに対してパーク・スクエアは，単純な直角の交差点でありながら，その形になにも特徴がないためその構造はわかりにくいのである．ボストンの多くの交差点においては，そこで交わる道路の数が多いばかりでなく，その辻広場の無秩序な空虚さに出合うと，道の空間の連続性が全く中断されてしまうのである．

　しかしこの種の無秩序な交差点は，たんに古い歴史上の出来事の産物であるとは限らない．現代のハイウェイのインターチェンジが人々をめんくらわせることにかけては古いもの以上とさえ言える．ことにそれは高速で通り抜けられねばならないからである．ジャージー・シティではトンネル・アベニュー・サークルの形についておそろしげに話す人も何人かあった．

　ひとつの道路がわずかに枝分かれして，たがいちがいのいくつかの

図22　トンネル・アベニュー・サークル

道路に分かれる場合には，茎と枝の両者が比較的重要なものであれば，さらに大規模な知覚上の問題が生じてくる．その例は，ボストンのストロー・ドライブ（この道路自体が，チャールズ・ストリートと混同されがちである）が，2つの道路に分岐していることである．そのひとつはコーズウェイーコマーシャルーアトランティックに通じる古いナシュア・ストリート Nashua Street で，もうひとつは新しいセントラル・アーテリーである．これら2つの道路はしばしば互いに混同され，人々のイメージを大いにかき乱していた．両方を同時に頭に浮べることができた被験者は1人もなく，かれらが描いた地図の上では，どちらがストロー・ドライブの延長だとされていた．これと全く同様に，地下鉄において幹線が相ついで支線に分岐していることも問題であった．というのは，少しずつはなれていく2本の支線のイメージを明確に保つこと，およびその分岐がどこで起こるかを覚えることが困難だからである．

　もし2,3の重要な道路が首尾一貫した全般的な相互関係を持つならば，たとえ少々無関係な部分があったとしても，それらはひとつの単純な構造として一緒にまとめてイメージされるであろう．ボストンの道路網は，ワシントン・ストリートとトレモント・ストリートが大体において平行しているという点を除けば，この種のイメージはもたらしにくい．だがボストンの地下鉄は，実際の尺度における複雑さはともかくとしても，2本の平行する路線がその中央でケンブリッジードーチェスター線と交差しているものとしてすぐに思い浮べられるようであった．もっとも，平行な路線は，どちらもノース・ステーションに通じているので，互いに混同されやすいことはあろう．ロサンゼルスのフリーウェイ網は，よくまとまったひとつの構造としてイメージされているようであった．またジャージー・シティでは，パリセーズを下る3本の道路とそれらが交差しているハドソン・ブールバードの組合せ，また互いに横の通りで結ばれているウェストサイド・アベニューとハドソン・ブールバードとバーゲン・ブールバードの3つ組などが同様であった．

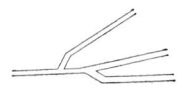

被験者が車を使うのになれている場合には，一方交通の規制は，バスの構造のイメージを複雑にしていた．例のタクシー配車係のもうひとつの心理的な障害は，一方交通のために，あと戻りがきかないということに由来していたのである．またワシントン・ストリートをドック・スクエアより先までたどって考えることができない人もあったが，それは，このスクエアの両側が一方交通の入口となっているためである．

非常にたくさんのバスでも，それらのひとつひとつの間に見られる関係が規則的でかつ予測できるようなものであると，それらの道路全体がひとつのネットワーク（網目）として受けとられる．ロサンゼルスの碁盤の目はそのよい例である．ロサンゼルスでの被験者のほとんどにとって，20ほどの主要な道路を相互関係を正しくしながら描きつけるのは簡単であった．だがそれと同時にこの規則正しさそのもののおかげで，ひとつの道路を他と区別しにくいという困難も生じていたのである．

図23　ボストンのバック・ベイ地区のバスのネットワークはわれわれの興味を引くものである．その規則正しさは，市の中心部のその他の部分と比較した場合とくに顕著なものとなっているが，このような対照は普通のアメリカの都市ではみられないものである．ただしそれは，なんらの特徴ももたない，たんなる規則正しさではなく，マンハッタンと同じように，ここでも縦の通りとそれに交差する横の通りは，だれの頭の中でもはっきりと区別されていたのである．縦の長い通りはすべて独自の性格をもっていて，ビーコン・ストリート，マールボロ・ストリート Marlboro Street，コモンウェルス・アベニュー，ニューベリー・ストリート Newbury Street などどれをとっても，みなそれぞれ違っているが，これに対して横の通りは，長さを測定するための道具の役目を果たしている．このほか，道幅の広さ狭さ，ブロックの長さ，建物の正面のつくり，名称のつけ方，全長の長短および本数の多少，用途の重要性などのすべての事柄が，この区別を強調するのに役立っている．規則正しいパターンにわかりやすい形態と性格が生

図23 バック・ベイ地区

じたのはこのためである.位置を明らかにするために横の通りはしばしばアルファベット順の名前で呼ばれていたが,これはロサンゼルスで数字が使われているのと似ている.

　一方,サウス・エンド地区は,平行して走る長い大通りに小通り群が交差しているというぐあいに位相幾何学的には同じ形態をもち,また規則正しい碁盤の目のように考えられることが多いのにもかかわらず,そのパターンははるかに劣っている.大通りと小通りとはこの場合も幅や用途によって区別することができるし,小通りの多くはバック・ベイのそれ以上に強い性格をもっているのだが,それぞれの大通りの性格があまりちがわないのである.コロンブス・アベニュー Columbus Avenue は,トレモント・ストリートからも,またショーマット・アベニューからも,区別しにくいのである.面接のさいにこれ

らを取り違えている人がとても多かった．

サウス・エンド地区を幾何学的なシステムに還元する人が多かったが，このことは人々がかれらの環境に対し，規則正しさを押しつけようとする傾向をもつことを示している．かれらはなにか明白な証拠によって反駁されない限り，カーブとか，直角でない交差などは無視して，バスを幾何学的なネットワークに組み立てようとしていたのである．ジャージー・シティの低地地帯も碁盤の目状に描く人が多かったが，これが事実なのはその一部分においてのみなのである．ロサンゼルス中心部の東の端はゆがんでいるのだが，被験者たちはこれをものともせず，中心部全体をひとつの規則的なネットワークにはめこんでいた．なかには，あのボストンの金融街の迷路でさえも市松模様だと言い張る人も何人かあった！　ひとつの碁盤の目が別の碁盤の目に，またはそれ以外の模様に急激に変化していると，またとくにその変化が目につきにくいものであると，人々は大いにまごついていた．ロサンゼルスでの被験者たちには，1番街の北側，またはサン・ペドロの東側の地域にはいるとさっぱりわけがわからないという人が多かった．

エッジ Edges（縁(ふち)）

　エッジとは，パスとはみなされない線状のエレメントのことである．これは通常，絶対に常にというわけではないが，2つの種類の地域の間の境界であり，人々が横側から参照するものである．それはボストンとジャージー・シティでは強いが，ロサンゼルスでは弱い．たんに視覚的にきわ立っているばかりでなく，その形態に連続性があり，かつそれを横切ろうとしても越えがたいようなエッジが，もっとも強く感じられているようである．ボストンのチャールズ河はそのいちばんよい例であり，この河はこれらの素質をすべて兼ね備えている．

　ボストンが半島に限定されていることの重要性についてはすでにのべたとおりである．同市が文字どおりの，しかも非常にはっきりした半島であった18世紀においては，これははるかに重要であったに違いない．岸の線はそれいらい消滅したり変化したりしてきたが，その

イメージは今日まで残っている．少なくともひとつの変化は，むしろこのイメージを強化したのである．それは，以前は水のよどんだ沼地にすぎなかったチャールズ河のエッジが，いまでは境界がはっきりし，十分に開発されていることである．この河岸について述べる人は多く，また何人かの地図はとてもくわしく描かれていた．その広い空間や，屈曲するありさま，それに接して走るハイウェイ，ボート，エスプラネード Esplanade(散歩道)，シェル Shell などについてはだれもがよく覚えていた．

図4, 23頁

ボストンのもうひとつの水面のエッジはボストン港であるが，このエッジも広く知られていて，特殊な活動がおこなわれているところとして記憶されていた．しかし，多くの建造物がじゃまになっているうえに，港湾活動のかつての勢いがおとろえてしまったために，水面という感じはチャールズ河と比較すると明瞭でなかった．ほとんどの被験者たちは，チャールズ河とボストン港とを具体的に結びつけることができなかった．これはひとつには，半島の突端部の水面が鉄道の操車場や建物で隠れていること，またひとつにはチャールズ河とミスティック河 Mystic River と海との交わるあたりに無数の橋やドックがあるので，水面が混沌とした様相を呈していることによるのであろう．人々がひんぱんに往来できる水ぎわの道路がなく，またダムのところで水面の高さが降下していることなども，連続性をこわすものである．またこれよりさらに西側のサウス・ベイ South Bay 地区については，ほとんどの人がそこにあるどんな水面にも気づいていなかったし，市がこの方面に伸びるのを何かが妨げているとは想像もできなかったのである．このように，ボストン半島はその周囲が明確でないために，市民はかれらの都市が完全な，あるいは合理的なものであるという満足感をもつことができなくなっていた．

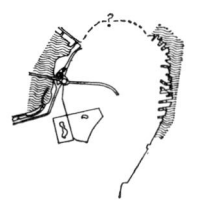

セントラル・アーテリーは，歩行者には立ち入れないし，ところによっては通りぬけもできないようになっており，しかも空間的には卓越した存在である．しかしながら，ところどころでしか人目にさらされていないのである．これはいわば断片的なエッジの一例であった．

つまり理論的には連続していながら，実際には不連続な地点でしか見えないのである．このことは鉄道線路の場合も同じである．特にセントラル・アーテリーは，都市のイメージのうえに横たわる蛇のような感じであった．頭としっぽの先，それに胴体の中間の1, 2個所で押えつけられていて，その他の部分では次から次へとねじれてのたうっている蛇，といった感じであった．この高速道路をドライブする場合に感じられる遊離感は，歩行者にとってもその所在がわかりにくいという事実に反映されていた．

図7, 28頁

だがこれに対し同市のストロー・ドライブは，やはり自動車を運転する者から"外部"と感じられてはいても，チャールズ河との結びつきのおかげで，その位置は人々の地図に明確に記されていた．一方チャールズ河は，ボストンのイメージにおいて基本的なエッジの役割を果たしているのにもかかわらず，それに隣接するバック・ベイ地区の詳細な構造からは奇妙に孤立したものとなっていた．人々はそのいずれかから他方へどう行ってよいのかととまどっていた．ストロー・ドライブが横の通りの末端で岸辺へ行く人々の足を止めてしまう以前には，こういうことはなかっただろうと考えられる．

同じようにチャールズ河とビーコン・ヒルとの相互関係も，よくとらえられていなかった．丘の位置そのものが河の流れの不思議な曲り方を説明しているし，またそのためにこの丘のうえから，チャールズ河のすばらしい眺めが楽しめるのだが，ほとんどの人が，この両者を固く結びつけているのはチャールズ・ストリートのロータリーだけだと考えていた．もしこの丘が，自分にはほとんど関連を持たないような用途で覆われたなぎさを河との間にはさむことなく，いきなり水面にそそり立っていたならば，また河沿いのパスのシステムとより密接に結びついていたならば，相互関係はもっと明瞭になっていたことであろう．

ジャージー・シティの場合も岸が強いエッジになっていたが，それはどちらかといえば人々が入るのを受けつけないエッジであった．これは有刺鉄線でへだてられた無人地帯であった．鉄道の，地形の，優

先道路の，そして地域の境界のエッジはこの環境の典型的な特徴であって，ここをばらばらに分割してしまいがちであった．また，塵芥処理場があるハッケンサック河の岸のような最も不快なエッジのいくつかは，頭の中では抹殺されているようであった．

ところで，エッジとは破壊的な力をもつものであることを理解しておく必要がある．ボストンのノース・エンド地区がセントラル・アーテリーによって他から隔離されているということは，そこに住む住まないに関係なく，だれの目にも明白であった．しかし，一案として，もしハノーバー・ストリートとスコレイ・スクエアとの接続をそのままに保っておくことができていたならば，このような効果は最小限にとどめられたかもしれない．ウェスト・エンド地区とビーコン・ヒルとのつながりが弱いのは，ケンブリッジ・ストリートが，そのさかんなりし頃に拡張されたことに由来するのにちがいない．またボストンの鉄道線路の広い裂け目は市内を分断し，バック・ベイ地区とサウス・エンド地区の間にある"忘れられた三角形"を孤立させているようであった．

連続性と可視性とは，強いエッジにとって不可欠であるが，それは必ずしも通り抜けができてはいけないということではない．多くのエッジが，切り離す障害というよりも，結びつける縫い目となっているが，この相違が実際にどう現われるかを観察するのは興味深い．たとえば，ボストンのセントラル・アーテリーは，市内を完全に分断し，孤立化させているようである．幅の広いケンブリッジ・ストリートも2つの地域をきっぱり切り離しているが，両地域の間の視覚的な関係はある程度保たれている．ビーコン・ストリートはビーコン・ヒルとコモンの間の目に見える境界となっているが，これは障害ではなく，むしろこれに沿って2つの大きな地域が明瞭に結びつけられる縫い目となっている．ビーコン・ヒルのふもとのチャールズ・ストリートは分離と結合の両方の働きをし，それより低い地域と丘との関係をあやふやなものとしている．このチャールズ・ストリートの交通は激しいが，その沿道には地区サービスの商店とビーコン・ヒルと関連のある

図57, 218頁

特別の活動が見られる．そしてこの魅力は両方の住民を引きつけている．人と場合によって，この通りは線状のノードとみなされたり，エッジまたはパスと考えられているが，どの場合もその性格はあまりはっきりしていない．

エッジには同時にパスであるものが多い．そのうえで，かつ普通の観察者にも通行が自由にできる場合(セントラル・アーテリーではこれができない)は，通行できるものであるというイメージの方が支配的となるようであった．この結果，そのエレメントは境界としての性格によって強化されたパスとして受け取られることになるのである．

フィゲロア・ストリートとサンセット・ストリート，およびそれらよりやや程度は弱いがロサンゼルス・ストリート，オリンピック・ストリートなどは，ロサンゼルス中央業務街のエッジをなしていると，一般に考えられていた．大変おもしろいのは，これらの通りが，やはり主要な境界と考えられパスとしてもより重要であるばかりか物理的にはもっと堂々としている，ハリウッド・フリーウェイとハーバー・フリーウェイよりも強いエッジであるとみなされていたことである．これらのフリーウェイがイメージから消し去られたのは，フィゲロアをはじめとするこれらの地上の街路が全体の碁盤の目の一部として考えられていて，長らく人々に親しまれてきていること，また路面より低かったり，造園が施されていたりするフリーウェイはどちらかといえば目にはいりにくいものであること，などの理由からである．被験者の多くが，高速のハイウェイと市内のそれ以外の部分とを結びつけて考えるのに困難を感じていたが，これはボストンの場合と同様である．かれらは，まるでハリウッド・フリーウェイというものは存在しないとでも言うように，それを通り越して歩くことを思い浮かべているのである．高速の幹線道路というものは，市中心部の範囲を視覚的に定めるためには，必ずしも最上の方法ではないのかもしれない．

ジャージー・シティとボストンの高架鉄道は，いわば"頭上のエッジ"の実例である．ボストンのワシントン・ストリート沿いにある高架鉄道を下から見上げると，それがこの通りにアイデンティティ identity を与え，下町への方向を定めているのがわかる．この線路はブロードウェイでワシントン・ストリートから離れるが，そうするとこのパスは方向と力を失ってしまうのである．しかしノース・ステーションの近くで見られるように，このようなエッジのいくつかが同時に頭の上でカーブを描いていたり交差したりしていると，その効果はめちゃくちゃである．とはいえ，地表面において障害にならないこうした頭上の高いところにあるエッジは，将来，都市におけるオリエンテーションのためのエレメントとして非常な効果を発揮するかもしれない．

エッジはパスと同じく方向性を持つことも可能である．たとえばチャールズ河の縁は水面と市街というように左右の区別もするし，ビーコン・ヒルがあるおかげで，前後の区別もしている．しかし大半のエッジは，この種の特質をほとんどそなえていなかった．

シカゴといえば，ミシガン湖を思い浮かべずにはいられない．シカゴの地図を描くにさいして，湖岸線以外のものから始めようとするシカゴ人が何人いるか調べてみるのはおもしろいだろう．これこそ，よく見えてしかも巨大なスケールを持つエッジのすばらしい例である．ここではシカゴ市全体がさらしものにされている．大きな建物や公園，それに小さな私有の浜辺などが水ぎわにいたるまでぎっしり並んでいる．その水ぎわはほとんど全長にわたってだれにも近づくことができ，どこからも見えるようになっている．このエッジに沿っておこるいろいろな出来事およびこれと直角の方向にそっておこる出来事は，どちらの場合にもコントラストとか差異がすべて強烈である．この効果はこの岸辺全般にわたって多くのパスや活動が集中していることによって，さらに強化されている．その規模はおそらく信じられないほどに大きく，かつ粗雑であり，場所によっては市街と水面との間に広い空間がありすぎることもないではない．それでも，湖に臨むシカゴのファサードは忘れがたい眺めなのである．

図24，82頁

図 24 シカゴの湖岸

ディストリクト Districts（地域）

　　ディストリクトとは比較的大きな都市地域で，観察者が心の中でその内部にはいることができ，しかもその内部の各所に何らかの同じ特徴が見られるもののことをいう．ディストリクトはその内部からも認識されるし，人々がそれを通りすぎたり，またはそれに向かって進んでいるさいには，外からも参照される．面接を受けたたくさんの人々がかならず，ボストンのパスのパターンは長く住んだ者にさえわかりにくいが，はっきり区別のできるディストリクトの数の多さとそれらの鮮明さがその欠陥をかなり補っているのだと指摘していた．その1人は次のように語っていた．

　「ボストンのどの部分も，その他の部分とは違っています．だから，

自分がいまどこにいるのか，とてもよくわかります．」
　ジャージー・シティにもディストリクトはあるが，それは主に人種とか階級にもとづくディストリクトであって，物理的な差異はほとんど認められない．ロサンゼルスではシヴィック・センター(官庁街)を別とすれば，強いディストリクトはいちじるしく少ない．強いといえるのはせいぜい，道路に面して続く線状のスキッド・ロウ Skid Row や銀行街の程度である．ロサンゼルスの被験者の多くは，強い特徴をもつ地域がいくつかある場所に住めたらどんなに楽しいだろうかと，いささか残念そうに語っていた．そのひとりはこう語った．
　「私はトランスポーテーション・ロウがすきだ．なぜならあそこでは，何もかも集まっているからだ．それが大事なのだ．ほかのところは，みんなばらばらだ……．あそこにはまさにトランスポーテーション(交通)がある．それにあそこで働いている連中は，ひとつの共通のものをもっている．あれはいいものだ．」
　わかりやすいと思える都市はという質問に対し，被験者たちはいくつかの都市の名をあげたが，それらの答の中に必ず含まれていたのはニューヨーク(マンハッタンをさす)であった．ニューヨークの名があげられたのはそのグリッド(碁盤目)(これならロサンゼルスにもある)のためというよりは，河と道路によって秩序正しく組み立てられたひとつの枠組の中に，明確な境界と特徴を持ったディストリクトがたくさんはめこまれているからである．2人のロサンゼルスの住民はなんと，マンハッタンはロサンゼルスの中心部に比べれば"小さい"とさえ語ったものである！　大きさの概念は，ある構造がどの程度把握されるかによっても左右されるものらしい．
　ボストンでの面接においては，ディストリクトは都市のイメージの基本的なエレメントとなっていた．たとえばある市民は，ファナル・ホール Faneuil Hall からシンフォニー・ホール Symphony Hall までの道どりをたどるようにとの依頼に対して，それはノース・エンドからバック・ベイへ行くことだと，建物の名称を直ちにディストリクトの名に置き換えて答えている．たとえ方向を知るため積極的に用い

られるのでない場合でさえ，ディストリクトは都市の生活体験の中で重要かつ満足のゆく一部分とされていた．ボストンの目立ったディストリクトをどの程度認識しているかは，この都市にどの程度なじんでいるかによっていくぶん異なるようであった．ボストンを熟知している人々には，地域を見分けることはできるが，全体の組立てと位置づけのためには，もっと小さなエレメントに頼ろうとする傾向がみられた．ボストンについて極端にくわしい何人かは，詳細にわたって知覚した事柄を，地域ごとにまとめることができなかった．かれらはこの都市のあらゆる部分のわずかな相違点まで知りつくしていたので，各種のエレメントを地域ごとのグループに分けて考えようとはしなかったのである．

　ディストリクトを決定づける物理的な特徴は，テーマが連続しているということである．テーマになるのは，テクスチュア，空間，形態，ディテール，シンボル，建物の型，用途，活動，住民，保存の程度，地形などであり，数え上げたらきりがない．ボストンのようにぎっしりと建てこんでいる都市においては，ファサード(建物の正面)の同質性——その材料，造形，装飾，色彩，輪郭，そしてとくに窓割りなどの——が，主要な地域を見分けるための基本的な手がかりとなっていた．ビーコン・ヒルとコモンウェルス・アベニューなどがその例である．また手がかりは必ずしも目に見えるものとは限らず，騒音でさえ重要であった．また道に迷ったようだと気がつくやいなや，ああノース・エンドにいるんだなとわかります，と語ったある婦人の言葉からも察せられるように，混乱そのものさえも，時には手がかりとなることがあるのである．

　普通いくつかの典型的な特徴は，特色群として，つまりテーマの単位 thematic unit としてイメージされ認識されていた．たとえばビーコン・ヒルのイメージには，急勾配のせまい街路，古めかしい煉瓦づくりのほどよい大きさの家並，よく手入れが行き届いた白い戸口，黒いトリム(外面の木造装飾)，玉石や煉瓦でできている散歩道，静けさ，上流階級の歩行者たち，などが含まれていた．これらからなるテーマ

図55, 216頁

の単位は市内のその他の部分とくらべると独特であるために，直ちに認知されるのである．ボストン中心部のこれ以外の部分においては，ややテーマの混乱がみられた．バック・ベイ地区とサウス・エンド地区は，その用途も格もパターンも非常に違っているのにもかかわらず，両者はひとつのものとして考えられることも珍しくはなかった．これはきっと，両地区の建物の間にいくらかの同質性がみられること，また歴史的な背景も似かよっていることなどの結果であろう．こういう類似は，都市のイメージを不鮮明にしてしまうものである．

　強いイメージをつくり出すためには，手がかりを少々補強してやる必要がある．独特なしるしが2,3あるという例はあまりにも多いのだが，それらはひとつのテーマの単位を形成するには不十分である．そのような地域は，その都市に慣れた人には見分けがつくが，目に訴える力や衝撃には欠けているのである．ロサンゼルスのリトル・トーキョーがその例である．この地域はそこに住む人種や看板の文字からそれとわかるが，その他にはここを市全体からきわ立たせるものは何もないのである．リトル・トーキョーは特定の人種の集中がいちじるしく，おそらく多くの人々に知られてもいるが，ロサンゼルスのイメージの中では，ごく補助的な位置を示しているだけなのである．

　しかし社会的な含蓄は，地域を形づくるうえで非常に重要である．われわれが試みた路上での面接からも，多くの人々が各地域に対して階級的な意味づけをおこなっていることが明らかであった．ジャージー・シティの地域の大半は階級または人種差による地域であって，外部の者には判別がむずかしかった．ジャージー・シティでもボストンでも，上流階級のディストリクトには必要以上の注意が払われていて，そのためそれらの地域に存在するエレメントの重要性が誇張される結果となっていた．またテーマの単位が弱体でそれだけでは他の部分との区別がつけにくい場合においてさえ，ディストリクトの名称がそのディストリクトにアイデンティティを与えるのに役立つし，昔からの連想も同様の役割をつとめるものである．

主要な必要条件が満たされ，市の他の部分と対照をなすテーマの単位が確立されてしまうと，内部の同質性はそれほど重要ではなくなってくる．エレメントがばらばらでも，それらが予知できるようなパターンに従って登場する場合には特にそうである．ビーコン・ヒルでは，町角ごとに小さな店があることが一種のリズムを生み，ある女性はこのリズムを彼女のイメージの一部として感じとっていた．これらの商店は彼女が抱いていた非商業的なものとしてのビーコン・ヒルのイメージを少しも弱めることはなく，ただ追加されただけなのであった．ある地域の性格をあらわす特徴と相反することが局部的には驚くほどたくさんあっても，被験者たちはそれらを無視することができたのである．

図 57, 218 頁

　ディストリクトの境界の種類はいろいろである．あるものはがっちりして明確で，精密である．バック・ベイのチャールズ河またはパブリック・ガーデン側の境界はそれに該当する．この境界の正確な位置については，すべての被験者の見解が一致していた．下町の商店街と官庁街との間の境界のような，柔軟または不明確な境界も考えられる．その存在とおおよその位置については，たいていの人々の意見が一致することだろう．また中には，全く境界というものをもたない地域もある．サウス・エンドでは，多くの被験者にとって境界は存在していなかった．図 25 はボストンを例として，こうした境界の性格の相違を図示したものである．人々が各ディストリクトの範囲について考えていたものの中で最大限のものと，全員の意見が一致した固い芯の部分との両方を，大ざっぱに示している．

図 25

　これらのエッジは，2 次的な役割しか果たさないように思われる．それはディストリクトの範囲を限定し，そのアイデンティティを強化しはするが，ディストリクトの構成にはあまり関係がないようである．エッジはむしろ，ディストリクトがもつ都市をばらばらの断片に分裂させてしまおうとする傾向を助長するのかもしれない．2, 3 のボストン人は，ボストンには，ひと目でそれとわかるディストリクトがあまりにも多いことのひとつの結果として，分裂という感じを味わってい

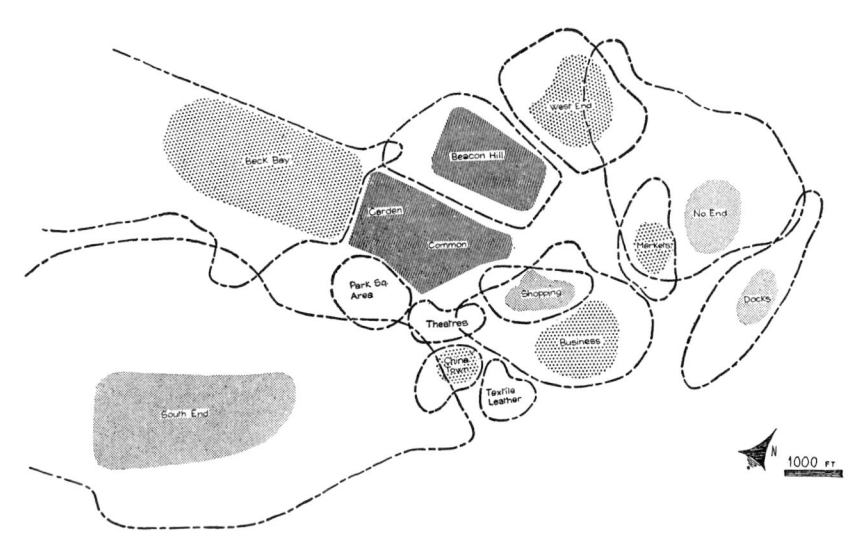

図25 ボストンのディストリクトのいろいろな種類の境界

た．強いエッジはあるディストリクトから他のディストリクトへの移行を妨げるので，分裂の印象を高めるものらしい．

　強いコア(核)をもち，そのまわりに，それからはなれるにつれて次第に衰えてゆくようなテーマの変化度があらわれているディストリクトは珍しくない．実際，強いノード node というものは，単に"放射"によって，つまり主要地点に近接しているという感じを与えることによって，広くて性格が一様な地帯の中にディストリクトのようなものをつくり出すことがある．このような地域は主に，参照的な意味を持ち，知覚的には大した内容をもたないが，それでも，イメージの構成上の概念としては有用なのである．

　ボストンのパブリック・イメージにあらわれたよく知られたディストリクトの中には，ストラクチャー structure を持たないものもあった．ウェスト・エンド地区やノース・エンド地区を，それとわかる多くの人々にとっても，それらの内部は分化したものとしては感じ取られなかった．また市場街のように，テーマが鮮明でも，外部から見ても内部から見ても形がまるでまとまっていないものも，さらに多かっ

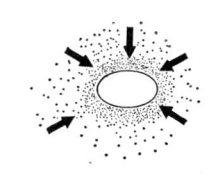

た．市場街での活動はいちど見たら忘れられないような活発なものであり，ファナル・ホール Faneuil Hall とその連想がこの印象をさらに強めている．だがそれでいてこの地域は，セントラル・アーテリーに分断され，またファナル・ホールとヘイマーケット・スクエア Haymarket Square という2つのセンターが競合しているために，その形ははっきりせず，だだっ広いだけのものになっているのである．ドック・スクエアは空間的に全く整理されていない．セントラル・アーテリーが通り抜けているために，周囲の地域との連絡状態も不明瞭だったり，中断されたりしている．そのためどの人のイメージの中でも，この市場街は全く他から遊離した存在となっているのである．だからこのディストリクトは，本来は下手のコモンと同様にボストン半島の突端部におけるモザイク模様のつなぎとなる可能性を持ちながらそれを成就することなく，きわだってはいるもののたんに無秩序な障害地帯にしかなっていないのである．これに対してビーコン・ヒルには高度のストラクチャーがそなわっていた．その内部はさらに小さ

図26

ビーコン・ヒルにかんしては付録Cで詳しく述べた

図 26 市 場 街

な地域に細分されているうえ，ルイスバーグ・スクエアというノードをもち，種々のランドマークが存在する上に，パスもきちんと配列されているのである．

ボストンのノース・エンドやチャイナタウンのように，内向的な地域，つまり内に向いていてその外部にはほとんど関係をもたない地域がある．かと思うと，他方には，外に向いていてその周囲の要素と連結している，外向的なものもあるのである．コモンはその内部ではパスが混乱しているが，全体として隣接する地域と接触している様子は見て明らかである．ロサンゼルスのバンカー・ヒルは，かなり強い性格と歴史的な連想，そして非常にきわだった地形に恵まれ，しかもボストンのビーコン・ヒルよりも都心に近くさえあるというおもしろいディストリクトの一例である．それでいてロサンゼルス市の流れがこのエレメントをさけて通り，その地形的エッジを事務所建築で埋めてしまい，そのパスの連絡を絶っているために，ここはみごとに市のイメージの中でぼやけてしまい，あるいは消え去ってさえいるのである．ここに，市の風景に変化を与える絶好の機会がひそんでいるのだ．

図27

図27 バンカー・ヒル

ディストリクトには，周囲とは関係なく，単独で存在するものがある．ジャージー・シティとロサンゼルスの地域は実際にすべてこの種類に属しており，ボストンにおいてはサウス・エンドがこれにあてはまる．また，互いに連結し合ったものもあり，ロサンゼルスのリトル・トーキョーとシヴィック・センター，ボストンのウェスト・エンドとビーコン・ヒルとの組合せなどがその例である．バック・ベイ，コモン，ビーコン・ヒル，下町の商店街，銀行街，市場街などをひっくるめたボストン中心部の一部分においては，どの地域も互いに十分に接近していて，しかも十分によく結びつき合っているので，特徴あるディストリクトの切れ目のないモザイク模様ができあがっている．この範囲でならばどこへ足を踏み入れても，迷うおそれはないということになるのだ．そのうえ，各地域のコントラストと近接さが，それぞれのテーマの強さも高めてくれる．たとえばビーコン・ヒルの特質は，スコレイ広場と下町の商店街に近いということによって強化されているのである．

ノード Nodes

ノードとは観察者がその中にはいることのできる重要な焦点のことであり，その代表的なものはバスの接合またはなんらかの特徴の集中によってできたものである．ノードは概念的には，都市のイメージに含まれる小さな点にすぎないが，実際には，大きな広場や，線状の形をしたかなり長いもの，また都市が十分に広いレベルで考えられる場合には，市の中心部全体をさすこともありうる．まして国家的ないし世界的なレベルからある環境が思い浮かべられる場合なら，ひとつの都市さえもノードとなることであろう．

接合点，つまり交通が一時調子を変える場所には，都市の観察者の注意をひかざるをえないような重要性がある．というのは，接合点では決定を下さねばならないので，これらの地点にさしかかると人々は注意力を高め，普通以上に鮮明にその近くにあるエレメントを感じとるからである．この傾向が存在することはすでに十二分に立証されて

いるから，接合点付近に位置する事物は，ただそこにあるということだけで，特別の注意を引くのだと考えるのは自然であろう．こうした位置が知覚的にいかに重要であるかは，違った見方からも明らかである．ボストンの下町に到着したなという感じを最初に受けるのはどこですかという質問に対して，大多数の人々は手がかりになる場所として交通の変調点をあげていたが，中でも，ハイウェイ（ストロー・ドライブまたはセントラル・アーテリー）から市内の街路に乗り入れる地点をあげた人が非常に多かった．ある人はボストン市内にはいってから初めて停車する駅（バック・ベイ・ステーション）をあげていたが，この人はその駅で下車するわけではないのである．ジャージー・シティの住民たちは，トンネル・アベニューのロータリーを過ぎる時が，自分たちの市から離れる時だと感じている．ひとつの交通の道筋から別の道筋への移行は，主要な構成単位相互間の移行を示しているようである．

スコレイ・スクエア，チャールズ・ストリートのロータリー，サウス・ステーションなどの地点は，ボストンでみられる強い接合のノードの例である．チャールズ・ストリートのロータリーとスコレイ・スクエアは，いずれも，人々がビーコン・ヒルという障害物の側面に接するための切換え地点であるので，重要な接合のノードである．このロータリー自体は目を楽しませる場所ではないが，河，橋，ストロー・ドライブ，チャールズ・ストリート，ケンブリッジ・ストリートなどの相互間の移り変わりぐあいをはっきりと表現している．さらに，広々とした河の空間や高架鉄道の駅，丘のかげから現われたり消えて行ったりする列車，激しい車の流れなどのすべてがひと目でわかるのだ．ノードは，ジャージー・シティのジャーナル・スクエアのように，物理的な形態があやふやでわかりにくい場合でさえも重要でありうるものである．

図28, 92頁

図11, 33頁

見えないバスのシステムに沿って配置されている地下鉄の駅も，重要な接合のノードである．パーク・ストリート，チャールズ・ストリート，コプリー，サウス・ステーションなどの各駅は面接の際に描か

図 28 チャールズ・ストリート・ロータリー

図 29

れたボストンの地図において非常に重要な役割を果たしていた。2, 3 の被験者は，これらの駅を中心にして，そのまわりに市のその他の部分を組み立てていた。これらの重要な駅のほとんどは，地上のなんらかの重要な特徴と結びついていた。その他の駅，たとえばマサチューセッツなどはあまり目立たない存在であったが，これは，この特殊な乗りかえ駅がわれわれの特殊な被験者たちには利用されていないこと，または視覚的なおもしろさにかけ，街路の交差点と関係がないというように，周囲の物理的な状況があまりかんばしくないことによるものであろう。駅そのものは，それぞれいろいろな個性をもっているが，チャールズ・ストリートのようにわかりやすいものもあるし，メカニックス Mechanics のようにわかりにくい駅もある。ほとんどの駅はその地上と構造的に結びつけにくいが，中にはひどくめんくらってしまうものがある。たとえばワシントン・ストリート・ステーションの

上層部では方向が皆目つかめないのである．地下鉄のシステムまたは輸送システム全般のイメージアビリティについてくわしく分析することは有益でかつ非常に魅力的なことであろう．

　鉄道の主な駅は，その重要性は次第に薄れているとはいえ，たいていの場合，都市の中の重要なノードである．ボストンのサウス・ステーションはこの都市における最も強いノードのひとつであった．このことは，この駅が通勤者や地下鉄の利用者，都市間の旅行者などにとって機能的に不可欠のものであり，しかもデューイー・スクエアに面して立つその巨体が，視覚的にも印象的であることによるものである．同じことは空港にかんしてもいえるかもしれないが，われわれの調査地域には空港は含まれていなかった．理論上は普通の街路の交差点もノードであるが，これらは概してそれほど目立たないので，バスがたまたま交差しているところというぐらいのイメージしかもたれていな

図 29　地下鉄という下界

い．都市のイメージには，あまりにも多くのノードは収容し切れないのである．

図17, 43頁

テーマの集中というもうひとつの種類のノードも，しばしば見受けられた．ロサンゼルスのパーシング・スクエアはそのよい例である．この広場はおそらく同市のイメージの中で最も鮮明なところであり，非常に独特な空間とか造園とか活動などによって特徴づけられていた．オルベラ・ストリートとこれにつながる広場も同様であった．ボストンにはこの種の例がかなりたくさんあるが，ジョーダン-フィリーン Jordan-Fileneコーナーやルイスバーグ・スクエアなどがこれに含まれる．ジョーダン-フィリーン・コーナーは2次的にワシントン・ス

図30

トリートとサマー・ストリートとの交差点としての役割をもち，地下鉄の駅とも結びついているのだが，まず第一には，これは市の中心部のそのまた中心であるとして認められているのである．それはアメリカの大都市ではめったに見られぬほどに徹底した"100パーセント"の商店街であるが，文化的にはアメリカ人になじみ深い種類のものである．これはコア(核)である．重要な地域の焦点であり象徴であるのである．

ビーコン・ヒルにあるルイスバーグ・スクエアも，テーマの集中の一例であるが，これはよく知られた静かな住宅地の広場で，いかにもビーコン・ヒルらしい上流階級のテーマの香りがただよっており，柵で囲まれた公園が非常に目立つ存在となっている．この広場は全く切換えの地点ではなく，そのあり場所にしても，ただビーコン・ヒルの"中のどこか"としてしか記憶されていなかったから，テーマの集中点

図59, 221頁

としてはジョーダン-フィリーン・コーナーよりも純粋な一例であった．ノードとしてのその重要性は，その機能とはつり合わないほど大きかった．

また，ジャージー・シティのジャーナル・スクエアのように，ノードが接合点と集中点の両方を兼ねていることもある．この広場はバスや自動車にとっては重要な切換えの場所であり，しかも同時に商店が集中しているところでもある．テーマの集中点はある地域の焦点にな

図30 ワシントン・ストリートとサマー・ストリート

り得るものであり，ジョーダン-フィリーン・コーナーがその例であるが，ルイスバーグ・スクエアもこれに含めてもよいだろう．ロサンゼルスのオルベラ・ストリートその他のように焦点ではなく，たんに孤立した特別の集中点も見受けられる．

あるノードをそれと認めるためには，物理的形態の明確さは必ずしも必要でない．このことはジャーナル・スクエアやスコレイ・スクエアをみれば明らかである．しかしその空間がなんらかの形をともなえば，印象はさらに強いものとなり，記憶されるようになるのである．もしスコレイ・スクエアが，その機能的な重要性につり合うような形態を備えるならば，この広場はボストンの基本的な特徴のひとつにも

図60, 61, 227頁,
228頁

なることができるだろう．現在の姿では，この広場は具体的には記憶されにくく，くたびれたとか見っともないなどのあだ名をちょうだいしているのである．30人のうち7人はこの広場に地下鉄の駅があることを覚えていたが，その他のことについては，どれひとつとして意見の一致はみられなかった．この広場が見る人になんらの視覚的印象も与えなかったことは明白だし，各種のバスとの結合については，それがその機能的な重要性の根本であるのだが，ごく貧弱にしか理解されていなかった．

これに対し，コプリー・スクエアのようなノードは，機能的な重要性にかけては劣り，また，ハンティントン・アベニューが斜めに交差しているのだが，非常にくっきりとしたイメージを抱かれていて，各種のバスのつながりぐあいも著しくはっきりしていた．この広場は，他と見分けられやすかったが，それは主に，付近に公共図書館，トリニティ・チャーチ，コプリー・プラーザ・ホテル，ジョン・ハンコック・ビルディングなど一風変わった建物がいくつもそびえているおかげであった．それはひとつの空間的なまとまりというよりも，活動および互いに著しい対照をなすいくつかの建物が集中したところといえるものであった．

コプリー・スクエア，ルイスバーグ・スクエア，オルベラ・ストリートなどといったノードは，2,3フィート足を踏み入れるだけでそこに入ったことがわかるほど，はっきりした境界線をもっていた．その他のものたとえば，ジョーダン-フィリーン・コーナーなどは，たんになんらかの特徴の頂点であるにすぎず，その特徴はどこからはじまるのかはっきりしていなかった．いずれにせよ，最もノードらしいノードとは，なんらかの面でユニークであり，同時にその周囲の特徴を強めているものであるようだった．

ディストリクトと同様にノードにも，内向的なものと，外向的なものがある．スコレイ・スクエアは内向的であり，その内部またはその近くにいても，方向感はほとんど得られない．この広場の周辺でわかるのは，主に，広場へ向かう方向とその逆の方向で，またそこに到着

した時に感じる主な位置感覚は"さあ着いた"ということだけなのである．これとは対照的に，ボストンのデューイ・スクエアは外向的である．ここでは大体の方角がのみこめるし，官庁街や商店街，海岸などへどう行けばよいのかもわかりやすい．ある市民にとって，デューイ・スクエアにあるサウス・ステーションは，下町の中心部のありかを指す巨大な矢印であった．このようなノードに入っていく場合にはどの側から入るのかよくわかるものである．パーシング・スクエアも同様の方向性をもっているが，これは第一に，ビルトモア・ホテルが存在するためである．しかしこの場合，この広場がバスのグリッドのどこに位置するのかは不確実にしか理解されていなかった．

　これらの特質の多くは，イタリアにある有名なノード，ベネチアのサン・マルコ広場を例にして要約することができる．サン・マルコ広

図31　サン・マルコ広場，ベネチア

場は非常にきわだっていて，華美，かつ複雑であり，ベネチアの全般的な性格および隣接している狭い曲がりくねった空間と著しい対照をなしている．だが，それでいて，ベネチアの呼びものである大運河とは密接に結びついている．また方向性をもつその形状は人々がどの方角からはいったかを明らかにしている．その内部そのものが高度に分化し，組み立てられている(ピアッツァ Piazza とピアツェッタ Piazzetta)．つまり2つの空間に分れ，特徴あるランドマーク(ドゥオモ Duomo，ドッカーレ宮 Palazzo Ducale，鐘楼 Campanile，図書館 Libreria)がたくさんあるのである．その中のどこにいっても，それと自分との関係をはっきり感じ，いわば正確な微小位置を感じるのである．ベネチアをまだ訪れたことがない人々でさえ，写真を見ればすぐそれとわかるほど，この空間は独特なものである．

図31, 97頁

ランドマーク Landmarks

ランドマークとは点を示すもので，観察者からは離れて存在し，いろいろな大きさの単純な物理的要素から成り立っている．ある都市についてよく知っている人ほど，道しるべとしてますますランドマークのシステムに頼ろうとする傾向がみられた．かれらはそれまで指針として用いてきた連続性の代りに，独特さと特殊性を歓迎するようになっていたのである．

ランドマークを使用することは必然的に，限りない多くの可能性の中からひとつのエレメントをとり出すということを意味するのであるから，この場合にいちばん重要な物理的特色は，特異性，つまり周囲のものの中でひときわ目立ち覚えられやすい何らかの特徴である．もし明瞭な形状をもち，背景との対照が著しく，またその空間的配置が傑出したものであれば，ランドマークは一層見分けられやすいものとなり，意義深いものとして選ばれやすくもなる．背景との対照は，中でも重要な要因になると思われる．あるエレメントがそれを背にして立つための背景は，そのすぐそばにあるものばかりとは限らない．ボストンのファナル・ホールのばった型の風見，州会議事堂の金色の円

屋根，ロサンゼルス市公会堂の屋根の尖端などはみな，市全体を背景として引き立っているランドマークなのである．

　汚れた都市の中の清潔なもの(ボストンのクリスチャン・サイエンス・ビル Christian Science building)とか，古い都市の中の新しいもの(アーチ・ストリート Arch Street の教会)などもランドマークとしてえらばれることがある．ジャージー・シティのメディカル・センター(中央病院)は，その規模が大きいこととともに，小さな芝生と花壇があることでよく知られていた．ロサンゼルスの官庁街にある登記所の古い建物はせまくて薄汚れていて，他のすべての官庁の建物の向きに対してななめにおかれており，窓割りとディテールのスケールも全く異なっている．このためこの建物は，機能的あるいは象徴的な重要性は薄いのにもかかわらず，その配置，古さ，および規模などの対比のために，ときには楽しくときには不快ではあるが，わかりやすいものとなっていた．またこの建物は正しい長方形であるのに，"パイ型"をしていると報告した人が何人かいたが，これはそのななめの配置がもたらした錯覚によるものに違いない．

　空間的に傑出しているということは，次のいずれかの方法によって，たんなるエレメントをランドマークに仕立てあげる．ひとつはそのエレメントが多くの場所から見えるようにすること(ボストンのジョン・ハンコック・ビルディング，ロサンゼルスのリッチフィールド・オイル・ビルディングなど)であり，もうひとつは，たとえばセットバック(建築後退)や高さの変化によって，その周辺の諸エレメントと局部的な対照をなさしめることである．ロサンゼルスでは7番街とフラワー・ストリートの角に，7番街に面して，古い2階建ての灰色の木造建築があるが，これは建築線から約10フィートほどひっこんで建っていて，そこで2,3の小さな商店が営業している．この建物は，驚くほど多数の人々から注目され，かつ好まれていた．ある人はこれを擬人化して，"ちいさな灰色の貴婦人"と呼んだほどである．空間的なセットバックと親しみやすい大きさが，その周囲の大きなビル群の中にあって，非常に目立ちやすく，しかも心地よく感じられるのであ

図32, 100頁

図 32　7番街の "ちいさな灰色の貴婦人"

る．

　どのパスを進むべきかという決定がせまられるような接合点に位置することも，ランドマークの性質を強めるのに役立つ．その例としてボストンのボードイン・スクエアにある電話局は，ケンブリッジ・ストリートをたどろうとする人々の手引きとして用いられていた．また，エレメントに結びついた活動がそれをランドマークに昇格させることもある．この種のものの中の変りもののひとつは，ロサンゼルスのシンフォニー・ホールである．この公会堂はバプティスト会館としか看板が出ていない特徴のないビルの一部を使っているもので，不案内な者には全くわかりにくく，視覚的なイメージアビリティとはまさに正反対のものである．だがそれがランドマークになれるのは，その文化的な地位と，全く目につかないという2つの性格の間の対照が激しく，いらだちを感じさせるからのようであった．またボストンのファナ

ル・ホールや州会議事堂にみられるように，歴史的な連想やその他の意味も，ランドマークを強化するのに有力である．ひとたび歴史やしるしや意味がある物体に結びつけられると，それのランドマークとしての価値があがるのである．

遠方のランドマーク，つまり，いろいろの場所から見えてしかも特に目立つものはよく知られていたが，ボストンでは，この都市を組み立てて自分の進むべき道筋を選ぶためにこれらのランドマークを大いに頼りにしているのは，ここをまだよく知らない人々だけのようであった．ジョン・ハンコック・ビルディングや税関のありかを頼りに行動するのは初心者だけなのである．

これらの遠方のランドマークの位置を正確に感じとり，その建物の下にたどりつくにはどうすればよいかを知っていた人は少なかった．要するに，ボストンにある遠方のランドマークの大半は"底なし"で，宙に浮いているような独特な特質をもっていた．ジョン・ハンコック・ビルディングや税関，裁判所などはみな，遠くからボストン市を眺めた場合には顕著な存在であるが，それらの建物の基部の位置とかアイデンティティ identity は，決してこれらの建物の上部構造のそれほどには重要でないのである．

ボストンの州会議事堂の金色の円屋根は，こうしたつかまえにくさの数少ない例外のひとつである．この建物は，その独得な形状や機能，丘の上に位置していてコモンからよく見えること，金色に輝く円屋根が遠方からも見えることなどによって，ボストン中心部の重要なしるしとなっている．それはどのような観点から見てもわかりやすく，しかも象徴的な重要性と視覚的な重要性が一致しているという，満足すべき特質をもっているからである． 図58, 220頁

人々が遠方のランドマークを用いるのは，たんに大体の方角をつかむため，またはこれを象徴として感じる場合だけである．ボストンの税関の建物はある人にとってはアトランティック・アベニューにまとまりを与えるものであったが，その理由はこの建物がこの通りのほとんどどこからも見えるからであった．だが別の人は，この同じ建物が

銀行街の多くの場所から見え隠れするとの理由で，税関は銀行街にリズムをもたらしていると感じていたのである．

フィレンツェ Firenze のドゥオモ Duomo は，遠方のランドマークとして第一にあげなければならぬものである．これは遠近や昼夜を問わずどこからでも見え，他の建物と間違いようがなく，大きさも輪郭も群を抜いていて，フィレンツェの伝統と密接なる関係をもち，宗教と交通の中心を兼ねているうえ，その鐘塔との組合せのおかげで，遠くからでもどの方角から見えているのか簡単に知ることができる．この偉大な建築物を思い起こさずにこの都市を考えることはむずかしい．

これに対し，限られた場所でしか見えない局地的なランドマークは，調査の対象となった3都市において，これ以上に頻繁に用いられていた．それらには，およそ役に立ちそうな物はすべて含まれていた．ランドマークとして扱われる局地的なエレメントの数は，それらのエレメントそのものの性格のみならず，観察者がかれの環境をどれほどよく知っているかによって左右されるようである．環境にあまりくわし

図33　ドゥオモ，フィレンツェ

くない人々は室内での面接のさいにはたいてい、わずか2,3のランドマークにしか言及しなかったが、実際に路上に出た場合には、ずっと多くのランドマークを発見していた。音やにおいはそれ自体ではランドマークとはならないようであったが、視覚的なランドマークを強めていることがあることがわかった。

　ランドマークには、他のものの助けを借りないでただひとつで孤立しているものがあるが、とくに大きいとか非常に珍しいものを別とすれば、このようなランドマークは弱体である。というのはこのようなものは見逃しやすく、捜しつづけなければならなくなるからである。あるひとつの交通信号だとか、街路の名称だけが頼りでは、それらを見出すのにかなりの努力が必要である。多くの場合、局地的なランドマークは群として記憶されていた。その場合それらは反復作用によって互いに強化し合うことになり、ある程度までは、それらのつながり具合によってその群が周囲から見分けられていることがわかった。

　人々が市内を動きまわるさいにランドマークのシークエンス（あるディテール（細部）が次のディテールがやがて現われることを予期させ、また重要なディテールが観察者に特定の行動を起こさせるようなシークエンス）に従っているのが普通であることがわかった。そのようなシークエンスの中では、どこで曲がるかの決定を下す必要がある場合にはいつでもそのための手がかりがあり、すでに下した決定については、それが正しかったことを教えて安心させてくれる手がかりがあるようであった。その他のディテールには、最終の目的地または中間目標が近づいたことを告げるのに役立つものが多かった。機能的な能率とともに情緒の安定のためにも、そのようなシークエンスが十分に連続していて長い切れ目がないということが重要である。もっともノードにおいてディテールの密度が高くなることはあろう。シークエンスは認識と記憶を容易にする。見慣れたシークエンスに含まれている各地点のイメージならば、実に大量に貯えられるものである。もっともそのシークエンスが逆になったり乱されたりすればわからなくなるか

もしれない．

エレメントの相互関係　Element Interrelations

　　　　　これらのエレメントはたんに，都市のスケールにおける環境のイメージの生の材料であるにすぎない．満足できるような形態をつくるためにはそれらを組み合わせる必要がある．これまでの話は，パスのネットワーク，ランドマークの集団，ディストリクトのモザイク模様などといった，同種のエレメントの集合までを検討してきたが，次の論理的段階として，2つの異なる種類に属するエレメントの間の相互作用について考慮してみなければならない．

　　　このような対は，互いに強化し合い，共鳴し合って，それぞれのエレメントの力を増すこともあるし，衝突し，破壊し合うこともある．たとえば大きなランドマークは，その足下にある小さなディストリクトをことさらに小さくみせ，バランスをくずしてしまうかもしれない．適切な位置にあるランドマークはコアを整えて強化するのに役立つが，中心をはずれた位置にあれば，ちょうどボストンのジョン・ハンコック・ビルディングがコプリー・スクエアに対してそうであるように，ただ人を迷わせるだけかもしれない．エッジだかパスだかはっきりしないような大きな通りは，あるディストリクトを貫通することにより，そのディストリクトを人々の目にさらすことはするかもしれないが，同時にそのディストリクトを分裂させてしまうこともあろう．ランドマークの特徴がディストリクトの性格とあまりに相容れないために，地域的な連続性が失われている場合もあろうし，これに対しランドマークが適度の対照をなしているために，その連続性が強化されている場合もあるだろう．

　　　とくにディストリクトは，他のエレメントよりも規模が大きい傾向を持つため，その内部に種々のパスやノードやランドマークを含み，またそのことによってそれらとかかわり合っている．これらの他のエレメントはそのディストリクトに内部構造を与えているばかりでなく，その性格を豊かにし，かつ深めることにおいて，全体のアイデンティ

ティをも強めている．ボストンのビーコン・ヒルはこの効果が発揮されている例である．要するにストラクチャーとアイデンティティという成分（イメージのこれらの部分にわれわれは関心を持っているのである）は，観察者の立場があるレベルからあるレベルへと変わるにつれて蛙跳び式に変わるようである．つまり，ある窓のアイデンティティはいくつかの窓からなるパターンに組み入れられ，それがそれらを含む建物にアイデンティティを与える手がかりとなる，そういう建物のいくつかが相互関係を持つことによってアイデンティティを持った空間を作りあげる，等々である．

　パスは，多くの人々のイメージの中で支配的な地位にあり，しかも都市のスケールでのイメージの組立てのために，おそらく第一に必要なものであって，他のエレメントのタイプと密接な相互関係をもっている．主要な交差点や終着点は自動的に接合のノードとなり，その形態によって，道中の決定的瞬間を強調する．次にそれらのノードは，ランドマークの存在によって強化される（コプリー・スクエアのように）と同時に，そのようなランドマークに必ず人々の注意を引きつけるような装置として働く．こうしてバスは，それ自身の形態や，その接合点によってばかりでなく，それが通りぬけるディストリクトをはじめそれが接するエッジやその全長に沿ってちらばっているランドマークによっても，アイデンティティとテンポを与えられるのである．

　これらのエレメントはすべて，環境の中で，同時に作用する．ランドマーク，ディストリクト，ノード，パスなどといった，いろいろの対の特徴を研究するのもおもしろいに違いない．最後には，このような対だけではなく，全体のパターンを対象として研究を進めるよう努めるべきであろう．

　たいていの観察者は，イメージの組立ての中間段階として，各種のエレメントを複合体 complex とでも呼ばれそうなものに分類しているようである．かれらはこの複合体を，その各部分が相互に依存し合っていて，その相互関係が相対的に固定しているようなひとつのまとまりとして感じとっている．バック・ベイ，コモン，ビーコン・ヒル，

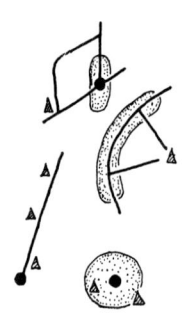

中央商店街などに含まれる主要なエレメントをいっしょにまとめて，ひとつの複合体として考えるボストン人が多いのはこのためである．つまり第1章でふれたブラウンの実験で用いられた用語を借りるならば，この地域全体が，ひとつの場所 locality になってしまったのである．しかし人によっては，この場所の大きさはもっと小さいかもしれない．たとえば，中央商店街とコモンの同商店街寄りのエッジなどだけということもあろう．この複合体から一歩外へ出ると，そこにはアイデンティティの切れ目があって，たとえごく瞬間的であるにせよ，次の複合体へたどりつくまではいわば盲目も同然で進まねばならないのだ．たとえばボストンの業務・銀行街とワシントン・ストリートの商店街とは物理的には接近しているのだが，ほとんどの人はこの両者の結びつきぐあいを，ごくおぼろげにしか感じとっていないようであった．わずか1ブロックしか離れていないスコレイ・スクエアとドック・スクエアとの間に訳のわからないすきまが生じているのもこの特殊な離れ方の一例である．2つの場所の間の心理的な距離は，純粋な物理的なへだたりよりはるかに大きく，克服するのもはるかにむずかしいだろう．

　われわれはいま，全体よりも部分の検討に専念しているわけだが，これは調査の初期の段階においてはやむをえないことである．部分を区別し，理解することが十分にできるようになってこそ，はじめて全体のシステムを考慮することもできるのだ．イメージとは連続的な場であり，ひとつのエレメントが乱れれば他のすべてのエレメントに影響が及ぶということがわかった．ある対象の認識は，その対象の形態ばかりでなく，前後の関係によるところが大きいのである．重大なひずみがあると，つまり，たとえばコモンの形がゆがめられると，それはボストンのイメージ全体に反映されるようであった．大がかりな建設工事の騒動がおよぼす影響は，その周辺だけに限られているのではなかった．しかしこのような場の効果については，ここではまだほとんど研究されていない．

変化するイメージ The Shifting Image

　環境全体に対するイメージは，ひとつの包括的なものが存在するというのではなく，互いに重複し相互関係をもっている何組かのイメージが，同時に存在するようであった．このようないくつかのイメージは，通常，レベルに従って（これはほぼ対象となる地域の規模によるものであるが）配列されていて，観察者は必要に応じて，街路のレベルでのイメージから，住宅地区の，都市の，あるいは都市地域のレベルのそれへと，頭を切りかえていた．

　大きくて複雑な環境においては，レベルごとのイメージの配列は不可欠のものである．しかしこれは観察者に組み立てるという余計な負担をかけている．とくに各レベルの間の関係が薄い場合には，ことさらである．もしある高い建物が，都市の全景の中では間違えようのない姿を見せていながら，その足もとでは見分けにくいものだったならば，2つのレベルのイメージを組み合わせるチャンスは失われてしまったことになる．だがこれとは逆に，ボストンのビーコン・ヒルにある州会議事堂は，いくつものイメージのレベルをつらぬいているようであった．この建物は市中心部を組み立てるために重要な地位を占めていた．

　イメージは関係する地域の大きさばかりでなく，視点，時間，季節などによっても違ってくる．市場街から見たファナル・ホールのイメージは，セントラル・アーテリーを走る自動車からこのホールを見た場合のイメージと関係を持たなければならない．夜のワシントン・ストリートと昼間のワシントン・ストリートは，なんらかの連続性およびなんらかの不変のエレメントを持っていなければならない．観察者たちの多くが，感覚的な混乱に直面してこの連続性を獲得するために，かれらのイメージから視覚的な内容を取り去ってしまい，"レストラン"とか"あそこから2つ目の道"といった抽象的概念を用いていた．これらの抽象的概念ならば，昼も夜も，自動車に乗っても歩いても，照っても降っても，いくらかの努力や無駄はあるとしても通用するか

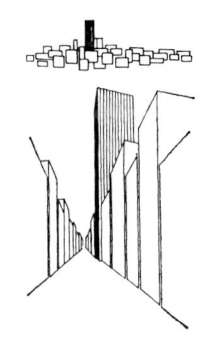

らである．

　観察者はさらにかれのイメージを，かれの周囲の物理的現実が示す変化に適合させていかねばならない．イメージが絶え間ない物理的変化に直面するたびに実際的かつ感情的な緊張が引き起こされるということをロサンゼルスの例が証明している．これらの変化を通じて連続性を維持させるにはどうすればよいかを知ることは大事であろう．組立ての各レベルの間にそれらを結びつけるものが必要であるのと同様に，かなりの変化をものともせず持続するような連続性も必要なのである．そしてこれは，1本の古い樹木やバスの形跡，またはその地域らしい性格のなにかを残しておくことで可能になるだろう．

　被験者たちが各市の略図を書いたさいの順序をみると，イメージの発展ないし成長には，いくつかの流儀があるようである．このことはおそらく，観察者が環境になじむようになったときにはじめてイメージが出来あがっていく方法と関係がありそうである．それには次のようなタイプがあることが明らかであった．

　a. イメージが，通い慣れた動線に沿ってまず形成され，次にそれから外へ向かって発展してゆく例が非常に多かった．この場合の地図は，ある出発点から分岐しているように描かれたり，マサチューセッツ・アベニューのような基本線から出発するように描かれたりする．

　b. ボストン半島のような全体の輪郭がまず出来上がり，それから中心へ向かって埋められていく地図もあった．

　c. とくにロサンゼルスでは，基本的なくりかえし模様（バスのグリッド）からはじまって，それから細部が付け加えられるものが多かった．

　d. この例はそれほど多くはなかったが，まず隣り合った地域がいくつか描かれ，そのうえで相互の連絡状態や地域内部のことがくわしく描かれるものもあった．

　e. ボストンでは，わずか数例ではあったが，まずなじみ深く密度の高いエレメントである核から出発し，その他のすべてのものが，結局これに結びつけられているというものがあった．

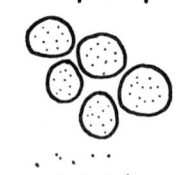

イメージそのものは，現実を縮小し，一様に抽出した精密な縮図というのとはちがっていた．それは縮小や削除によって，またときには現実になにかのエレメントが追加されたりさえして，また融合されたりゆがめられたりして，あるいは，部分部分の関連づけや組立てによって，目的に応じて単純化されていた．組みかえられてゆがめられた"非論理的"なものであっても，イメージの目的のためにはそれで十分だし，むしろその方がよいようであった．アメリカはニューヨークだけで成り立っているように考えるニューヨーク市民を皮肉った有名な漫画があるが，イメージのつくられかたもそれとよく似ているわけである．

しかし，いかにゆがめられたものであるにせよ，トポロジカル(位相幾何学的)な意味での現実に関する不変性という強い要素が支配していた．それはまるで，非常にしなやかなゴムの板に描かれた地図のようなものであった．方向はねじ曲げられ，距離は引き伸ばされたり圧縮されたりしていて，大きな形態は一目でそれとわからないほどスケールが変化していた．しかしシークエンスは正確であることが普通で，その地図が切り裂かれてからまた縫い合わされて別のものになっているというようなものはほとんどなかった．ものの役に立つイメージであるためには，この連続性が必要なのである．

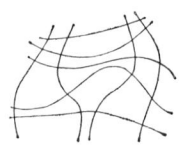

イメージの特質　Image Quality

ボストン人たちのいろいろな個人的なイメージを研究した結果では，以上のほかにもいくつかの種類の差異があることが発見された．たとえばあるひとつのエレメントに対するイメージは，観察者によってその相対的な密度についての差があった．この場合の密度とは，ディテールのうまり具合のことである．ニューベリー・ストリート Newbury Street に沿うひとつひとつの建物を見分けているイメージは密度が相対的に濃いものといえるし，これに対し同じ通りを，いろいろな用途に用いられている古い家々でふちどられている通りだと説明するのは，密度が相対的に薄いものと言えるだろう．

もうひとつの差は，具体的で感覚的に鮮明なイメージと，高度に抽

象的で一般的で，感覚的な内容に欠けているイメージとの間のそれである．ある建物についての心像も，その形や色彩やテクスチャーやディテールまで含んだ鮮明なものになることもあるし，"レストラン"とか"角から3番目の建物"としてしかその建物を認めない，どちらかといえば抽象的なものになることもあるのだ．

鮮明さは必ずしも密度が濃いことと同等ではないし，また密度が薄いことと抽象的であることも同等ではない．例のタクシー配車係の場合のように，密度が濃くてそのうえ抽象的であるというイメージもありうるのである．かれは市内の街路をよく知っていて，各ブロックの家々の番号と用途を結びつけて覚えていたが，これらの建物をどんな具体的な方法で描写することもできなかったのである．

イメージは，その部分がいかに配列され，関係づけられているかというストラクチャー structure(構造)の質にもとづいても，さらに区別されると考えられる．構造の精密さは連続的に増すものだが，その中にも4つの段階があるようであった．

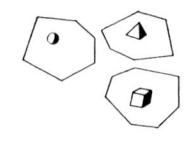

　a. 各種のエレメントがばらばらで，部分相互間になんらの構造も関係もないものがあった．われわれはこの型の純粋な例を発見することはできなかったが，いくつかのイメージは全く支離滅裂で，広い間隙があったり，多くの無関係のエレメントを含んでいたりしていた．これでは外部からの援助がない限り合理的な行動は不可能で，それを可能にするためには，その地域全体について系統立った方法で考え直さざるを得ない(つまりその場で，新しい構造をつくり直すのである)．

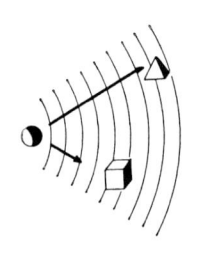

　b. 次の段階として構造は位置的 positional なものになっていた．各部分は離ればなれのままであるが，相互間の大体の方向と相対的な距離などの点でおおよその関係を持っていた．とくにある婦人はいつも2, 3のエレメントを頼りとして行動していたが，それらの間のたしかな関係については知らなかった．この場合の行動は捜し求めることによって，つまり正しいと思われる大体の方向に向かって出発し，行きつもどりつしてその帯上をくまなくさぐることによって，そして行

きすぎを正すための距離の見積りがある場合に達成されていた．

c. しかしおそらくいちばん多かったのは，柔軟な構造である．その各部分は他と連結されてはいたが，その結びつきぐあいがゆるく，柔軟で，まるでゴム紐で結ばれているようであった．物事のシークエンスは知られていたが，心理的な地図は非常にゆがんでいて，しかもそのゆがみ方はいつも変化しているのである．ある市民は「私はまずいくつかの焦点となる地点を思い浮べて，そのひとつの焦点から別の焦点へ行くにはどうすればよいかと考えるのがすきです．それ以外のことは，覚えたいとも思いません」と語っていた．柔軟な構造は，よく知っているパスに沿って，しかもよく知っているシークエンスに従って進行するので，その中での行動はやさしいようであった．しかし，平素結びつけられていない2つのエレメントの間での行動や平素使われていないパスに沿っての行動は，やはり人々を非常にめんくらわせるものである．

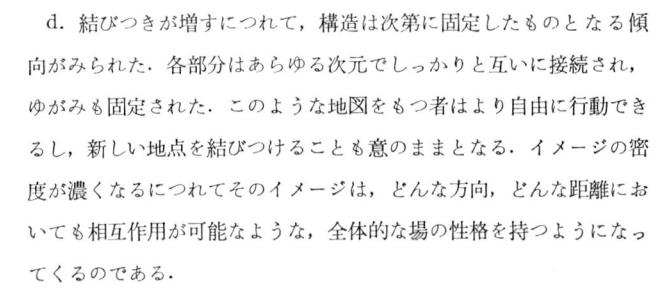

d. 結びつきが増すにつれて，構造は次第に固定したものとなる傾向がみられた．各部分はあらゆる次元でしっかりと互いに接続され，ゆがみも固定された．このような地図をもつ者はより自由に行動できるし，新しい地点を結びつけることも意のままとなる．イメージの密度が濃くなるにつれてそのイメージは，どんな方向，どんな距離においても相互作用が可能なような，全体的な場の性格を持つようになってくるのである．

構造上のこのような特徴は段階によっていろいろに異なってあらわれるであろう．たとえばここに2つの地域があり，どちらも固定した内部構造をもっていて，なんらかの継ぎ目またはノードで互いに連結されているとしよう．もしこの連結が内部構造とかみ合うのに失敗すれば，その結びつきそのものはたんに柔軟であるといえるだろう．ボストンの場合にはスコレイ・スクエアでこの効果が発生しているように思われた．

全体的な構造は，以上のべた方法とさらに異なる方法によって区別されると考えられる．ある人々にとっては，イメージとは全体と部分

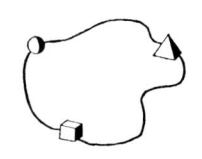

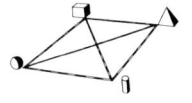

の連続として，どちらかと言えばその場で即座に組み立てられるものであった．その連続は言いかえれば一般的なものから特定のものへというつながりであった．このような組立ては静的な地図のそれであった．連結をおこなうために，それに必要な橋渡し役をつとめる一般的なものをまず見出して，それから望みどおりの特定のもののところへ戻ってくるのである．ボストンの市立病院からオールド・ノース・チャーチ Old North Church へ行くには，最初にこの病院はサウス・エンドにあり，サウス・エンドはボストンの中心部にあることを考え，次いで中心部に含まれるノース・エンドを捜し出し，それからやっとノース・エンド内にあるその教会のありかを捜すのである．この種のイメージは，体系的な hierarchical イメージであるといってもよいだろう．

この他に，もっと動的な方法でイメージを組み立てている人々もいた．各部分が時間的なシークエンス(たとえその時間はごく短いとしても)に従って連結され，まるで映画撮影機のレンズを通して見ているように心に描かれるのである．このイメージは，都市の内部を移動する場合の実際の体験と，より密接な関係をもっていた．これは静的な体系の代りに次々と発展する相互連結を用いる，連続的な組立てであるといってもよいだろう．

以上のことから，最大の価値をもつイメージとは，強烈な全体的な場に最も近いもの，つまり，密度が濃く，固定していて，鮮明で，あらゆるエレメントのタイプや形態の特徴がまんべんなくとり入れられていて，場合に応じて体系的にでも連続的にでも組み立てられるようなものであろう．もちろんわれわれは，このようなイメージがごくまれにしかないかあるいはありえないということ，また基本的能力以上にはなにもできないような個人または文化の強硬なタイプが存在することに気がつくであろう．その場合の環境は，特定の文化のタイプに適合させるか，またはそこに住む人々のいろいろの要求を満たすようにいろいろに形づくられなければならない．

われわれは，われわれの環境を組み立てること，つまりそこからス

トラクチャー structure とアイデンティティ identity を発見することを絶えず試みている．どんな環境も多かれ少なかれこのようなあつかいをすなおにうけ入れてくれる．都市の改造にあたっては，こうした組立ての努力をくじくよりもむしろ助けるような形態を都市に与えることができるはずである．

IV.

都　市　の　形　態

　　われわれには，イメージアブル imageable な——見てわかりやすく，首尾一貫し，明晰な——景観を持つ新しい都市世界を形づくる機会が与えられている．それは都市の住民の側の新しい心構えを必要としている．目を楽しませる形態，時間と空間の各レベルで組み立てられる形態，そして都市生活の象徴となり得る形態へと，かれらのすみかを物理的につくり直すことを，それは要求している．われわれの現在の研究はこの点にかんしていくらかの糸口を提供できる．

　　絵画や樹木のようにわれわれが美しいと呼び慣れている物体のほとんどは，単一の目的を持つものであり，長い時間をかけた進化あるいはひとつの意志の刻印のおかげで，それらには微小な細部から全体の構造までの密接で明白なつながりが見られるのである．これに対し，都市は多目的のつねに変化しつつある組織であり，たくさんの機能を収容するテントであり，それを多くの人々がそれぞれのスピードで組み立てている．完全な分化や決定的なかみ合いなどは起こりうべくもないし，望ましいことでもない．その形態はどちらかといえば曖昧で，市民の目的や知覚に応じるような柔軟なものでなければならない．

　　しかしながら，都市の形態によって表現されるような基本的な機能も存在する．それは，交通，主な土地利用，重要な焦点などである．

市民に共通の希望やよろこびや共同体意識なども，それによって具現するだろう．なかんずく，その環境が見てわかりやすいように組み立てられ，鋭いアイデンティティ identity を持つものである場合には，市民はそれにかれらなりの意味や連想を吹き込むこともできるのである．環境はそうなってこそはじめて，すぐれた，まぎれのない，真の場所となることであろう．

一例をあげればフィレンツェは非常に個性の強い都市であり，その個性にはたくさんの人々が深く心をとらえられている．はじめてこの都市を訪れる外国人の多くは，冷たいとか近づきがたいといった感じを抱くものだが，その特別な強烈さについては否定できないのである．どんな経済的社会的問題をかかえているにせよ，このような環境に住んでいると，よろこびの，悲しみの，あるいは自分もその一部であるという親近感の，特別な深みが日々の体験に与えられるようである．

この都市にはもちろん，経済や文化や政治の長い歴史があるが，このような過去が視覚的な形跡を残しているということが，フィレンツェの強烈な性格ができ上がるのに大いに役立っている．しかしこの都市は同時に，非常によく目に見える都市でもある．アルノ川に沿い，丘に囲まれた窪地に位置するので丘と市とはほとんどあらゆるところでお互いに見えている．市の南側では，広々とした田園が市中心部のすぐそばまで食いこんであきらかな対照をなしており，また，一番近いけわしい丘のひとつにある高台からは，市の中心部を"頭から"見おろすことができる．北側では，フィエソーレ Fiesole とかセティニャーノ Settignano などの小さくて個性的な部落が丘の上にすえられているのが見えている．まさに市の象徴的かつ交通上のセンターとなっているところには，巨大でまぎれのないドゥオモ Duomo の丸屋根がジョット作の鐘楼を横に従えてそびえていて，市内のどの方面からもそして市外の数マイル先からも見えるので，道しるべにされている．この丸屋根はフィレンツェの象徴である．

市の中心部は，息づまらんばかりに強力なディストリクトの性格を備えている．石畳の通りは，溝のように細長く，石としっくいの黄味

図34, 116頁

図33, 102頁

図 34 南側から見たフィレンツェ

がかった灰色の高い建物には，よろい戸や鉄格子，そして洞穴のような玄関やフィレンツェ独特の深い廂などがつきものである．この地域の内部には強いノードがいくつもあり，それぞれの特徴ある形態は，いずれも独自の使用目的をもち，利用者の階層も違うことによって強化されている．またここにはランドマークも点在していて，それぞれが自分だけの名前や物語りを持っているのである．またアルノ川は市全体を貫いて流れると同時に，市をその周囲の広大な風景と結びつける役割も果たしている．

　わかりやすくて変化に富むこれらの形態に，人々は過去の歴史やかれら自身の経験などを強く結びつけている．どの景色もたちまち見分けられ，人々の心はいろいろな連想で溢れるばかりになってしまう．部分と部分が調和している．こうして視覚的な環境がその住民の生活

に欠くことのできない部分になるのである．もちろん，この都市は，たとえイメージアビリティという限られた点から言っても，決して完全ではないし，都市の視覚的な成功のすべてがこのひとつの特質にかかっているのではない．しかし，この都市をひと目ながめただけで，または市内をちょっと歩いただけで，単純で自動的なよろこび，つまり満足感，存在感，そして適切感があるのである．

　フィレンツェは並はずれた都市である．実際，非常によく目に見える都市というものは，アメリカに限らなくてもごく珍しいものなのである．イメージアブルな村とか，都市の部分はたくさんあるが，一貫して強いイメージをもたらす都市は，世界中にもやっと20ないし30程度しかないといってよい．しかもこれらの都市の面積はどれも2,3平方マイルは越えないであろう．現在ではメトロポリス metropolis（大都市）はもはや珍しい現象ではなくなっているが，強い視覚的な性格や明白な構造を備えたメトロポリタン・エリア metropolitan area（大都市地域）など，世界中のどこにも存在しない．有名な都市はみな，その周辺における無性格なスプロール sprawl（郊外への無秩序な拡散）に悩まされているのである．

　さてそれでは，全体が一貫して高いイメージアビリティを持つような大都市（または普通の都市にしても）は，そもそも本当にあり得るのだろうか，かりに存在したとしてそれを感知することができるのだろうか，というような疑問も当然出てくることだろう．実例に恵まれていないため，われわれはこの問題を論じるにあたっては，主に，仮定にもとづくか，過去のできごとを思い起こすかしなければならない．しかし人類はこれまで新しい挑戦に直面するたびに，その知覚の範囲を拡大してきた．そしてそういう事が再びおこることはないという理由は少しもないのだ．現に存在するハイウェイのシステムはそのような新しい大規模な組立てが可能であるかもしれないことを示している．

　大規模でしかも目に見える形態のうち，都市的でないものの実例をあげることも可能である．自分自身の住む環境の中にとり入れたいと

願うような，変化と統一と明瞭な形態をもつお気に入りの風景を，たいていの人はいくつか思い出せるはずだ．フィレンツェの南，ポジボンシ Poggibonsi にいたる道路沿いの風景には，どこまでもこのような性格が続いている．谷や峰や丘は種々様々なのだが，これらがみなひとつの共通のシステムに属しているのである．北と東の地平線にはアペニン Appenines 山脈が見えている．はるか遠くまで見渡せる地面は，開墾されて，小麦，オリーヴ，ぶどうなど各種の作物が集約的に栽培されており，それぞれが独特の色と形をもっているので，はっきり見分けられる．土地のどの起伏も，畑や植木や道路の位置や方向に反映されており，また，どの小山の頂上にも小さな部落や教会や塔があるので，「ここは私の町，あそこはよその町」と，だれにもいえるのである．自然環境がもつ地質的構造に導かれて，人々はせんさいで見てわかりやすい調整を加えるのに成功してきたのである．全体がひとつの風景でありながら，どの部分も他と区別されているのである．

ニューハンプシャー New Hampshire 州のサンドウィッチ Sandwich も，もうひとつの例としてあげてよいだろう．ここではホワイト White 連山がメリマック Merrimac 川とピスカタカ Piscataqua 川の滔々たる上流に落ちこんでいる．植林された山の壁は，その下になだらかに起伏し半ば耕作されている田野と非常に対照的である．南の一番はずれにはそれだけ孤立してそびえるオシピー Ossipee 連山の隆起が望まれ，チョコルア山を含むいくつかの山頂は一風変わった独特の形を持っている．その"低地"においてその効果が最も強くあらわれている．つまりその山々のふもとにある平坦な台地は開墾し尽くされていて，何か特殊な"場所"という不思議な強烈な感じを与える．それはまさにフィレンツェのような都市の中の強い性格を持つ場所から受ける感じに匹敵するものである．低地の部分がすべて耕作のために開墾されていた頃には，この風景全体がこのような特質をもっていたに違いない．

ハワイはもっとエキゾティックな例としてとり上げられるだろう．

それは切り立った岩や巨大な絶壁の色があざやかで，植物は豊かに茂り個性にとみ，海と陸は対照的で，そして島のひとつの側面から他の側面へ移る間に劇的な変化が見られるのだ．

　これらの例はもちろん，筆者が個人的に思いつくものを取り上げたものにすぎない．読者はそれぞれまた別の例をあげられて結構である．このような実例はハワイの場合のように自然現象の所産であることもあるが，多くはタスカニー Tuscany のように，地質学的な過程を経てできあがった基礎構造をもとにして，一貫した目的のために共通の技術を用いて行なわれる人工的な修正を加えた結果なのである．この修正が成功していると言えるのは，天然資源と人間の目的との相互の結びつきに十分な注意がはらわれ，しかもそれぞれの個性はそのままにしておこうとする配慮が払われている場合である．

　都市は，技術によって人間の目的のために作られるという最もよい意味における人工の世界でなければならない．環境に適応し，感覚にふれるものを何でも識別し，それらを組み立てるのは，われわれの古代からの習慣である．われわれが生き残り優勢を保っているのはこの感覚的な適応性のおかげであるが，いまや，われわれは，この相互作用の新たな局面へ進んでもよいのだ．環境そのものを人間の知覚のパターンと象徴的な過程に適応させることを，まずわれわれのホームグラウンドで開始してみよう．

パスをデザインする　Designing the Paths

　都市環境のイメージアビリティを高めるということは，その部分部分を見分けてそれらを組み立てることを容易にするということ，つまりアイデンティティとストラクチャーを得やすくするということである．われわれが分類した，パス，エッジ，ランドマーク，ノード，ディストリクトなどのエレメントは，安定してしかも変化のある都市的スケールの構造を築く過程における積み木である．真にイメージアブルな環境の中では，これらの要素がどのような性格を持っているだろうかということについて，これまでの材料からわれわれはどんなヒン

トを得られるだろうか．

バス path の集合，つまり都市という複合体の中で，いつも通る，またはいつかはそこを通るかもしれぬ動線のネットワークは，全体を秩序立たせるためのもっとも有力な手段である．鍵となる重要な動線は，他のものよりもきわ立つために何か特殊な特性を持たなければならない．つまりその縁に沿ってなんらかの特別な用途または活動が集中していること，特徴ある空間的な特質をもつこと，路面やファサードのテクスチャーが特別のものであること，照明のパターンが独特のものであること，変わったにおいがあったり音がしたりすること，植木のディテールや様式に特徴がみられることなどが必要である．ワシントン・ストリートは商業活動が集中していることと溝のようなせまい空間とによって，コモンウェルス・アベニューは中央に街路樹があることによって知られているのである．

こうした特徴は，バスに連続性を与えるのに役立つような方法で応用されねばならない．もしこれらの特質のひとつかそれ以上のものがその沿道に一貫して用いられるならば，そのバスは連続し，かつまとまりのあるエレメントとしてイメージされるだろう．それは，街路樹でもよいし，舗装の特別な色やテクスチャーでも，伝統的にファサードが切れ目なくつづいていることでもよい．規則性を持たせるのならば，空地や記念碑，町角のドラッグストアなどのくりかえしによって，リズムを持たせるのもよいだろう．たとえば輸送路のように，バスに日常の交通が集中しているというそのことが，この親しみやすい，連続性を帯びたイメージを強めることもあろう．

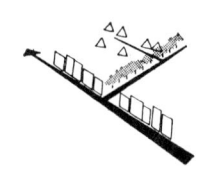

このことから，街路や道路には，しばしば機能的な体系 hierarchy があてはめられているのと同じように，視覚的な体系ともいえそうなものが生じるのである．つまり主要な道筋を感覚的に選び出し，それらを連続して知覚されるエレメントとして統一することである．これは都市のイメージの骨格となるものである．

動線の方向は明晰でなければならない．しばしば方向転換したり，あるいは徐々に気がつかない程度に曲がりながら最終的には方向が大

きく変わってしまうという場合には，人間という計算器は，動揺してしまう．ベネチアの水路や，オムステッドのロマンティックな計画にあらわれている街路などがどこまでも曲がりくねっていること，またボストンのアトランティック・アベニューが少しずつ曲がっていることなどは，その環境にきわめてよくなれている人以外のすべての人々を，めんくらわせてしまうのである．一直線に走るパスの方向がはっきりしていることはもちろんだが，ほぼ90度の明瞭な曲がりがいくつかある程度のパス，またはわずかに角度を変えつづけながら基本的な方角は最後まで失わないようなパスであるならば，方向はやはりはっきりしていることになるのである．

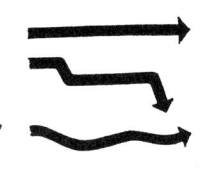

　観察者たちは，パスというものに，何かを指し示しているという性格，あるいは逆行できないような一方向性を与えようとし，また道路とその行きつく先とを結びつけて考えるようである．つまりパスは何かに向かって進むものとして知覚されるのである．この受取り方をさらに強めるためには，パスに強烈な目的地やなにかの変化度，または向きによって異なる特徴を与えなければならない．そうすれば，進行しているという感じが生じると同時に，その反対の方向がそれとは異なって感じとられるのである．一般によくみられる変化度は地面の傾斜であるが，その場合，道順はいつも"あがって"とか"さがって"というふうに教えられる．変化度にはこのほかにもいろいろ考えられる．たとえば看板や商店や歩行者などが漸進的に密集していけば，商店街のノードが近づいたことがわかるし，植木の色彩や種類の変化度もありうる．ブロックの長さが短くなっていること，あるいは空間がじょうご型になっているということは，都市の中心部に近づいたことを知らせてくれるだろう．非対称も手がかりになるだろう．"公園を左に見ながらずっと"進むこともできるし，"金色の丸屋根に向かって"歩くこともできるだろう．矢印が用いられてもよいし，または表面がつき出ているあらゆるものの，ある方向に向いた面に特定の色が塗られてもよい．これらの手段によって，パスは方向づけられ，他の事柄はこれをよりどころとして考えられるようになる．そうなれば，"道を

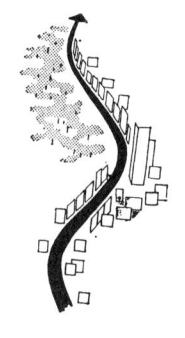

間違える"危険はなくなるのだ.

もし道路に沿ってどんな位置にいるのかを何らかの方法で測定できる場合，その道路は方向がはっきりしているばかりでなく，距離を感じ取らせることもできるものといえる．家屋に順に番号をつけるのもそのためのテクニックのひとつである．これほど抽象的でない手段として，道路沿いのあるきわだった部分に着目する方法がある．この場合，その他の場所はそれの"前の"とか"後の"というぐあいに覚えられるだろう．このようなチェックポイントが数カ所あれば，さらに限定しやすくなる．また，ある特性(たとえば道路の空間)の変化度が場所によっていろいろに調子をかえているために，その変化自体が見分けやすい形態を持つこともあろう．そのような場合には，ある場所が"道路が急に狭くなる直前のところ"にあるとか，"最後の上りにさしかかる手前の，丘の肩のところ"にあるというふうに言うことができる．"人々は正しい方向に進んでいる"と感じるばかりでなく，"もうすぐだ"という満足感さえ味わうことができるのだ．このように道中にきわだった出来事が続々あらわれ，ひとつの中間目標に達してはまたそれをあとにしていくということが次々と繰り返されるならば，その道中は，それ自体が意味を持ち，ひとつの経験となるような資格を持っているのである．

バスの持つ"筋肉運動知覚"の特性，つまり道路上で曲がったり，上ったり，降りたりする動きの感じは，思い出すだけでも印象深いものである．この傾向はそのバスを高速で通過する場合にとくに著しい．都市の中心部へ向かって大きなカーブを描きながら下ってゆくことは，忘れがたいイメージをもたらすものである．この運動の知覚には触覚や慣性の感覚も含まれるが，支配的な役割を果たすのは視覚のようである．われわれはバスに沿った物体の並べ方によって，運動にともなう視差や遠近感の効果を高めることができるし，進路の前方が見渡せるようにしておくことも可能である．その動線がダイナミックに形づくられるならば，それはアイデンティティを獲得し，また時間的に連続した経験をもたらすことだろう．

パスまたはその終点がいくらかでもむき出しになって見えるならば、そのイメージは強められるものである。大きな橋，広い大通り，凹の縦断面をもつ場所，あるいは目的地のはるかなシルエットなどはこれである。パスの存在はこれに沿う高いランドマークやその他のヒントによっても明らかにされるだろう。活気のある交通路は，われわれの目にもきわめて明らかなものとなり，都市の基本的な機能の象徴となることができる。これとは逆に，パスが他のエレメントを貫通するとか，かすめるとか，あるいは過ぎ去って行くものについてのヒントや象徴を提供したりする場合のように，パスが通行人の目の前に他のいろいろなエレメントの存在を知らせる場合には，彼らの体験は高められるのである。たとえば地下鉄は生き埋めになってばかりいないで，突然商店街を突き抜けてもよさそうだし，駅はその形によってその地上のありさまを思い起こさせてもよいはずである。パスは，そこでの流れそのものが明らかに感じられるように，形づくられてもよいだろう。車線を分離し，斜路や螺旋状の出入口を設けてやれば，通行する人々はそこで瞑想にふけることさえできるはずである。以上はすべて，通行する人々の視野を広げるためのテクニックである。

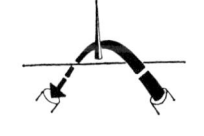

　都市は，通常，組織化された一群のパスによってでき上がっている。そのような道路網のなかで重要なのは交差点，つまり移動する人々にとっての連結と決定の地点である。もしそれが明瞭に視覚化されているならば，もしこの交差点そのものが鮮明なイメージを生み，交差する2つのパスの相互関係もはっきりと表現されているならば，観察者は申し分のない構造を築き上げることができる。ボストンのパーク・スクエアは主要な街路をあいまいに結びつけているが，アーリントン・ストリートとコモンウェルス・アベニューの接合点は明瞭かつ鮮明である。一般に地下鉄の駅はどこでも，このような明瞭な視覚的な接合点にはなりえていない。現代のパスのシステムにおける複雑な交差について説明するにあたっては，特別の注意が払われなければならない。

　3本以上のパスからなる接合点は普通，かなり概念化しにくいもの

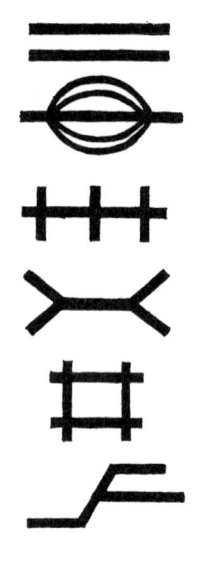

である．明瞭なイメージを育てるためには，パスの集合の構造はある単純な形をもたなければならない．しかし幾何学的な単純さよりも位相幾何学的な単純さが必要である．これは正確に3等分された交差点よりも，不正確ながらもほぼ直角に交わる交差点の方が望ましいという意味である．こうした単純な構造の例としては，並列型，紡錘形，1本ないし3本の棒のくしざし型，長方形，2, 3本の軸が合流したもの，などがある．

またパスの集合は，特定の個々のエレメントからなる特殊なパターンとしてではなく，個々のものは区別しないですべてのパスの間の典型的な関係を示しているネットワークとしてイメージされることもあろう．方向であれ，位相幾何学的相互関係であれ，介在する空間であれ，なんらかの一貫性をもつグリッドはこの条件にあてはまる．純粋のグリッドにはこれらがすべて結合されているが，方向または位相幾何学的な不変性は，それだけでも非常に効果的である．あるひとつの位相幾何学的な意味をもつ，あるいはある一定の方角に向かって走るパスが，すべて他のパスとは視覚的に区別できるようになっていれば，イメージは鮮明になる．マンハッタンのストリート（東西に走る）とアベニュー（南北に走る）の空間的なちがいは，その意味で効果的である．色彩や樹木やディテールも同様に役立つことであろう．名前や番号をつけること，空間や地形やディテールの変化度，グリッド内部の差異などのすべてが，グリッドに進行する感じを与え，あるいは目盛がつけられたような感じさえも与えるであろう．

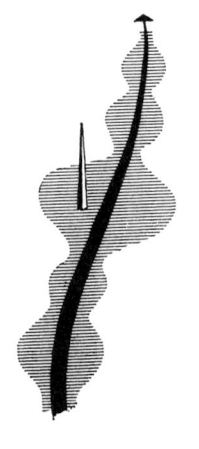

パスまたは1組のパスを組み立てるための最終的な方法が考えられるが，これは長距離と高速度の世界においていっそう重要性をもつ方法となろう．これは音楽にたとえれば"メロディック"な方法とでも呼べるものである．パスに沿う出来事や特徴，ランドマーク，空間の変化，ダイナミックな感じを，メロディーのある流れとして組み立てるのである．それは時間をかけて体験される形態として感じとられ，イメージされるだろう．この場合のイメージはばらばらな点のつながりではなく，全体がひとつのメロディーとなるので，そのイメージは

おそらくより総括的で，しかもあまりおしつけがましくない柔軟なものとなろう．その形態は，古典的な序奏部‐展開部‐クライマックス‐終結部という順序でもよいし，またはたとえば最後の終結部分をなくした，もう少し微妙な形をとってもよい．サンフランシスコ湾の対岸からサンフランシスコへ通じる道路は，こうしたメロディーのある組立てがどんなものであるかを暗示している．この手法は，都市のデザインの展開やその実験に，豊かな場を提供するものである．

他のエレメントのデザイン Design of Other Elements

エッジもパスと同じく，その全長にわたって，その形態にある種の連続性があることを必要とする．たとえばある業務街のエッジは，概念としては重要であっても，見てわかるような形態の連続性をもっていなければ，実際には見つけにくいものになってしまうことであろう．またエッジは，その側面がかなりの距離からよく見える場合にも，強力であり，地域の性格の鋭い変化を示すとともに，隣接する2つの地域をはっきり結びつけているのである．中世の都市がその壁で不意に終っていること，セントラル・パークと向かい合って高層アパートがそびえていること，海岸通りで水から陸への移り変わりが明確であることなどが，すべて強い視覚的な印象を与えるのはこのためである．また，強い対照をなしている2つの地域が接近して並置され，しかも両地域の触れ合うエッジがだれにも見えるようになっている場合には，人々の目は簡単にそこへ引きつけられるものである．

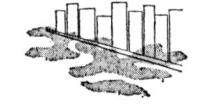

エッジの両側を区別できるようにしておくと，とくにそれをはさむ地域の性格があまり対照的でないようなところでは，観察者に"内側と外側"の感じを与えるのに役に立つ．それは対照的な素材を用いること，一定のかたむきを保たせること，植えこみを考慮するなどの方法によって達成されるだろう．またエッジは変化度を与えるとか，途中のところどころに，きわだった地点を設けるとか，その一方の末端と他の末端とを区別できるようにするなどの手段によって，長手の方向性を持つこともできよう．エッジが連続していて，しかも閉じた輪

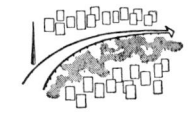

をつくっている場合でないかぎり，エッジの両端に明確な終点があって，それをしめくくるとともにその位置を明らかにする錨となっていることが重要である．ボストンの海岸は，普通，チャールズ河の線とは連続していないようにイメージされているが，このエッジの両端のどちらにも知覚的な錨がおろされていないため，これはボストンのイメージ全体の中で，あやふやなぼやけたエレメントとなっていた．

視覚的に，あるいは実際に動いて横切ることができるようなエッジであるならば，つまりそのエッジがその両側の地域に対して，いくらかの奥行きをもってつくられているならば，それはたんなる大きな障壁以上のものとなってくる．それはむしろ継ぎ目となり，2つの地区を縫い合わせ，仲介するものとなるのである．

もし重要なエッジに，それと都市のその他の構造とを結びつける視覚的連絡ないしは交通面での連結がいろいろ備えられていると，そのエッジを基準として，その他すべてのものを容易に関連づけることができるようになる．エッジの可視性を増すためのひとつの方法は，たとえば海岸を交通やレクリエーション用に開放する場合のように，近づきやすさや用途を増大させることである．また，遠くからもよく見えるような，高く頭上にそびえるエッジをつくってもよいだろう．

一方，役に立つランドマークにとって絶対必要な特徴は，その特異性，つまりその周辺あるいは背景との対照である．家々の低い屋根越しに見える塔のシルエット，石造りの壁の前にある草花，無味乾燥な通りに見出される珍しく明るい感じの場所，商店のまん中にある教会，連続したファサードの中のでっぱりなどはこの特徴をもつものである．空間的に傑出しているものは，とくに注意を引きつけるものである．商店の看板をある特定のところにつけさせるとか，あるひとつの建物を除いて他の全部の高さを制限するなどして，ランドマークとその周辺のものをコントロールすることが必要になるだろう．対象物の全体の形態が円柱形とか球形というように明瞭であるほどそれはきわだって見える．そのうえさらにディテールやテクスチャーが豊かであれば，それが人目をひきつけることは受け合いである．

ランドマークは必ずしも，大きな物体である必要はない．円屋根でもよいが，ドアのとっ手でもよいのだ．問題はその位置である．大きいか高いものならば，それをよく見えるようにする空間的背景がなければならないし，小さいものならば，路面とか，近くの建物のファサードの目の高さかそれよりやや低い部分というように，注意を引きやすい特定の範囲に存在していなければならない．交通における変調点——ノード，決定地点——ではつねに人々の知覚はひときわ鋭さを増すものである．インタビューの結果では，どの道を行くべきかの決定を下さねばならない地点では，ありきたりの建物もはっきりと記憶されることと，たとえ特徴ある建物でも，連続した道筋の途中にある場合には，たちまち忘れられてしまうことが明らかにされていた．時間あるいは空間の広範囲において目に見えるランドマークはさらに強力だし，またそれをどの方向から見ているのかがわかる場合には，ますます便利である．そして，遠くからでも近くからでも，速く動いていてもゆっくり動いていても，夜でも昼でもそれと判るようなランドマークならば，それは複雑で変わりやすい都市世界を感じとるための安定した錨ともなるのである．

　イメージの強さは，そのランドマークとなんらかの連想とが一致していれば，さらに増大する．もしある独特な建物が歴史的事件の現場であったり，明るい色彩のドアが，実はあなた御自身の家のドアであったりすれば，その建物やドアは，それでこそはじめて正真正銘のランドマークとなるのである．名前をつけるだけのことでも，その名前が広く知られ，受入れられるようになってしまえば，効力を発する．たしかに，環境を意義深いものとすることを望むならば，このように連想とイメージアビリティとを一致させることが必要なのである．

　単独で存在するランドマークは，よほど支配的なものでない限り，それ自体では不十分な参考物にしかならないことが多い．そうしたランドマークを識別するには，かなりの注意力を必要とする．しかしいくつかのランドマークが群になっていれば，互いに強化し合ってそれぞれの強さを加算したもの以上に強くなる．土地にくわしい観察者な

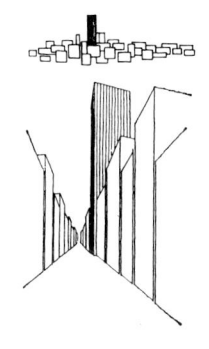

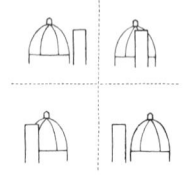

らば，もっとも見込みのないような素材の中からでもランドマーク群を育てあげ，ひとつずつでは弱すぎて注意を引かないような目印からなる統合体をつくり，これに頼っているのである．このような目印が連続性をもつシークエンスに従って配置され，ディテール（細部）が見慣れた順序であらわれるために，その道中全体がアイデンティティを与えられ，また居心地のよいものになるということもある．人を迷わせがちなベネチアの街路も，1,2度経験を重ねるうちになんとか通れるようになるものだが，それはここが特色のあるディテールに富み，それらがすぐにシークエンスとして組み立てられるからである．またあまり一般的ではないが，いくつかのランドマークが組になって，その組合せそのものがある形態をもつパターンをつくることもあろう．その場合，その見え方によって，どの方角からそれを見ているのかがわかるだろう．フィレンツェの丸屋根と鐘楼の組合せは，見る位置をかえるとダンスをはじめるのである．

　ノードはわれわれの都市の中の，概念的な錨泊地点であると考えられる．しかしアメリカ国内では，この注目を支援するにふさわしい形態をもったノードはめったになく，たんにある種の活動が集中しているというだけのノードが多いのである．

　そのような知覚的な支えとなる第1条件は，ノードの壁，床，ディテール，照明，植物，地形，スカイラインなどが特異性と一貫性をもち，それによってアイデンティティを獲得することである．このタイプのエレメントの本質は，他のものとは間違えようがない，きわだった，忘れられないような場所であることなのである．用途の集中はもちろんこのアイデンティティを強めるものであり，たとえばタイムズ・スクエアの場合のように，用途の集中そのものが，特徴ある視覚的な形をつくり出していることもある．しかしわれわれの都市には，このような目に訴える性格を欠いたショッピング・センターや，交通の変調点があまりにも多すぎる．

　周囲に向かって次第に曖昧に性格がうすれていくというかわりに，鮮明で閉じた境界を持つノードは，より一層明確である．もしそれに

加えて，注意をひきつける焦点となるものの1, 2 を備えていれば，それはますますきわだって見えるだろう．だが，そのうえでさらに，筋の通った空間の形態をもつならば，それはもう文句のつけようがないだろう．これは静的な屋外の空間を形づくるにあたっての伝統的な考え方であるが，そのような空間を表現し定義するために，透明，重複，光の調整，遠近法，表面の変化度，閉鎖，分節，運動と音のパターンなどの多くの手法が用いられている．

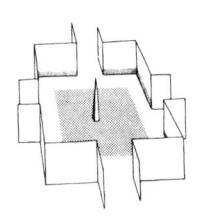

　もし交通の変調点やパスの上の決定地点がノードと一致するようにできれば，そのノードはさらに多くの注意をひくことであろう．パスとノードとの接合状態は，パスが交差する場合と同様に，見てわかるとともに表情に富んでいなければならない．ノードにどうやって進入し，どこで変調が起こり，そこから出るにはどうすればよいかということが，見てとれるようでなくてはならないのである．

　このように濃度の高い地点は，もしその存在がなんらかの意味でその付近できわだっている場合には，放射作用によって，その周囲に大きなディストリクトを構成することができる．用途その他の特徴の変化度がノードまで続いていてもよいし，ノードの空間がおりにふれて外部から見えても，高いランドマークを含んでいてもよい．フィレンツェは，こういう意味で，主要なノードに立っているドゥオモとヴェッキオ宮とを焦点としてできあがっている地域である．ノードは特有の光や音を発することもできるし，その背後の地域に，そのノード自身の特質を反映するような，象徴的なディテールが見られることによって，その存在が暗示されるようであってもよい．ある地域にスズカケの木がはえていれば，この木がたくさん植えられていることで有名な広場に近いことがわかるかもしれないし，また石畳の道路は，石畳の囲い地を思い出させるかもしれないのだ．

　もしノードの内部でオリエンテーション（方向づけ，位置づけ）がはっきりしていて"上って"と"下って"，"左"と"右"，"前"と"後"などの区別が容易であると，そのノードはもっと大きなオリエンテーションのシステムと結びつくことができる．すでに知られているいくつ

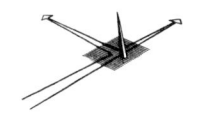

かのパスが明瞭な接合点に続いている場合にも，この結びつきができあがる．いずれの場合にも，そこに居合わせる人々は，自分のまわりに都市構造が存在することを身をもって感じることができるのだ．目的地へ達するためにはどの方向へ進めばよいかもわかるし，一方その場所の特異性も，全体のイメージと対照される結果，さらに高められることになるのである．

いくつかのノードを並べて，関連性のある構造をもたせることは可能である．フィレンツェのサン・マルコ広場とアヌンツィアタ寺の関係のように，並置されているとか互いによく見えるようになっているという結びつきもあるし，なにか短いつなぎのエレメントによって，あるパスやエッジに対してどれもが同じ関係にあるようになっているのもあるし，ひとつのノードに備わっている何らかの特性が他のものに反映されているような結びつきもあろう．このような連結によって，かなり大きな都市地域が組み立てられうるのである．

都市のディストリクトとは，ごく単純にいえば，均質の性格をもつ地域，つまりその中のいたるところで連続しているがその外部では連続していないような手がかりを通じて，認識される地域のことである．この均質性はビーコン・ヒルの狭い坂道のような，空間的な特質に関するものであってもよいし，サウス・エンドの正面がつき出た家並のように建物の型に関するものや，スタイルや地形に関するものでもよい．ボルチモアBaltimoreの白い階段つきの玄関口のような典型的な建築様式であるかもしれないし，色彩，テクスチャー，素材，床の表面，スケール，ファサードのディテール，照明，植え込み，シルエットなどの連続性でもよい．これらの性格が重複するほど，その地域が統一されているという印象も強まる．ひとつの地域の範囲を定めるにあたっては，こうした性格を3つないし4つずつまとめた"テーマの単位"を使えばとくに有効であると思われる．インタビューされた人々は，たいてい，このような性格のいくつかをひとつの群としてまとめて考えていた．たとえば，ビーコン・ヒルの場合ならば狭い坂道と煉瓦舗装，列になった小さな家々，奥にひっこんだ玄関口などで

ある．このような性格のいくつかをある地区に固定したものとして考えることができるが，他の要素は望みに応じて，種々様々であってよい．

　そしてこの物的な均質性が用途や階層とも一致すると，効果はさらにまぎれもないものとなる．ビーコン・ヒルの視覚的な性格は，上流階級の住宅地としてのその地位によって強化されている．しかしアメリカの都市では多くの場合がその逆で，用途の性格は視覚的な性格からほとんどなんの援助も受けていないのである．

　境界が明確で，ディストリクトをしっかりと取り巻いていると，そのディストリクトはさらに鮮明になる．ボストン市内のコロンビア・ポイント Columbia Point〔岬〕の住宅地計画案は島のような性格をもっていて，社会的には好ましくないかもしれないが，知覚的には非常に明瞭である．実際どんな小さな島にも魅力ある特殊性が備わっているのは，このためなのである．また地域が高いところから容易に見渡せたり，その土地が凸になっているとか凹になっているとかの地形的な理由からやはり全体として見やすいものであると，その地域と他との分離感はいっそう完全なものとなる．

　ディストリクトはその内部にも，構造をもつこともある．それは，全体に従いながらもそれぞれ分化したサブ・ディストリクトから成り立っていることもあるし，ノードがなにかの変化度その他のヒントによって構造の中心となっている場合もあるし，内部にあるバスが織りなすパターンでできている場合もある．ボストンのバック・ベイ地区はアルファベット順に名づけられたバスのネットワークによって組み立てられているが，われわれが被面接者にスケッチさせた地図のほとんどにおいて，この地域ははっきりと，誤たずに，そしてやや拡大されて描き出されていた．構造をもつ地域ほど，あざやかなイメージをもたらすようである．その上，そのような地域は，その住民たちに，"あなたはいま X の中のどこかにいる"と教えるだけでなく，"X の中の，Y の近くにいる"と教えることさえできるのである．

　内部が十分に分化している場合には，ディストリクトは都市の中の

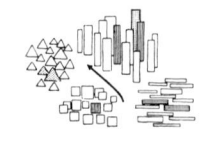

その他の要素との関係を表現することができる．その場合の境界は通り抜けのできるものでなければならない．つまり障害ではなく継ぎ目でなくてはならない．ディストリクトとディストリクトとは，並置するとか，互いによく見えるようにするとか，ひとつの線にそれぞれを関係づけるとかして，あるいはノードやパスや小さなディストリクトなどのつなぎによって接合することができる．ビーコン・ヒルは，コモンによってボストン市の中心部とつながっているが，この丘の魅力は主にそのことからきているのである．このようなつながりは，それぞれのディストリクトの性格を強めるとともに，それらをひとつにまとめるのである．

　空間の均質性という特徴を持つだけでなく，空間的な形態の連続によって構成されている真に空間的な地域も存在するということも，考えられる．簡単にいえば，河の空間のような大きな都市空間はこの部類に属するといえるだろう．空間的な地域は，ひと目でざっと見渡すことができないので，空間的なノード（たとえば広場）とは区別されよう．そのような地域は空間的な変化がつくるパターンの遊びとして，また，かなりの時間をかけてその中を歩き回ることによって体験されるだろう．おそらく北京の行列用の中庭やアムステルダムの運河の空間などは，この特質をもつものといえるだろう．そしてこうした地域はおそらく，強力なイメージを呼び起こすに違いない．

形態の特質　Form Qualities

　都市設計のためのこれらの手がかりを，別の角度から要約することも可能である．5つのタイプに共通して現われるいくつかのテーマがあるからである．つまりどのタイプの項でも，同じいくつかの一般的な物理的特性についてふれられているからである．そしてこれらの手がかりは，デザイナーが操作することのできる特質について示すものであるので，デザインにあたっての直接の関心事となる．これらの手がかりは，次のように要約されるだろう．

　　1. 特異性 Singularity または形態と背景との明瞭な関係：境界の

鮮明さ(都市のひろがりの突然のきれ目など); 閉鎖(囲いのある広場のような); 表面, 形態, 密度, 複雑さ, 大きさ, 用途, 空間的な位置などの対照(ひとつだけ孤立して立っている塔, 華美な装飾, ぎらぎら輝く看板など); この場合の対照は, そのすぐそばに見えるものに対してでも, 観察者の経験に対してでもよい. これらの特質は, エレメントにアイデンティティを与える. つまりエレメントをきわだたせ, 人目につくものとし, 鮮明で, 分かりやすいものとするのである. 人々はその環境を知る度合が増すにつれて, 全体を組み立てるにあたって大まかな物理的連続性に頼ることが少なくなり, その景色全体を活気づける対照とか特殊性などによろこびを見出すようになるようである.

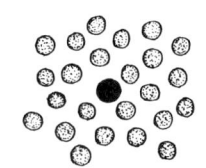

2. 形態の単純さ Form Simplicity: 目に見える形態の幾何学的な意味での明瞭さと単純さ, 部分の限定(碁盤の目模様, 矩形, 円屋根などの明瞭さ)をいう. この種の形態はイメージにとり入れられやすいものであるが, 一方, 観察者の側には, たとえいくらかの知覚的な犠牲や実際的な犠牲を払ってでも, 複雑な事がらを単純な形態に変形して感じ取ろうとする傾向があらわれている. 全体が同時に見えないエレメントでも, 単純な形態が位相幾何学的に変形したものであれば, それはとてもよく理解されるだろう.

3. 連続性 Continuity: エッジまたは表面の連続(道路, スカイライン, セットバックなどの); 部分同士が接近していること(建物群など); リズミカルな間隔の繰返し(街角のパターンのような); 表面, 形態, 用途などの類似または一致または調和(たとえば建物の共通な材料, 張出し窓の繰返し模様, 市場の活動の類似性, 同じ看板がどこにでもあることなど), これらの特質は複雑な物理的現実をひとつのものまたは相互関係を持つものとして感じとることを容易にし, またそれにひとつのアイデンティティを与えているのである.

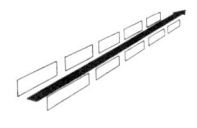

4. 優越性 Dominance: 大きさや密度や関心をひく程度などの点で, ある部分が他の部分より優越している場合には, 全体が, ひとつの主要な要素とそれに付随した要素群としてとらえられる(たとえば"ハ

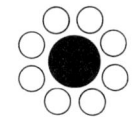

ーヴァード・スクエア地域")．この特質は連続性と同じく，省略や包含などによって，イメージを必要に応じて単純化することを可能にするものである．およそ人々の目にとまるような物理的な特徴というものは，すべて，そのイメージを中心から周辺へと，概念的に放射しているようである．

5. 接合の明晰さ Clarity of Joint：継ぎ目や合せ目が非常によく見えること（たとえば主要な交差点，あるいは海岸通りで）；相互の関係や連絡状態がはっきりわかるものであること（建物とその敷地との関係，地下鉄の駅とその地上の街路との関係）；これらの接合は都市の構造にとって重要なモーメントとなるものであるので，知覚しやすくなくてはならない．

6. 方向性 Directional Differentiation：非対象，変化度，放射状に参照されるものなどによって，前方と後方のちがい（たとえば丘を上っている道路や，海から遠ざかる道路や，都心にむかう道路の上にあらわれる）や，左右のちがい（たとえば公園に面した建物群によって），方角によるちがい（陽のあたりぐあい，または東西に走るアベニューの道幅が広いことなどを通じて）などが感じられること．かなり大きな規模で都市構造を組み立てる場合には，これらの特質が大いに用いられている．

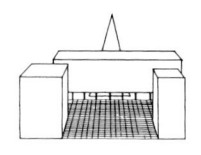

7. 視界 Visual Scope：実際的にしろ，象徴的にしろ，視覚の範囲と浸透力を増加させる特質．透明（ガラスによって，あるいはピロティによって）；重複（ある構造が他のものの後にみえる場合）；視覚の奥行きを深めるようなヴィスタ（見通しの景色）やパノラマ（全景）（軸をなす通りや広い空地，高いところからの眺め）；空間に区切りをつけることによって，空間に視覚的な説明を与えるような，分節化のエレメント（焦点，竿尺，貫通するエレメント）；地形が凹面になっていて遠方のものが目にはいるようになっていること（背景の丘のくぼみとか，カーブしている街路のくぼみなど）；目には見えないエレメントについて説明している手がかり（これからさしかかる地域の特徴を物語るような活動が見えること，あるエレメントがすぐ近くにあるこ

とを暗示するような独得なディテールが用いてあること).これらの互いに関連する特質は,視覚の到達する範囲,浸透力,解像力など,いわば視覚の効率を高めることによって,広大で複雑な全体を理解しやすくするのである.

8. 運動を意識させるものであること Motion Awareness：視覚と筋肉運動知覚を通じて,観察者が現に行なっているか行なう可能性のある運動について感じとらせるような特質.そのためには,傾斜やカーブや相貫部の鮮明さを高める,運動の視差と遠近感を経験させる,一定方向あるいは一定の方向変化を持続させる,道のりを目で見てわかるようにするなど,いろいろの方策がある.都市は運動しながら感じとるものである以上,これらの特質は基本的なものである.そしてそれらが首尾一貫している場合には,ストラクチャーのみならずアイデンティティまで与えられるのである.(たとえば"左に行ってそれから右へ曲がりなさい"とか"あの急な曲り角で","この道を3ブロックほど行ったところ"というように).これらの特質は,方向や距離を判断し,運動自体の中から形態を感じとろうとする観察者の能力を強め,育てるものである.スピードが増加しつつある現代の都市においては,こうしたテクニックをさらに開発する必要がある.

9. 時間的な連続 Time Series：時間をかけて感じとられるような連続 series.これには,あるエレメントがその前後にある2つのエレメントと単純に結びついているという,簡単な逐条的なつながり(ランドマークの偶然のシークエンスなど)もあるし,真に時間的に組み立てられていて,一種のメロディーを含んでいるような連続(ランドマークの形態の密度が次第に増してついにクライマックスに達するというような)もこれに含まれる.前者(単純なシークエンス)はごく普通に用いられているが,とくに通い慣れたパスに沿うところで多く用いられている.メロディーをもつ方はほとんど見られないが,これこそ,巨大で動的な現代の大都市においてもっとも育ってほしいものであろう.その場合にイメージされるのは,次々に展開されるエレメントのパターンであって,個々のエレメントそのものではない.これはちょ

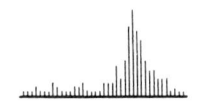

うどわれわれが個々の音そのものよりも，メロディーを覚えているのと同じことであろう．複雑な環境においては，対位法的なテクニックを用いることさえできるかもしれない．つまり相対するメロディーまたはリズムからなる動的なパターンを用いることである．しかしこれは非常に高級な手法なので，意識的に展開されねばならない．時間的な連続として感じとられる形態の理論のために，われわれの新鮮な考え方が必要となっている．同時に，イメージのエレメントのメロディクな連続とか，空間，材質，運動，光線，あるいはシルエットの秩序づけられた連続をつくり出すような，デザインの原型についての新鮮な考え方も必要である．

10. 名称と意味 Names and Meanings: エレメントのイメージアビリティ imageability を高めるための，非物理的な特性，たとえば名称は，そのアイデンティティ identity を高めるのに重要な役割を果たしている．それはエレメントの位置を示す手がかりとなることもある（ノース・ステーション）．名称をつける方式（たとえばある通りに沿ってつながるエレメントをアルファベット順に呼ぶこと）はエレメント群にストラクチャーを与えることも容易にする．意味とか連想とかは，社会的，歴史的，機能的，経済的，あるいは個人的なものであれ，すべて，われわれがここでとり扱っている物理的な特質から独立した完全な領域をなしているが，物理的形態に潜んでいるかもしれぬアイデンティティやストラクチャーについての以上のような提案を，大いに補足するものである．

ここに列挙したような特質は，必ずしもそれぞればらばらに作用するものではない．そのひとつの特質がそれだけで存在する場合（たとえば他には共通の特徴がなにもなくて，建築材料の共通性のみが連続している場合）とか，各種の特質が衝突している場合（建物の様式は共通するが，その機能が異なる2つの地域の場合）などにおいては，全体的な効果は弱く，アイデンティティとストラクチャーを与えるのに努力を要することであろう．ある程度の繰返しや重複や補強が必要のように思われる．したがってまぎれもない地域とは，その形態が単純

で，建築物の様式と用途について連続性があり，その都市の中では特異な存在で，明確な境界を持ち，隣接する地域とはっきり結合されていて，そして，見たところ窪みになっている地域のことであるということができる．

全体としての感じ The Sense of the Whole

　エレメントのタイプを中心としてデザインを論じていると，部分と全体との相互関係をおろそかにしてしまいがちである．相互関係が明らかな全体の中では，パスはディストリクトを目にはいりやすくするとともに，さまざまなノードを連結するであろうし，ノードはパスを接合するとともにそれを区分するだろう．またエッジはディストリクトの境界を定め，ランドマークはそれらの地域の中核を指し示すだろう．都市のスケールにおけるイメージを密度の濃いものとし，しかも生き生きしたものとしているのは，いわばこれらの単位が全員で参加するオーケストラなのである．

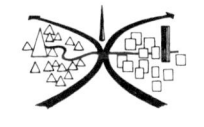

　パス，エッジ，ディストリクト，ノード，ランドマークという5つのエレメントを，たんに大量の情報を分類するのにつごうのよい，経験的な範疇として考えていただきたい．これらはデザイナーのための積木であり，その意味では役に立つと言えるだろう．しかしそれらの特性をマスターしてしまったならば，その次には，時間的に連続して感じられるような，そしてその部分がたんに文脈として感じとられるような全体を組み立てることが，彼の課題となる．たとえばあるパスに沿って10個のランドマークをつなげて並べる場合には，それらのひとつひとつが，都市のコアに単独でしかも目立つように置かれる場合とは全く異なるイメージの特質をもつようにしなければならないだろう．

　形態を操作するにさいしては，大都市がもつさまざまなイメージの間に，なんらかの連続性がみられるよう配慮しなければならない．昼のイメージと夜のイメージ，冬のイメージと夏のイメージ，遠くからのイメージと近くからのイメージ，止まっているときのイメージと動

いているときのイメージ，注意深いときのイメージとぼんやりしているときのイメージが連続していなければならない．主要なランドマーク，ディストリクト，ノード，そしてパスは，いろいろに異なる条件のもとにおいても，抽象的にではなく具体的な方法で，見てわかるようになっていなければならない．これはイメージがどの場合も同じでなければならないということではない．ここで言いたいことはただ，もし雪の日のルイスバーグ広場の姿が真夏のルイスバーグ広場のそれとよく釣り合い，州庁舎の丸屋根が夜間に，昼間のそれを思い起こさせるようなぐあいに輝いているならば，それぞれのイメージがもつ対照的な特質は，共通の絆をもつおかげでいっそう鮮明に感じられるということである．こうして，人々は，2つの全く異なる眺めをひとつに結びつけ，それによって他の方法では不可能な方法で都市のスケールを包括することができるのである．つまり"全体的な場"というイメージの理想に近づくことができるのである．

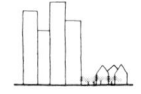

　現代の都市は複雑であるために連続性を必要としているといえるが，同時に，個々の性格の対照そして特殊化という大きな喜びも提供している．われわれの研究の結果は，人々が都市になじむ度合いが高まるにつれて，ディテールや性格の独特さなどに，より大きな注意を払うようになることを暗示している．各エレメントが生き生きしていて，それぞれが機能的な相違や象徴的な相違と正しく適合していれば，そのような性格は育ちやすい．もし明瞭に異なるエレメント同士が，密接でしかもイメージされやすい関係に置かれると，それらの対照は一層強まる．そうなると，それぞれのエレメントも，より強烈なそれ自身の性格をもつようになる．

　実際のところ，すぐれた視覚的な環境がもつ機能とは，たんに日常の行動を容易にしたり，すでに人々が抱いている意味や感情を維持したりするだけのことではなく，それと全く同じように重要な役割は，新たな探検を試みる場合の指針となり刺激となることであると考えられる．複雑な社会にあっては，多くの相互関係を自分のものとしなければならない．民主主義のもとでわれわれは，孤立主義を嘆じ，個人

の発展を賞揚し，グループ相互間のコミュニケーションがさらに拡大されることを期待している．もし環境が，強烈で見やすい骨組と非常に特徴のある部分からできているならば，新しい分野の探検は楽であるばかりか，より心をそそることであろう．もしコミュニケーションのための重要な絆（たとえば博物館，図書館，集会場など）が明瞭に示されていれば，目立たない場合にはそれらを無視しがちな人々でも，はいってみようという気になるかもしれない．

　都市の基礎となる地形，つまり先在的な自然環境は，イメージアビリティの要因としてかつてほどには重要ではないようである．現代の大都市の密度とか，広汎で精巧な技術などのすべてが，自然環境をぼやけさせてしまう傾向をもっている．現在の都市地域は人工的な特徴や問題をかかえており，そのため立地の特殊性ということは，しばしば無視されているのである．もっと正確には，ある場所の特殊性とは，現在ではたんなる地質的な構造の産物ではなく，人間の活動と希望から生まれたものであるといってもよいだろう．その上，都市が拡大するにつれて，その中で注目される"自然の"要因は次第に，小さな偶然の産物から，より大きく基本的なものへと変わってゆく．つまり基本的な気候とか，広い地域の植物分布その他の表面の状態，山や主要な河川のシステムなどの方が，局地的な特徴よりも重視されるようになるのである．しかしながら，地形は依然として都市のエレメントを強化するための重要な要素である．くっきりとした丘は地域を明確にするし，河川や海浜は強いエッジとなり，ノードも，地形上のかなめに位置すればさらに強力になるのである．広大な地形の構造を理解するためには，現代の高速道路はまたとない観点を提供している．

　都市はひとりの人間のためではなく，経歴，気質，職業，そして階級がさまざまに異なる多数の人々のためにつくられるものである．われわれがおこなった分析によると，自分の住む都市をいかに組み立てて考えるか，どんなエレメントを頼りにするか，形態のどのような特質をもっとも歓迎するか，などのことについては，人によって大きなちがいがあることが明らかである．したがってデザイナーたる者は，

かれらがつくる都市にできるだけ多くのパス，エッジ，ランドマーク，ノードそしてディストリクトを備えるとともに，形態の特質にしても，たったひとつや2つではなく，そのすべてを利用するように心がけねばならない．そうすれば，どの観察者も，それぞれの独特なものの見方に応じた，知覚の材料を見出すことができるようになる．ある道路をそれと見分けるのに，煉瓦の舗装を手がかりにする人もあれば，そのすさまじいカーブを頼りにする人もあり，また沿道にあるこまかなランドマークを頼りにする人もいる，というぐあいである．

さらに，視覚的に極度に特殊化された形態には危険がつきものである．知覚的な環境には，ある種の柔軟さが必要なのだ．もし，目的地へ通じる有力なパスがひとつしかなかったとしたら，宗教的な焦点が2,3あるだけだったとしたら，そしてもしがっちりと区切られた地域の厳しいつながりしかなかったとしたら，大して骨を折らずにその都市のイメージを抱く方法は，たったひとつしかないことになる．このひとつのイメージは，すべての人々の要求に合わないばかりか，時々変化するひとりの人間の要求にも合わないことだろう．通い慣れない道筋での行動は，ぎこちなくて危険なものになり，対人関係もごく狭い範囲に限られるだろうし，景色は単調なあるいは限られたものとなってしまうことであろう．

われわれはすぐれた組立ての例として，ボストンのいくつかの部分をとりあげてみたい．これらの部分においては，被面接者たちが選んだパスが，かなり自由に四方に広がっているように思えたからである．ここでは，市民たちは，それぞれの目的地へ向かう場合にすぐれたアイデンティティとストラクチャーを備えたたくさんの道筋の中から，自由に選択することができるのである．それと判るようなエッジがたくさん重なり合って網の目をなしている場合にも，同じ価値がある．このとき，大小さまざまな地域が市民の好みや必要に応じて形成されるのである．ノードによる組立ては，その中心となる焦点からそのアイデンティティを得るものであり，その外周においては変動があってもよい．だからこれは境界による組立てよりも柔軟性において歩があ

ると考えられる．境界による構成は，地域の形が変わらなければならないときに，崩壊してしまうのである．強いノード，主要なパス，地域内に広く行きわたる均質性などといった，人々が共有する大きな形態を維持することは大事である．しかしこの大きな骨組の中で，ある種の柔軟性，つまり構造や手がかりとなりうるものが豊かに存在していることが必要である．そうなれば，個々の観察者は他人にも伝えられ，安全で，十分な，しかも自分自身の要求にぴったり合ったイメージを抱くことができるだろう．

　今日，都市の住民は以前よりはるかにしばしば，地域から地域へ，都市から都市へと，その居住地を変えるようになった．環境のイメージアビリティが高ければ，かれは新しい環境にたちまちなじむことができるだろう．長い経験を通じて徐々に組み立てるような方法に，われわれはだんだん頼れないようになってきている．都市の環境自体が，技術や機能の変化にともなって，急速に変化しつつあるのである．これらの変化は市民の情緒をかきみだし，そのイメージを解体してしまいがちである．しかしこの章で検討してきたデザインのためのテクニックは，たとえ広範囲な変化が起こりつつある最中にあっても，見てわかりやすい構造と連続感を保つうえで役立つことであろう．たとえば一部のランドマークや，ノードをそのままにしておき，ディストリクトのテーマの単位を新しい構造に持ちこみ，パスを救い出して再び利用したり，一時的に保存しておくなどのことは，できるはずである．

大都市の形態　Metropolitan Form

　われわれの大都市地域の規模は拡大しつつあり，その地域内を行ったり来たりするわれわれの速度も増加しているために，都市の知覚については新しい多くの問題が生じている．大都市地域は今や，われわれの環境の機能上の単位であるので，この機能上の単位がその住民たちにとってのアイデンティティとストラクチャーを持つことが望ましい．これほど大きくて互いに依存し合う地域の中でわれわれが生活できるのは，新しいコミュニケーションの手段のおかげであるが，それ

は同時にわれわれのイメージをわれわれの経験にふさわしいものとすることもできるかもしれない．過去においても，生活の機能的な組立てにたびたびの跳躍があったと同時に，注意力の新しい段階への飛躍もたびたび起こっているのである．

　大都市地域のように広大な地域におけるイメージアビリティとは，決してイメージの強さがその内部のどの地点においても均等であるということを意味しているのではない．その中には特に強力な形態もあり，特に広大な背景，焦点，あるいは特に密接につながったかたまりも含まれているに違いない．しかし，強烈にしろ中位にしろ，どの部分もおそらく鮮明で，全体との関係もはっきりしているだろうと思われる．われわれの考察によれば，大都会のイメージは，高速道路や輸送路や空路，水面や空地などのきめの荒いエッジをもつ大きな地域，大きな商店街，基本的な地形，それに遠方にある大きなランドマーク，などの要素から成り立っているものと考えられる．

　しかし，そのような全体的な地域のためのパターンを構成するとなると，問題はやはりむずかしい．われわれになじみ深いテクニックは2つある．その第1は，その地域全体が静的な体系 hierarchy として構成されることである．たとえば大きなディストリクトが3つのサブ・ディストリクトを含み，それぞれが3つずつのサブ・サブ・ディストリクトを含み，それがまた……というように構成されよう．また体系的な構成のもうひとつの例として，その地域のどの部分にも焦点となるノードがあり，これらの小さなノードはみなひとつの大きなノードに対する衛星のような関係にあり，さらにいくつかの大きなノードが地域における最大のノードを頂点とする，というぐあいに配置されることも考えられる．

　第2のテクニックは，ひとつないし2つの支配的なエレメントを用いることである．そのエレメントに他の小さなエレメントを結びつけるのである．たとえば海岸沿いに住宅地を設けること，基本的なコミュニケーションの背骨に沿った線状の町をデザインすることなどがこれに該当する．また中心部にある丘のような，非常に強力なランドマ

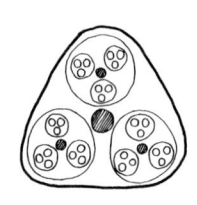

ークを中核として，その他のものを放射的にこれに関係づけることも可能かもしれない．

しかしこれらのテクニックも，大都会における問題を処理するにはどうも十分とはいいかねる．第1の体系的方式は，抽象的にものごとを考えがちなわれわれの習慣に適しているとはいえ，大都会における種々のつながりの自由と複雑さを否定してしまっている．この方式によるとすべての結びつきは，遠回しで概念的な方法でなされなければならない．つまり橋渡し役をする一般的なものが実際の結びつきとほとんど無関係であっても，まずそうした一般的なものを足がかりとし，そのうえで特定のものへ帰ってゆくというぐあいである．これではまるで，やっかいな前後参照システムをひっきりなしに使用する図書館でみられるような，図書館的な調和になってしまう．

また強力で支配的なエレメントに依存する第2の方法は，相互の関係や連続についてより直接的に示しはするが，環境の規模が増大するに従って困難が増してくる．というのは，必要を満たすほど十分に大きく，かつ小さなエレメントのすべてがとにかく密接な関係をもてるほどの"表面積"をもった支配的なエレメントが見出しにくいからである．そのためにはたとえば，大きくしかも曲がりくねっていて，どの住宅地もその流れにかなり近いというような川が必要となってくる．

それでもやはり，これらの方法はいずれも実行可能なものであるので，これらの方法を用いて大きな環境の統一に成功した諸例を検討してみることも有益であろう．それに問題は，空の旅の普及によってふたたび単純になるかもしれない．というのは，これは知覚的な見地からすれば動的というより，むしろ静的な経験であり，大都会をほとんどひと目で見ることのできる機会を提供するものだからである．

だが，われわれが現在，大きな都市地域を体験するしかたについて考えてみると，われわれはもうひとつの組立て方があることに気がつく．それはシークエンスつまり時間的なパターンを用いるものである．これは音楽，演劇，文学，舞踊などにおいてはなじみ深い考え方である．そのため，ある線に沿って存在するものごとのシークエンスの形

態，たとえば都市のハイウェイで人々の目に映るエレメントのつづきぐあいの形態について，想像し研究することは比較的やさしい。このことにさらに注意を払い，適当な手法を用いるとすれば，こうした体験は意味深く，しかも適切な形を持つことができるだろう。

このほかに，可逆性の問題をとりあつかうことも可能である。つまりたいていのパスの上でわれわれは前後の両方向に進むことができるということである。だからエレメントのつながりが，そのどちらの順序でも連続した形態をもたなければならない。それは，中間の地点に関する対称とか，あるいはもっと高度な方法によって達成されるであろう。しかし都市の問題のむずかしさは，それだけではない。シークエンスは可逆であるばかりでなく，その途中の多くの地点でふいに中断されることもあるからである。たとえ，序奏，提示，展開，クライマックス，そして終結と，入念に組み立てられたシークエンスであっても，そのクライマックスの部分へいきなり自動車を運転してはいり込んできた者にとっては，まるで役に立たないかもしれない。してみると，われわれが求めなければならないシークエンスとは，逆転がきくと同時に，中断されてもよいようなシークエンス，つまり雑誌のつづきもののようにどこで切られてもまだ十分なイメージアビリティをもつものであると考えられる。このことは，クラシック音楽のスタート-クライマックス-フィニッシュというような形式ではなく，本質的に終りがなく，しかも連続性をもち，かつ変化に富んでいるジャズのパターンのようなものへと，われわれをみちびくであろう。

これらの考察は，単一の動線に沿う組立てに関するものであるが，次に，都市地域全体は，このようにして組み立てられたシークエンスがたくさんあつまって織りなすネットワークによって組み立てられるだろうと思われる。しかし，この場合に提案する形態は，その中の主要なパスがすべて，どちら向きにも，どこから入っても，エレメント群によって形をととのえられたシークエンスを備えているかどうか検討されたものでなければならない。これはパスが放射状に1個所に集中している場合のように，なにか単純なパターンをもっている場合に

はありそうなことである．だがそのネットワークが，たとえば碁盤の目模様のように拡散し，互いに交わっていると，イメージするのが一層困難となる．なぜならこのような場合には，その地図のいたるところで，シークエンスは4つの異なる方向に作用するからである．これはあるネットワークをカバーする系統式の交通信号システムを調整する問題にも似た難問であるといえるだろう．もっともそれよりはるかに高度なスケールの問題ではあるが．

これらの線に沿って，またはひとつの線から他の線へと，対位法を用いて作曲することすら考えられる．エレメント群がつくり出すひとつのシークエンス あるいは"メロディー"が，相対するシークエンスに対立して演奏されることになろう．だがおそらくこのようなテクニックは，もっと注意深くて批評眼を備えた聴衆がいるような時代にならなければ使えないことであろう．

しかし，形のととのったシークエンスからなるネットワークを用いて構成するというこの動的な方法にしても，まだ理想的であるとはいえないようである．環境は依然として，全体としてではなく，どちらかといえば，互いに干渉し合うことのないように配列されたいくつかの部分（シークエンス）の集合体，としてしか取り扱われていないのである．直観的には，"全体の"パターンをつくり出す方法もあるのではないだろうかと考えられる．それは，連続した体験によって徐々に徐々に感じとられ発展していくようなパターンであり，逆になったりとぎれたりしてもかまわないパターンであろう．そのようなパターンはひとつの全体として感じられはするが，単一の中心とかそれを他から孤立させるような境界を有する，高度に統一化されたパターンである必要はない．その場合に第一に必要なことは，部分から部分へと流れるような連続性があり，どのレベル，どの方向においても相互連絡の存在が感じられることであろう．その中には，それぞれの人にとってとりわけ強く感じられたり，組み立てられたりする特別の部分も含まれているだろうが，その地域全体は切れ目なく連続していて，心の中では，いかなる順序ででも動きまわることができるように思える．そ

ういった地域のことである．しかしこのような可能性は全く投機的なものであり，満足のいく具体的な例はさしあたり思い当たらない．

このようによくまとまった全体のパターンは，もしかするとありえないものなのかもしれない．しかしここにのべた，体系，支配的エレメント，シークエンスのネットワークなどのテクニックは，それでも，大きな地域の組立てに用いられうる可能性をもっている．幸いこれらのテクニックは，今日，別の理由から求められている都市計画的調整の方法以上のものは要求していない．もっともこの方法自体にも研究の余地があるのであるが……．

デザインの過程 The Process of Design

現に存在してその機能を果たしている都市地域ならば，たとえその程度は弱いとしても，なんらかのストラクチャー structure(構造)とアイデンティティ identity(実体)をもっているものである．ジャージー・シティでも全くの混沌状態からはよほど上等な段階にいるが，もしそうでなかったなら，人間に住める筈がないであろう．ほとんどどんな場合でも，やがて強力なイメージとなるような素質は，その現実自体の中に隠されているものである．このことは，ジャージー・シティのパリセーズ(絶壁)や，その半島型の形状，マンハッタンとの関係などを考えてみても明らかである．そこでしばしば問題となるのは，すでに現存する環境を改善する賢い方法，つまりその中の強いイメージを発見して保存し，知覚上の困難を解決すること，とりわけ混乱の中に潜んでいるストラクチャーとアイデンティティとを引き出すことである．

またデザイナーは，大規模な再開発が行なわれる時のように，新しいイメージの創造という問題に直面することもある．この問題は，全く新しい広大な風景を知覚的に組み立てなければならないような，大都市地域の郊外拡張の場合にとくに重要となる．開発が徹底的かつ大規模であるので，自然の特徴はもはやストラクチャーにとっての十分な指針とはなりえない．現在の建設の速度が続く限り，小さな個別の

条件に，形態を徐々に適合させるというような時間的余裕はない．したがってわれわれはこれまで以上に意識的なデザインに頼らなければならない．つまり感覚に訴えやすいものとするために，計画的にわれわれの周囲の世界を操作することに頼らねばならない．これまでにも都市のデザインの例は豊富にありはするが，今後のそれは，全く異なる空間的，時間的な規模で進められなければならないのである．

　このような都市の創造ないし改造は，都市あるいは都市地域のための"視覚プラン Visual Plan"ともいうべきものに沿って行なわれなければならないだろう．そのプランは，都市の規模における視覚的形態に関する勧告とか制限からなるものである．そのようなプランの準備は，まず，付録Bで詳述したテクニックを用いて，現存する形態とパブリック・イメージとを分析することから始まるであろう．この分析をもととして，重要なパブリック・イメージ，視覚的な悪条件と好条件の基本的なもの，決定的なイメージ・エレメントとエレメントの相互関係，さらにそれらの詳細にわたる特質や変化の可能性などを明らかにする図表とレポートとをまとめるのである．

　デザイナーはこのような分析的な背景を用いて，といってもそれに規制されるのではないが，都市の規模での視覚プランを作製することができるであろう．この場合のデザイナーの目標は，公共のイメージを強化することにある．そのプランはランドマークの設置あるいは保存，パスの視覚的な体系化，ディストリクトのためのテーマの単位の確立，あるいはノードの創設や明瞭化などについて規定することになろう．とりわけそれが重点をおくのは，エレメントの相互関係，運動中におけるそれらの認識，完全に目に見える形態としての都市の概念などであろう．

　こうした美的な評価のみにもとづいて大がかりな物理的変化を試みるのは，ごく重要な地点での場合を別とすれば，正しいことではないかもしれない．しかし視覚プランは，他の理由から必要となる物理的変化のありかたに対しても影響を及ぼすことができよう．このようなプランは，地域のためのその他いろいろな計画のすべてと調和して，

総合計画にとって当り前で欠くことのできない部分となっていなければならない．そして総合的な計画の他の部分がそうであるように，視覚プラン自体も，休みなく修正され，発展してゆくのである．

都市に視覚的形態を与えるために行なわれる統制は，区域のおおよその分割，民間のデザインに対する助言や説得などから重大な地点についての厳重な規定，またハイウェイや官庁の建物などの公共施設の積極的な設計にいたるものであろう．このようなテクニックはだいたいにおいて，他の計画目標を達成するために用いられている統制方法とあまりちがわない．しかし，問題を理解してさらにそれに必要なデザインの技術を発達させることは，おそらく必要な権限を得ること以上に困難であるかもしれない．必要な権限は，目的が明らかになりさえすれば入手しやすいものである．影響力の大きい統制が正当化されるに先立ってなされるべきことがたくさんあるのである．

このようなプランの最終目標は，物理的形態そのものではなく，心の中に描かれるイメージの質にある．だから，観察者を訓練して，彼に自分の住む都市をよく見ること，その多様な形態に注目して，それらがどのように互いにかみ合っているのかを観察すること，などを教えることによってイメージを改良するのも同様に有益であろう．市民を街頭に連れ出して教育することもできるだろうし，学校や大学での授業にそのような課目を組み込むこともできようし，その都市全体をわれわれの社会および希望についての生きた博物館とすることもできるだろう．このような教育は，都市のイメージを育てるためばかりでなく，変動によってかきみだされた人々の心を，再び環境に適応させるためにも用いられうるだろう．都市デザインという芸術には，知識と批評眼をもった聴衆が必要なのである．教育と物理的な改造のそれぞれは，連続した過程の中の部分となっているのである．

観察者の注意力を高め，その経験を豊かにしてやることは，形態を与えようとする単なる努力そのものがもたらすことのできる価値の一端である．改造の結果どんな不細工な形態ができあがろうとも，イメージアビリティを改善するために都市を改造する過程そのものが，あ

る程度イメージの鮮明化に役立つかもしれない．日曜画家がかれの周囲の世界に目を向けるようになるのも，また新米の装飾家が彼女の自宅の居間を自慢し，他人のものを批判するようになるのも，みなこうした理由からである．このような過程は，もし制御と判断とを次第に増強してやらないと，やがて無意味なものになってしまうかもしれないが，しかしたとえどんなに不器用なものであっても，都市の"美化"ということ自体が，市民のエネルギーと結合力を増強するのに役立つかもしれないのである．

V.

新しいスケール

　第1章でわれわれは都市の知覚の特殊性についてのべ，そのため都市のデザインという芸術は，他の芸術とは本質的に異なっていなければならないと結論した．また，都市を享楽し，利用するためには，環境のイメージの鮮明さと一貫性が決定的な条件であるとしてとりあげた．

　このイメージとは，観察者と観察されるものとの間の往復過程の所産であって，その過程の中では，デザイナーが操作できるものである外的な物理的形態が大きな役割を果たしている．都市のイメージがもつ5つのエレメントが分類され，それぞれのエレメントの特質および相互関係についても詳細に検討された．この論文で用いたデータの多くは，3つのアメリカ都市の中心部でおこなった形態およびパブリック・イメージについての分析から引用された．これらの分析を通じて，イメージアビリティについての現地踏査やインタビューの方法が改善されていった．

　われわれの作業対象の大部分は個々のエレメントのアイデンティティとストラクチャー，および小さな複合体の内部においてそれらのエレメントがつくり出すパターンに限られてはいたが，目標としたのは，全体的なパターンとみなされるような都市の形態の創造であった．大

都市地域全体をカバーする鮮明で総括的なイメージは，将来の都市にとって基本的な必要条件である．もしそうしたイメージがつくり出されれば，それは都市における体験を，現代の機能単位にふさわしい新たな次元にまで引き上げるだろう．そしてこのような規模でのイメージの組立てには，全く新しいデザイン上の諸問題がからんでくる．

　規模が大きくてイメージアビリティの高い環境は，今日ではまれである．しかし現代の生活の空間的な構成や，運動の速度や，新しい建設の速度と規模などのすべてが，そのような環境を意識的なデザインによって作り出すことを可能にし，しかも必要としている．初歩的な方法ではあるが，われわれの研究は，この新しい種類のデザインへのひとつのアプローチを示している．われわれの命題は，大きな都市環境も，感覚に訴えやすい形態をもつことができるという点にある．このような形態をデザインすることは現在ではほとんど試みられていない．全体的な問題は，無視されるか，あるいは建築学や配置計画の原則を断片的にとり入れるだけのことに格下げされてしまっているのである．

　都市または大都市の形態が，なにか巨大な，層をなした秩序を表現するものでないことは明らかである．それは連続性をもち，全体としてまとまっていながら，入りくんでいて流動的な，複雑なパターンであろう．それは，何千もの市民の知覚的な習慣に対して柔軟で機能や意味の変化に対して開放的で，新しいイメージの形成を受け入れるものでもなければならない．それを見る人々を新しい世界探検へと誘うようなものでなければならないのである．

　われわれは，たんによく組み立てられたというだけの環境ではなく，詩的で，象徴的でもある環境を必要としている．それはそこに住む人々やかれらの複雑な社会をはじめ，かれらの願望，歴史的な伝統，自然の背景，そして都市世界がもつ複雑な機能や運動などのすべてを表現するものでなければならない．しかしストラクチャーの明晰さとアイデンティティの鮮明さこそ，強力なシンボルを育てるための，第一歩である．都市は目立った，しかもよくまとまった場所に見えること

によってはじめて，これらの意味や連想を分類し，編制するための舞台となりうるのである．このような場所という感じそのものが，そこでおこなわれるすべての人間活動を活発にし，記憶にとどめられるものを増すのである．

　生活の強烈さと，全然異なる人々がぎっしりつまっていることのために，巨大な都市は，象徴的なディテールに満ちた，ロマンチックな場所となっている．このような都市はわれわれにとっては立派であると同時に恐るべきものでもあり，フラナガンの言葉を借りれば"われわれの混乱状態を表わした風景"なのである[21]．だがもしそれが本当に見てわかる，視覚的な都市であるならば，そうした恐怖感や混乱状態は，その景色の豊かさと力とがもたらすよろこびに置き換えられてしまうかもしれない．

　イメージの発展にとって，見られるものを造り直すことばかりでなく，見るための教育をおこなうことも非常に重要である．実に，この両者は，円の過程，あるいはらせんの過程をつくりあげることも期待できるのである．つまり視覚的な教育によって市民は視覚的世界に生きるようにしむけられ，その結果かれらは従来よりも鋭敏にものごとを見てとるようになるのである．都市のデザインの芸術が高度に発展するかどうかは，批判力をもつ注意深い聴衆が誕生するかどうかにかかっている．もし芸術と聴衆がともに成長するならば，われわれの都市はそのときこそ，その数百万の住民の毎日の生活を楽しくする源泉となることができるだろう．

付　　録

A.
オリエンテーション
に関して

　環境のイメージについては，古今の文学作品，旅行記，探検記，新聞記事，心理学や人類学の研究論文などといったいろいろな分野において言及されている．それらの記述は広く分散してはいるが，その数はかなり多く，示唆に富んでいる．それらにざっと目を通しているうちに，われわれは環境のイメージがどのようにつくられ，どんな特徴をもち，われわれの生活において社会的，心理的，審美的および実際的にどんな役割を果たすかについて，何かを学びとることができるであろう．

　たとえば人類学者たちが書いたものを読んでみると，原始人はたいてい自分が住んでいる土地の風景に深い愛着を感じていて，あまり重要でない部分さえも見分けて，それらに名前をつけているらしいということがわかる．人の住まないような土地においてさえたくさんの地名がつけられていること，また彼らの地理的興味は異常な程強いということも指摘されている．環境は原始文化にとって欠くことのできない要素であり，人々は自分の周囲の景色と調和しながら，働き，創造し，遊ぶのである．かれらはたいてい，まるでその環境と自分自身が一体であるかのように感じていて，その土地を去ることを好まない．かれらの不確実な世界においては，それこそが連続性と安定を象徴し

ているからである[4, 38, 55, 62]．サンタ・クルーズ Santa Cruz 諸島のティコピア Tikopia の住民は次のように語っている．

「土地は残るが人間は死ぬのだ．人間は衰えて，地の下に埋められてしまう．われわれはほんのわずかの間しか生きないのに，土地はいつまでも，そこにあるのだ[19]．」

これらの環境は非常に意味深いばかりでなく，そのイメージが鮮明なのである．

聖地の中には，人々の注意を強く引きつけ，各部分が微細に区別され，そのうちの多くの部分に名前がついているというほどに，非常に密度の高いものがある．文化と宗教の長い歴史がしみ込んでいるアテネのアクロポリスは，小さな部分に明確に区分され，そのひとつひとつの部分に，そしてひとつひとつの石にまで，神々の名前が与えられていた．このことは新しくつくり直すことを極度にむずかしくしていた．中央オーストラリアのマクドネル MacDonnell 山脈にあるエミリー峡谷 Emily Gap という長さ 100 ヤード，幅 30 ヤードほどの小さな峡谷は，原住民にとっては，伝説がまつわるたくさんの場所の陳列館さながらである[72]．ティコピア島では，森の中に切り開かれたマラェ Marae と呼ばれる神聖な空地が，年に1回の儀式のためのみに用いられていた．これは小さな長方形であったが，その中には，固有の名称をもつ場所が20以上も含まれていた[19]．より進んだ文化においては，イランのマシュハッド Meshed やチベットのラサ Lhasa のように，その都市全体が神聖味を帯びている場合もある[16, 68]．これらの都市には，名称や思い出，独特な形態，神聖な場所などが一杯につまっているのである．

われわれが抱く環境のイメージは，現在でもわれわれの生活に欠かせぬ基本的なものであることに変わりはない．しかし大多数の人々のイメージの鮮明さとかくわしさは，従来よりはるかに減ってきているようである．C. S. ルイスは最近あらわした空想小説の中で，ある女性の意識の中にはいりこんで，彼女が外界について抱くイメージの中を動きまわるさまを想像して描いている[43]．その中には灰色の光が

満ちている．だが，空と呼べそうなものは見つからない．何かぼんやりした，きたない緑色の，どろどろしたしずくのような，わけのわからないものが見える．彼はじっと目をこらす．そしてやっとそれがにせものの木々であることがわかる．その下には，どんよりとした草色の，なにか柔かなものがあるが，草にしてはひとつひとつの葉がみえない．そして近よって見ようとすればするほど，何もかもぼんやりして，よごれて見えるのである．

　環境のイメージの本来の役目は，目的をもった動きを可能にすることにある．原始的な部族にとっては，正確な地図のあるなしは生死を決めるものであり，このことはたとえば，4年間の旱魃のため祖先の土地を追われた中部オーストラリアのルリッチャ Luritcha 族が，長老たちが道筋を正確に記憶していたおかげで生きのびられた，という例にも示されている[55]．この長老たちは，昔の経験およびかれらの祖先たちの教えのおかげで，彼らを砂漠から安全地帯へと導き出す小さな水たまりのひとつづきについて知っていたのである．南洋の船乗りは，星や潮流や海水の色などを見分ける能力が，どんなに価値のあるものであるかをよく知っている．なぜなら，豆粒のような小さな島をめざして漕ぎ出すやいなや死の冒険が始まっているからである．この種の知識があってこそ移動は可能となり，それがよりよい生活水準をももたらすこととなるのだ．カロリン群島に属するプルワット Puluwat 島に，航海術を教える有名な学校があったのもそのためである．プルワット島の住民はこうして航海が巧みであったため海賊となり，遠くの島々をも荒し回ったものであった．

　このような特殊技能は今日ではあまり必要でないように考えられるかもしれないが，脳障害のために環境を組み立てる能力を失ってしまった人々のことを考えてみれば，この問題をちがった角度から見ることになる[15, 47, 51]．かれらは道理をわきまえて話すことも考えることもできるし，さほどの困難もなく事物をそれと見てとることさえできる．だが，かれらには，各種のイメージを関連性のあるひとつのシステムに組み立てることができないのだ．こうした人々は，いったん

自分自身の部屋を出てしまうと，二度とその部屋を発見することができず，だれかに連れ戻されるか，または偶然に見慣れたディテールにでくわすまでは，あてどもなくさまよい歩かねばならないのである．目的をもつ動きは，特殊なディテールが接近して連続していて，次のディテールがつねにその前のランドマークの周辺に含まれる，というぐあいのシークエンス（継起的連続）を克明に覚えている場合にだけ可能となる．一般の人々にはたくさんのものの前後関係によって見分けられている場所が，彼らにはなにか特殊な独立したシンボルによってのみ見分けられるようである．小さな記号を頼りとして部屋を見分ける人もいるし，市街電車の番号からその街路を見分ける人もいる．シンボルがいたずらに変更されると，かれは道に迷ってしまうのだ．このような状態は，われわれが不案内な都市の中を動きまわる場合のそれと奇妙なほど似通っている．しかし脳障害の人々はつねにこの状態からのがれられないのであって，実際的にも感情的にも，問題は明らかに重大である．

　道に迷ったときにわれわれが恐怖感を感じるのは，移動性をもつ生物はその環境に適応していなければならないという必要があるからである．ジャカール Jaccard は，あるアフリカ原住民たちが方向を見失った時のことについて報告している[37]．かれらは恐怖に襲われ，茂みの中へ気が狂ったように飛びこんでいったということである．またウィトキン Witkin[81]は，飛行中に上下の判断がつかなくなったあるベテラン操縦士について述べ，その操縦士があんなに恐ろしい経験をしたことはないと語ったと報告している．その他のたくさんの作家達が[5, 52, 76]，現代の都市において一時的に方向感覚が失われる現象について述べているが，それには困惑感が伴うと言っている．ビネー Binet（フランスの心理学者）によると，ある男はパリからリヨンに来る時にはいつも決まった駅で降りることにしていたが，それはあまり便利な来かたとはいえなかった．それなのにここで降りていたのは，リヨンの中でパリに近いのはこの方面だというかれの（誤った）イメージには，それがぴったりしているからであった[5]．もうひとりの男

は，ある小さな町に滞在していた間中，軽い目まいを感じていたが，これはあやまった方向感覚を持ちつづけていたからである．最初に不正確に環境を組み立ててしまうと，それに固執してなかなか直せないので不愉快だということは，多くの文献で立証されている[23]．だがこれに対し，ブラウン Brown によると，非常に人工的でかつ一見無性格な実験室の迷路において，人々は荒削りの板のような単純なランドマークにさえも，それを見慣れたという理由で愛着を感じるようになったということである[8]．

道を見つけることは，環境のイメージの本来の機能であり，それはまた感情的な連想が生まれる根拠ともなる．しかしイメージは，動きの方向を示す地図の役割を果たすという，この直接的な意味においてのみ価値があるのではない．それはもっと広い意味では，人々がその中で行動できるような，あるいはそれに知識をとりつけることができるような，一般的な準拠標として役立つものである．このように，イメージはいわば信仰の対象とか，社会的慣習の舞台装置のようなものであるといえる．それは事実と可能性のオーガナイザーなのである．

目立った風景が，別のグループまたは象徴的な場所の存在をまさに示していることがある．マリノフスキー Malinowski はニューギニア沖のトロブリアンド Trobriand 群島における農業について論じているが，その中でジャングルの茂みや空地の上にそびえる木立について述べ，これらの木立が村のありかを示し，あるいはタブー視されている樹木のありかを指している，と語っている[46]．同様に，ベネチアの平野部のいたるところで，高い鐘楼が町のありかを明らかにしているし，アメリカの中西部では，大きな穀物倉庫が，部落の位置を示しているのである．

環境のイメージはさらに発展して，人々の活動のオーガナイザーとなることもある．たとえばティコピア島では，人々が日々の仕事のために往き来する小道の途中に，いくつかの伝統的な休み場があったが[19]，このような場所は毎日の"通勤"に形態を与えていたのである．この島の聖地マラエは，名称を持つたくさんの部分からなる小さな空

地であるが，それらの部分の区別の厳密さが，複雑に組み立てられた儀式にとって欠くことのできない特徴となっていた．中部オーストラリア原住民の間では，伝説に登場する英雄たちはある特定の"まぼろしの"道を歩んだとされているので，風景のイメージの中でもこれらの道筋が強力な構成要素となっており，原住民たちはそのような道を歩むとき身の安全を覚えるのである[53]．またプラトリーニ Pratolini はその自伝的な小説の中で，かわった人々のことを語っている．彼らは毎日，フィレンツェ市内の破壊しつくされて何もない区域の中の，もはや存在しない架空の道をたどって通いつづけているのである[56]．

環境を識別し，組み立てることは，ときには，知識を整理する基礎となることもある．ラットレー Rattray は，ガーナのアシャンティ Ashanti 地方のまじない師たちが，森の中にあるすべての植物，動物，昆虫の名を知り，それぞれの霊的な特性を理解しようと努力していたということを，大いに感心しながら語っている．かれらは，複雑でいつも展開している文書として森を"読みとる"ことができるのであった[61]．

風景はまた，社会的な役割も果たすものである．固有の名がついていて，だれにでもよく知られている環境は，集団を結びつけて相互間の意思伝達を可能にする共通な思い出とかシンボルの材料を提供している．景色は，集団の歴史や理想を維持するための巨大な記憶法としての役目も果たすものである．ポルテュース Porteus によると，オーストラリアのアルンタ Arunta 族は，非常に長い伝来の物語を繰り返すことができるが，これはかれらが特別の記憶能力をもっているからではなくて，この地方のあらゆる細部が神話のどれかの手がかりになっていて，どの場面もかれらが共有する文化についての記憶を呼び起こしてくれるからである[55]．モーリス・ハルブワックス Maurice Halbwachs は今日のパリに関してこれと同じことを指摘し，パリ市民たちの共通な思い出となる常に変わらぬ物理的な景観には，かれらをひとつに結びつけ，かれら相互間の意思伝達を可能にする強い効果があると述べている[34]．

風景を象徴的に組み立てることは，恐怖感をやわらげ，人間と環境全体との間に，感情的に安定した関係を樹立するのに役立つかもしれない．中部オーストラリアのルリッチャ族にかんする次のような引用文がその点を説明している．

「不思議な事物をいろいろ目にしたことがある白人の想像力をも畏敬させるほど，巨大で珍しい形をしたこれらの岩のかげで生まれたルリッチャ族の子供たちにとっては，これらの岩をかれら一族の歴史になぞらえている伝説は，大きななぐさみであるにちがいない．もしこれらのそびえたつ大岩が，彼らの祖先の魂のさすらいの印にほかならないのならば，岩と子供達の間には親密な関係が生まれるだろう．伝説や神話は，長い夜をすごすための物語以上のものであり，野蛮人達が恐ろしいものや見知らぬものへのおそれに対して，身を守るための手段のひとつなのである．原始人の心はもともと，さびしさの産物である恐怖心によって苦しめられているので，かれに対して敵意はもたないにせよ巨大で冷淡なこの大自然の最もきわだった部分が，こぞってかれの部族の歴史を記念していて，しかも魔法を使いさえすればかれの思うままになるのだ，という考えに彼がとりすがっているとしても，それは驚くにはあたらないのである[55]．」

それほど寂しくも恐ろしくもない情況においてさえ，見覚えのある風景は，快い親和感ないしは適切感をもたらすものである．ネツィリク・エスキモー Netsilik Eskimo はこの使い古した考えについて，かれらなりに"自分の持物のにおいに囲まれること"という独特な言い方をしている．

事実，環境に名称がつけられたり分類されたりすると，それは生き生きとしたものとなり，それによって人間の経験の深さと詩情が増すのである．チベットの峠には"禿鷲の窮境"とか"鉄の短剣の峠"などと名づけられたものがあるが，これらは非常にうまく描写されているばかりでなく，チベット文化の一端の詩的なあらわれだと思われる[3]．ある人類学者はアルンタの風景について次のように述べている．

「経験のない人には，神話がいかになまなましい現実性を持っているか分かるものではない．われわれが通過した地方は，見たところは一面のマルガのやぶの中にゴムの小川が2,3本，高い丘や低い丘があちこちに，あるいはいくつかの開けた野原があったりするだけのようであったが，土着の歴史のために，ここの風景には活気がみなぎっていたのである．……これらの物語があまりにも真に迫っているので，調査員は，まるでここが人の住むにぎやかな地域である様な，そして人々が急ぎ足で往ったり来たりしているような，感じさえ受けるのである[54]．」

今日われわれが環境について述べる場合には，座標とか，番号で区別するシステムとか，抽象的な名称などのより組織化された方法を用いているが，それらは往々にしてこのような生き生きとした具体性やまぎれのない形態といった特質を欠いている[40]．ヴォール Wohl とシュトラウス Strauss は，自分たちが住む都市についての印象を組織化するために，そしてまた日常の活動を円滑に営むために，その都市を手短かに象徴するシンボルを発見しようとして努力する人々の例を多数あげている[82]．

イメージをそそる環境とはどんなものであり，どんな価値をもっているかについては，プルーストの"スワン家の方へ"の中で，コンブレイの町にある教会の尖塔にかんする感動的な描写によく表現されている．プルーストは少年時代に，この町でよく夏を過したのであった．この一片の景色は町を象徴し，その場所を明らかにしているばかりでなく，町の人々の毎日の活動のすべてに深くしみこんでいる．そしてその姿はプルーストの頭の中にもまるで幻影のようにいつまでも残っていて，かれは後年になっても，それを捜し求め続けるのである．

「町の人はいつでも，必ずこの尖塔へと舞い戻ってくるのだった．その他すべてのものを支配していたのは，町の家々の頭上に忽然とそびえ立ち，それらを象徴している，この尖塔にほかならなかった[57]．」

レファレンス・システムの種類 Types of Reference Systems

　これらのイメージの組立て方はいろいろに異なるであろう．まず，さまざまな特徴の位置や関係に言及するために，抽象的でかつ一般化されたレファレンス(言及，指示)・システムを用いる方法が考えられる．このシステムには論理的なものもあれば，どちらかと言えば習慣的なものも含まれる．シベリアのチャクチーChukchee族は，22の方角を区別しているが，それらは3次元にわたっていて太陽に結びつけられている．そのうちの，天頂，天底，真夜中(北)，真昼(南)は固定しており，残る18の方角は，昼間または夜間における太陽の位置によって決定されるので，季節に応じて変化するのである．このシステムは，すべての寝室の向きを決めるのに非常に重要である[6]．一方，西太平洋のミクロネシアの船乗りたちは正確な方角のシステムを用いていたが，これは相称的なものではなく，星座や島の方角などにもとづいてつくられたもので，その方角の数は28から30程度まで，いろいろであった[18]．

　これに対し，中国北部の平原地帯で用いられているシステムは全く厳密なもので，北は黒と悪に等しく，南は赤，喜び，生命そして太陽に等しいというぐあいに，深い魔術的な意味合いを持つものである．宗教的な物体や恒久的な建造物の配置が，すべてこのシステムによって厳密に統制されるのである．事実，中国人の発明にかかる"南を指す針"の主な目的は海上での航行に用いることではなく，建物の方位を示すことにあったのである．このシステムは非常に普及していて，この平らな土地に住む村人たちは，われわれにとって自然である右や左などの区別を用いず，北や南といった方位を使って道を教えるほどである．この組立てorganizationのシステムは，個人を中心にして動いたり変化したりするものではなく，固定した普遍的なもので，個々の人間には無関係なのである[80]．

　オーストラリアのアルンタ族は，なにかを指して言う場合には，つねに話し手に関してのその大体の距離と方向，それによく見えるか見

えないかといった可視性とを挙げている。一方，アメリカでは，ある地理学者があるとき，東西南北の4つの基本方位にもとづく方向づけの必要を提唱する論文を発表したところ，都市内部の目立った特徴にもとづいて方位を知ることに慣れている多くの都市住民にとっては，そんな必要は全くないということを聴衆から逆に教えられて驚いたという話がある。実はこの学者自身は，遠くに山々のみえる，広々とした土地で育ったのであった[52]。またエスキモーやサハラ砂漠の住民たちが一定の方位を知るのは，天体の位置などによるのではなく，主に吹く風の向きとか，その風によって砂や雪がつくりだす形によっているのである[37]。

アフリカでは，抽象的かつ不変なものではなく，むしろ自分たちの領地を指す方角が基本になっているところがある。その例としてジャカール Jaccard は，いくつかの部族がいっしょに野宿したとき，どの部族も無意識のうちに，それぞれの領地の方を向いた扇形をつくるようにして集合したということを記している[37]。かれはまた，見知らぬ都市を次々と回って商売をするフランス人の委託販売員の例もあげている。かれらは自分たちは名称とかランドマークなどにはほとんど注意を払わないで，ただ鉄道の駅へ戻るにはどの方角へ行けばよいかだけを常に記憶していて，仕事が終り次第，まっすぐにその駅をめざすのですと主張している。またオーストラリアでみられる土を盛り上げた墓は，埋葬される人のトーテムの中心，または聖霊の家の方向を向いた形でつくられているが，これもその一例である[72]。

ティコピア島では，これらとはまた異なったシステムが用いられている。つまり普遍的でも自己中心的でもなく，ある基本点に方向づけられるものでもなく，その風景の中の特定なエッジに結びつけられるものである。小さなこの島では，たいていどこからでも海が見え，波の音が聞えているので，島の住民はおよそ空間的にものを言う時にはいつでも"山側"とか"海側"といった表現を用いるのである。家の中の床の上にある斧の場所を示すのにもこのいい方が使われているし，ファース Firth は，ある男が別の男に「お前の海側のほっぺたに泥が

ついているよ」と話すのを耳にしたと報告している．海が見えないような大きな陸地のことを彼らが想像もできないほど，このレファレンスのパターンは強力である．村々は海岸にそって1列に並んでいるので，道を教える場合にも昔から"次の村"とか次の次の村とか次の次の次の村というような言い方があるだけである．これは言及するのが容易な，1次元的な連続である[19]．

　環境が，全体的な方位のシステムではなく，あらゆるものがそれを"指す"と考えられる，ひとつないしそれ以上の強い焦点によって組み立てられることもある．イランのマシュハッドでは，中央の寺院の近くにあるものすべてに，その境内の塵にいたるまで，極度の神聖さが与えられている．この都市の入口には小高い場所があり，旅行者はここでこの寺院をはじめて目にするのであるが，そのためにこの場所そのものも重視されている．また，市内ではこの寺院に通じる通りを横切るたびに頭を下げるのが礼儀とされている．この神聖な焦点がその周辺の地域一帯に極性を与え，それらを組織化しているのである[16]．これは，ローマ・カトリック教会の中で，祭壇の軸を横切るさいにひざまずく習慣があることと同じである．この軸は教会内部に方向性を与えているのである．

　フィレンツェも，かの偉大なる時代には，このような方法で組み立てられていた．当時，ある場所を示して言う場合には"キャンティ canti"つまり涼み廊下，燈火，紋章，礼拝堂，身分の高い人々の住居，重要な商店，とくに薬局，などの焦点に照らし合わせていた．こうした焦点の名称がそれぞれの街路の名称となるにいたったのは後のことであり，1785年になるとこれらの街路名が正式に定められ，道標が立てられた．1808年に，家に番号をつける制度が採用され，それいらいこの都市は，パスによって組み立てられるものへと変化したのである[11]．

　古い都市においては，ディストリクトをもとにしてイメージしたり言及したりするのが普通であった．人々の居住地やその人口が比較的安定していて，それぞれが孤立して，特色を持っていたからである．

帝政ローマでは住所を教えるときには，細かく区切られた地域の名をあげることしかしなかった．おそらくこのような地域に行きさえすれば，あとはそこに住む人々に聞きながら，目的地にたどりつくことができたのであろう[35]．

風景は動線によって構成されることもある．オーストラリアのアルンタ族の場合，領地全体が，たくさんの孤立したトーテムの"国"あるいは氏族の所有地を結びつける架空の道路網によって，魔術的に組み立てられている．それぞれの国の間は住む人のない荒地になっている．トーテム信仰の対象がおさめられている神聖な倉庫への正しい道はひとつしかないのが普通であり，ピンク Pink によると，かれのガイドの1人は，ある神聖な場所へ正しい方法で近づこうとして，たいへんな回り道をしたとのことである[54]．

ジャカールは，サハラ砂漠のある有名なアラブ人ガイドについて語っている．彼は砂漠のどんなにかすかな道すじでもたどることができた．彼にとっては砂漠全体がパスのネットワークだったのである．そのかれがあるとき，さえぎるものの何もない砂漠のかなたに目的地がありありと見えているのにもかかわらず，ほとんど何の印もない曲がりくねりつづける道を，一生懸命にたどりつづけていた．嵐や蜃気楼のために遠くに見えるランドマークはあてにならないことが多いので，このような方法にたよるのが習慣になっていたのである[37]．また別の作家は，サハラのメジベッド Medjbed について書いている．これは何もない土地の中を水たまりから水たまりへと数百キロメートルもつづいている，隊商のための大陸横断道路であるが，その交差地点には石が積んであって道しるべになっている．その道を踏みはずすことは死を意味するかもしれないのである．この著者によれば，この道は神聖といってもよいほどの強い性格をもつようになっていた[24]．次にこれとは景色が全くちがうアフリカの森でのことだが，全く足を踏み入れられそうもないように見える，もつれた茂みの中を，象の通る道がぬけているので，原住民はちょうどわれわれが都市の街路を覚えて通行するのと同じように，これらの象の道を覚え，通行しているの

である[37].

　プルーストはベネチアについての描写の中で，パスによるレファレンス・システムがどのような感動をもたらすかを，次のように生き生きと表現している．

　「私を乗せたゴンドラは小さな運河をすすんで行った．運河は，私が進むにつれて，この東方の町の迷路の中を導いてくれる魔神の手のように，私のためにこのこみ合った地域の真中を断ち割って道を切り開いてくれるような感じだった．ムーア風の小窓のある高い家並は，気ままに刻みつけられたほそい裂け目によってかろうじて分けられて行った．そして，まるで魔法の案内人が手にろうそくをかざして，私のために道を照らしてくれるかのように，行く手にはいつも一筋の日光がさし込んでいるのだった．この光を受け入れるために，道が開かれていくようなものだった[58]．」

　またブラウンは，被験者たちに目隠しをして迷路を歩かせる実験をおこなって，このような非常に限定された状況においても，人々は少なくとも，3つの異なる種類のオリエンテーションの方法を用いているらしいということを発見した．そのひとつは，動きのシークエンスを記憶することであるが，これは正しい順序どおりでないと，たいていは再現しにくいものである．次は，特定の場所をそれと認めるのに役立つひとそろいのランドマーク(荒削りの板，音源，暖かみを感じさせる日の光など)を用いること，もうひとつは，その室内空間において，全体的な方向感を持つこと(たとえば，その迷路での運動を，大体においては部屋の4側面に沿った運動で，そのほかに部屋の内部へ向かってそれる運動が2回あるだけだ，とイメージすること)であった[8].

イメージの形成　Formation of the Image

　環境のイメージの創造とは，観察者と観察されるものとの相互作用である．彼がなにを見るかはその外形によって決定されるが，それをどのように解釈し，組み立て，注意を向けるかということが，今度は，

彼が見るものに影響を及ぼすのである．人間という有機体は非常に適応性に満ち，柔軟であるので，同じ外面的な現実についてもグループが異なれば，かけ離れて異なるイメージがもたれるものである．

サピル Sapir (アメリカの人類学者) は，南部インディアンのパイウテ Paiute 族の言語から，注意の向け方が一定でないということについてのおもしろい実例をあげている．かれらの言語には，"尾根に囲まれた山の中にある小さな平地" とか，"日の光を受けている峡谷の壁" とか，"いくつかの小さな丘の峰が交わってなだらかに起伏している土地" といった厳密な地形上の特徴をひとことであらわす単語が含まれているのである．準乾燥地帯では，場所を明確に表現するためには，地形をこのように正確に示すことが必要なのだ．サピルはまた，インディアンの通常の言語には，英語の"雑草"にあたる総括的な言葉がないが，その代りに，食物でもまた薬品でもあるこれらの草に，それぞれ独自の名前がつけられていて，どの種類についても，それが生であるか料理したものであるかをはじめ，色や成長の度合いなどが，明らかに区別されていることを指摘している．これは英語で子牛，雌牛，雄牛，子牛の肉と牛肉などを区別するのと同じである．だが一方，同じくサピルによると，インディアンの中には，太陽も月も同じことばであらわす部族もあるのである！[66]．

アリュート族の言葉には，かれらをとりまく風景の中の垂直成分の大きなもの，つまり山脈とか頂とか，火山などにあたるものがない．ところが，小川でも細流でも池でも，それが水平な水の特徴に関するものであれば，どんなに小さくても固有の名前がつけられているのである．これはたぶん，これらの小さな水路がかれらの移動にとって欠かせぬ要素となっているからであろう[26]．ネツィリク・エスキモーの関心もまた，水の特徴にくぎづけにされているようである．ラスムッセン Rasmussen (デンマークの北極探検家) のために土着民が描いた12枚の地図には，合計532の地名が示されているが，そのうちの498は島，海岸，湾，半島，湖水，小川，浅瀬などを示すものである．丘や山をさす地名は16だけで，岩，峡谷，湿地，部落のある場所に

かんするものは，わずか18にすぎない[60]．またユンYungは，老練なある地質学者が，露出した岩が物語る地質学的なパターンを見てとることができたので，霧の深いアルプス地方を迷わずに歩き回ることができたというおもしろい例をあげている[83]．

　これはむしろ珍しい例であるが，注意を集めているもうひとつの領域は，空の反射である．ステファンソンStefánsson(アメリカの北極探検家)によると，北極地方では，一様の色をした雲が低くたれこめていて，それが地上の地図を反射している．この雲は，下に海があるときは黒く，氷海があれば白く，汚れた氷原の上ではいくらか暗いというぐあいにいろいろに変わって見える．このことはランドマークが水平線下にかくれているままで広い湾を横断するような場合にとても役に立つ[73]．このような空の反射は南洋でも一般に利用されており，それによってたんに水平線の下にある島の位置を知るばかりでなく，反射の色や形によって，それがどの島であるかを知ることさえできるのである．オリエンテーションに用いられる形態がいかに広範囲におよぶものであるかは，ギャティGattyがこのほど著わした航海術にかんする著作を一読すればわかることであろう[23]．

　以上のべたような文化のちがいは，注意を引きつける特徴のちがいのみならず，それらを組み立てる方法のちがいにまで及んでいる．アリューシャン列島という総称的な名称は土着の言葉ではないが，これはアリュート族が，われわれには明らかにひとつながりに見えるものを，そうとは考えないからである[17]．またアルンタ族は，われわれとは全く違う方法で星を分類し，明かるい星と近い星はちがうグループに入れる一方，かすかに光る星と遠い星は同じに扱うことがしばしばである[45]．

　そのうえ，われわれの知覚のメカニズムは非常に適応性に富んでいるので，風景の中の一部分を見分けることや，重要なディテールを感じとってそれに意味を与えることは，いかなる人間の集団にも可能である．このことは，たとえその世界が，外部の観察者にとっていかに区別のつけにくいものであっても同じである．オーストラリアの景色

の一部をなす灰色のマルガのはてしない茂みでも，陸と海の区別さえつかないような雪におおわれたエスキモーの平地でも，霧が濃くて風向きの変わりやすいアリューシャンでも，ポリネシアの船乗りたちの"道のない"大海原でも同じである。

2つの原始的な集団が，方向探知と地理の学問を発展させた。これが西洋の地図作製の技術に屈服したのは最近になってからである。これはエスキモーと，南洋の船乗りたちのことである。エスキモーは役に立つ地図を自由自在に描くことができる。それは時には一方向が400マイルから500マイルにも及ぶものである。すでにできている地図を前もって見ておかずに，このような芸当をやってのけられる民族は，ほかにはまずいないことであろう。

これと同様に太平洋のカロリン諸島の老練な船乗りたちは，航海の方向を決めるために精巧なシステムを用いていた。これは星座や島々の位置，風向き，潮流，太陽の位置，波の向きなどに綿密に結びつけられたものである[18, 44]。アレーゴ Arago の記述によると，ある有名な舵手があるとき，かれのためにとうもろこしの粒を並べて群島に含まれているすべての島を表わして見せ，それらの相対的位置を示し，それぞれの名前を言うとともに，どの島にはどう行けばよいか，どの島ではなにがとれるかなどのことを教えてくれたという。しかもこの群島は，東西約1500マイルにわたって細長く続いているものなのである！　この船乗りはそのうえ竹を使って羅針盤をつくり，かれがたよりにしている卓越風や星座，潮流などを示してみせたのであった。

このような抽象的な能力と知覚的な注意力の勝利をもたらした2つの文化には，2つのことが共通していた。第1に，雪または海というかれらの環境は本来特徴に乏しく，ごく微妙な区別しかつけにくいものであったし，第2には，どちらのグループも常に移動していなければならなかったということである。エスキモーは生きのびるためには，季節が変わるたびに，あるタイプの狩猟をやめて別のタイプの狩猟をするために，旅をしなければならなかった。南洋の指折りの船乗りたちは，土地の肥えた高い島の出身ではなく，自然の資源が乏しくてい

つも飢えの危険にさらされているような，小さな低い島の出身者であった．広漠たるサハラ砂漠に住む遊牧民のトゥアレグ Touareg 族も同じような集団で，ほとんどそっくりの能力をもっている．しかしジャカールの報告によると，アフリカの原住民でも定住して農業に従事している部族は，かれらの住んでいる村の森の中でさえも，すぐ道に迷ってしまうということである[37].

形態の役割 The Role of Form

人間の知覚の柔軟性と適応性について長々と述べてきたが，ここでわれわれは，物理的外界の形もそれ自身の役割を果たすものであることを，付け加えておかねばならない．すぐれた航海術が，知覚的にむずかしそうに見える環境の中で生じたという事実自体が，この外形がもつ影響力の大きさを物語っているのである．

これらの困難な環境の中でその部分を見分け，方向を知る能力は，ただで獲得されるのではない．これらの知識はたいていの場合，専門家だけのものであった．ラスムッセンに地図を書いて示したのは酋長たちであった——他の多くのエスキモーたちにはそんなことはできなかったのである．コルネッツ Cornetz は，よいガイドといえる者は南チュニジア全体でも，やっと1ダース程度しかいなかったと述べている[13]．ポリネシアの船乗りたちは支配階級に属していた．こうした専門知識は父から息子へと受け継がれ，すでに述べたように，ブルワット島ではそのための正式な学校があったりさえした．船乗りたちは他の者とは別のところで食事をとり，その席での話題は方角や潮流にかんすることに限られているのが普通であった．これはマーク・トウェーン Mark Twain が描いたミシシッピ川の水先案内人たちが，いつもこの川について話し合ったり，上ったり下ったりしていて，そうすることによって，あまり当てにならなくてひっきりなしに移り変わっているランドマークを逃すまいとつとめていたことを思い出させる[77]．このようなわざはもちろん賞賛に価いするものではあるが，これは実は，環境と気楽で親しい関係をもつということとはだいぶ違う

ことである．ポリネシア人の航海も，あきらかに全くの不安につきまとわれていたらしく，かれらは，カヌーを横に長く並べて，陸地を発見しやすいようにして航海するのが常であった．またオーストラリアのアルンタ族の間では，水溜りから水溜りへと人々を導いたり，マルガの茂みの中に神聖な道を正しく位置づけることができるのは，老人たちだけである．だが特徴がはっきりしているティコピアの島では，このような問題はおそらく起こりようがあるまい．

特徴のない環境の中で原住民のガイドが方向を見失ったことについての記述は多い．ストレーロウ Strehlow はオーストラリアのマルガの茂みの中で，経験豊かな原住民といっしょに何時間もさまよったことがあると言っている．この原住民は遠くのランドマークによって自分の位置を知ろうとして，繰り返して木に登ってみたということである[75]．ジャカールも，道に迷ったトゥアレグ族がどんなにみじめな思いをしたかを語っている[37]．

一方，これと正反対の世界には，人間の目に取捨選択の力があるにもかかわらず，どうしても注意をひきつけずにはいないような視覚的特質を備えた風景もあるのである．たとえばアシャンティ族の神々が大きな湖や川と結びつけられていること，また一般に大きな山が崇められることが多いことからもわかるように，神聖さは多くの場合，とくに著しい自然の特徴に集中している．インドのアッサム州に，仏陀が息を引きとったところと伝えられる有名な丘があるのもその一例である．ワデル Waddell は，この丘が平野のまん中にすくっとそびえて，その平野といちじるしい対照をなしているさまは，くっきりして絵のようだと描写している．かれはさらに，この丘は，その昔は原住民から崇拝されていたが，その後，婆羅門からも回教徒からも神聖視されるようになったものだと述べている[78]．

ティコピア島にある大きな山は，物理的な理由からこの地域を組み立てるための主要な要素となっている．またこの山は社会学的にも地形学的にも，島の頂点であり，神々はここから降り立ったとされている．この山があるおかげで，海上のはるかかなたからも島のありかが

わかるし,そのうえこの山は,超自然的な霊気を発している.山頂はめったに切り開かれることがなく,タロ芋の栽培もおこなわれないので,その下界では見られない特殊な植物が繁茂しており,そのことがこの場所に対する特別の関心をさらに強化しているのである[19].

風景があまりにも風変わりなために人々の目を吸いつけてしまうということは,折々あることである.河口〔慧海〕(日本人のチベット研究家,1866-1945)は,チベットのコルギャルKholgyal湖の近くにある川の堤を,次のように描写している.

「……そこここに積み上げられている岩,黄色,真赤,青,緑,紫……岩はみなとても気まぐれだった.鋭くてとがったものもあったし,川にぐっと突き出ているものもあった.手前の河岸には……妙な形をした岩がいっぱいで,そのひとつひとつが名前をもっていた……これらはすべて,庶民の崇拝の的であった[39].」

もっと下等な例をとり上げてみよう.ある牧草地で,そこに巣をつくる野鳥が自分の縄張りとして守る領域についての記録が,何年にもわたって続けられている.いろいろな鳥が住みつくのであるから,こうした縄張りには当然,大幅な変動や再編制が見られる.しかしいくら変化が激しくても,柵とか灌木の塀といった知覚的に強い境界のいくつかはそのままなのである[50].広々とした岸辺の上をばくぜんとした方角へ向かって飛んでいるように見える渡り鳥は,海岸線という地形上の特徴によってつくられる主な"導線"あるいはエッジに沿って飛び続けることが知られている.風向きをたよりに結集して方向を保っているイナゴの群でさえ,特徴のない水面の上に出てくると,解体し分散してしまう.

このほか,たんに人目を引いたり,区別がしやすいというだけでなく,"存在性"つまり全くちがった文化に属する人々にも感じとられるような一種の生気あるいは特別に生々しい現実性をもつものがある.河口はチベットのある神聖な山をはじめて見たとき,"大変おごそかに座している"ように感じたと言っている.そしてかれは,この山をかれ自身の文化に属する毘盧遮那仏(東大寺の大仏を指していると考え

られる)がその両側に菩薩を従えたありさまになぞらえている[39].

同様の経験の例はアメリカにもある.ここに掲げる一文は,西部開拓者が利用したオレゴン・トレイル(道)沿いにあったある急斜面が,はじめてこれを見た人々にどんな衝撃を与えたかを物語っている.

「……西へ向かう一行が,この絶壁にさしかかった時,驚きの波が彼らの間に広がった.たくさんの観察者たちがそこに見出したのは,燈台,煉瓦窯,ワシントンの議事堂,ビーコン・ヒル,弾丸製造塔,教会,尖塔,小丸屋根,街路,工場,商店,倉庫,公園,広場,ピラミッド,城,砦,柱,丸天井,回教寺院の尖塔,寺院,ゴシック様式の城郭,近代の要塞,フランスの大聖堂,ラインラントの城,塔,トンネル,廊下,陵墓,ベルスの神殿,つり庭などであった.ひと目見た時から,岩たちは,都市,寺院,城,塔,宮殿,そしてあらゆる大きな堂々とした構造物の姿になった.すばらしい建物ばかりで,まるで美しい白の大理石を用いて,あらゆる時代とあらゆる国のスタイルでつくられたようであった……[69].」

この他に多くの観察者の言葉が引用されているが,それらは,この特殊な地形がだれにも共通したしかも圧倒的な衝撃を与えるということを物語っている.

したがってわれわれは,人間の知覚の柔軟性に注目するとともに,外的な物理的な形態も,同じく重要な役割をもつものであることを承知していなければならない.注意を引きつける環境もあれば,それを拒む環境もあり,また組立てや区別を容易にする環境も,それに抵抗する環境もあるのだ.このことは適応力のある人間の頭脳にとり,関連し合った事項を記憶するのはやさしいが,関連のない事柄は記憶しにくいということと似ている.

ジャカールは,スイスには人々がどうしても方向感を保つことができない"古典的な場所"がいくつかあると言っている[36].またピーターソン Peterson は,ミネアポリス市について彼が組み立てているイメージは,街路の碁盤の目の方向が変わるたびにこわれてしまうのだ,と述べている[52].さらにトラウブリッジ Trowbridge によると,

ニューヨークからみて他の遠方の都市がどの方角にあるかをたずねてみると，たいていの人々が見当はずれなことをいう．だが，オールバニー Albany 市だけは例外である．それはこの市が，ハドソン河によって視覚的にもはっきりとニューヨークとつながっているからである[76]．

ロンドンでは1695年ごろに，セブン・ダイアルズ（7つの日時計）と呼ばれる小規模な開発がおこなわれた．これは7本の道路とそれらが集まる円形の接合点からなるものである．その接合点にはドリア様式の柱が1本立ち，それに7つの日時計がついていて，そのひとつひとつが放射状の道路のひとつひとつに面しているようになっていた．ゲイ Gay（イギリスの劇作家，詩人）はその詩集『つまらぬこと Trivia』の中で，この地域の形はとてもややこしいとはいうものの，それでめんくらってしまうのは，田舎者か，ばかなよそ者ぐらいなものだろうというようなことを言っている[25]．

マリノフスキーは，ニューギニア近くのダントレカストー諸島 D'Entrecasteaux の中のドーブー Dobu 島とアンフレット Amphletts 群島の独特な火山性の風景と，その北にあるトロブリアンド群島の単調な珊瑚礁の風景との間に，はっきりした一線を引いている．これらの群島は，定期的な交易船によって結ばれている．ドーブーで神話的な意味づけが豊かであることや，そのようにイメージアビリティの高い火山性の風景に対してトロブリアンド島民がどんな反応を示すかについては，かれの著書の中で述べられている．トロブリアンドからドーブーへの航海について，マリノフスキーはこう書いている．

「トロブリアンドの礁湖の周囲をぐるりと囲んでいる低い細長い陸地が，もやの中で次第にうすれ，見えなくなってゆく．そしてかれらの前方には，南の山々がだんだん高く高くそびえ立ってくる……中でもいちばん近い山，コヤタブ山は，ほっそりした，少々傾いたピラミッドのような形をしていて，南に向かう船乗りたちにとって最も魅力的な標識となるのだ……．1，2日のうちに，最初は魂のないぼんやりした形にしか見えなかったこれらの山々は，トロブリア

ンド島民がいつもそう思っているように，すばらしい形をした，巨大な山塊として見えてくる．その絶壁の岩のかたい壁や緑のジャングルが，クラ(メラネシアの風習の贈物交換)の商人を取り囲んでくれるのだ……トロブリアンド島民たちは深い，日陰になった湾を進んで行く……透明な海水の底には，7色の珊瑚や魚，海草などの織りなす不思議な世界が展開してゆく……いろいろの形や色をした，立派で重い，ひきしまった石もここでは見つけられる．故郷の島にある石といえば，気のぬけた白い，死んだ珊瑚だけなのだ……各種の花崗岩や玄武岩，火山性の凝灰岩などに加えて，縁が鋭くて金属質の紋のある黒曜石もあるし，赤や黄土色に染められた場所もたくさんある……だからいまかれらの目の前にある風景は，いわば希望の土地であり，まるで伝説にでも出てくるような土地なのだ[46].」

またオーストラリアの"まぼろしの"道は，主としてマルガの平原からなりたっている地方の，どの方向にも通じているのではあるが，それでも伝説に残る野営地とか，神聖な歴史がまつわるノードとか，人の目をひくノードは，顕著な景色にめぐまれたマクドネル MacDonnell およびスチュアーツ・ブラフ・レインジ Stuart's Bluff Ranges の2つの地域にとくに集中しているようである．

このような原始的な風景の比較と平行して，次はエリック・ギル Eric Gill(イギリスの彫刻師)の自伝から，かれの出生地であるイギリスのブライトン Brighton 市と，その後，青年時代になって引っ越したチチェスター Chichester 市との比較を引用してみよう．

「私はその日まで，町もちゃんとした形をもつことができるということ，そして私の大好きな機関車のように，性格と意味をそなえたものでありうるということに全く気がつかなかった……[チチェスター]は町であり，都市であり，計画されたものであり，秩序を与えられたものであった——これは鉄道や引込み線や車庫などのネットワークを媒介にしてきのこ菌のようにどこへでものびていく，ただのむさくるしい通りのよせ集めとはちがっていた．

……私にはチチェスターはブライトンとはちがうものだというこ

とがよくわかった．ここはひとつの目的であり，ものであり，場所なのだった．チチェスターの地図はわかりやすく清潔である．……ローマ風の城壁の外には，すぐに緑の野原が見渡せる……まっすぐに走る4本の広い大通りが市内を大体同じ広さの区域に分割し，その住宅区域も同じように4本の小さな通りで区切られ，そこには17世紀や18世紀風の家々が立ち並んでいる……しかしブライトンといえば，あの通り……そう，なにもいうべきものがないのだ．われわれがブライトンのことを思うときは，いつもわが家がその中心になっていた．そのほかには中心といえるものがなかった．だがチチェスターに住んでみると……その中心はノース・ウォールズ North Walls 2番地ではなく，マーケット・クロス Market Cross の交差点であった．われわれはここに住んで，たんに市民であるという感じばかりでなく，すべてにおける秩序立った関係という感じも味わうことができた……ブライトンは全然場所ではなかった．それとは違うような町があろうなどとは，私にはそれまで考えられもしなかった[33]．」

レアニ山 Mt. Reani があるおかげでティコピア島が知覚的に鮮明であるということはすでに述べられた．特徴がはっきりした形というものが，どのように細部にわたって利用されうるかは，次の引用文からわかるだろう．

「ティコピア島を離れて旅にのぼる島民は，水平線上に島がまだどの程度見えているかによって，すでにどのくらいの距離まできているかを知るのである．この物差には5つの大きな目盛りがある．その第1はラウラロ rauraro と呼ばれる，海岸に近い低地帯である．これが見えなくなると，かれはすでにかなりの距離のところへきていることを知るのだ．そして海岸沿いのところどころに200フィートから300フィートの高さで切り立っている絶壁(マト mato)も隠れてしまうと，第2の目盛りに到達したことになる．その次は湖の周囲にある高さ500から800フィート程度の小さな山脈の頂上(ウル・マウナ uru mauna)が波のかなたに沈むときだ．さらにウル・

アシア uru asia(レアニ山の輪郭の最後の折れ目，約1000フィート)も見えなくなると，かれは島から非常に遠くきたことを悟る．そして遂にウル・ロノロノ uru ronorono，つまりレアニ山の頂上が隠れてしまう瞬間には，かれは悲しみに包まれるのである[19]．」

ちょうどうまいぐあいに風景の輪郭に特徴が生じているおかげで，この別れというあたりまえの現象が，実際的かつ情緒的な意味をもついくつかの間隔に分けられて，秩序づけられるようになったのである．

フォスター(イギリスの小説家)のある作品の中には，ある人物がインドから帰ってきて地中海に入ったとたんに，環境の純粋な形態とイメージアビリティを感じとってショックを受ける場面がある．

「ベネチアの建物は，クレタ島の山々やエジプトの野原と同様に，みなそれぞれにふさわしい場所に立っていたのに，貧しいインドでは，何もかもがまちがって置かれていたのだ．かれは偶像を祭った寺院やずんぐりした丘の間で暮らしているうちに，形態のもつ美しさをすっかり忘れていたのである．第一，形らしい形もないのに，どうして美しさがありうるだろうか？ ……学生だったその昔，かれはサン・マルコの極彩色の毛布で身を包んだものだった．しかしいま彼の前には，モザイク模様や大理石以上に貴重ななにものかがさし出されていた．それは，人間がつくったものとそれを支える大地との調和であり，混乱をのがれた文明であり，血と肉が宿る，正しい形の中の魂であった．インドの友人に絵葉書を書きながら，かれは思った．かれらには，今，自分が経験しているような喜び，形態がもたらす喜びはわからないだろう．このことが重大な障害になっているのだ．かれらはベネチアを見ても，その形ではなく，壮麗さだけにしか関心をもたないに違いない[22]．」

イメージアビリティの不利 Disadvantages of Imageability

視覚的に非常に明瞭な環境には不利な点もある．魔法的な意味づけがあまりにも多すぎる風景にあっては，実際的な活動が抑制されてしまうだろう．アルンタ族は，どこかもっと条件のよい土地に移るより

は死に立ち向かうのである．中国では，祖先の墳墓が今彼らが切望している耕作に適した土地を占領しているし，ニュージーランドのマオリ Maori 族の場合には，波止場に恰好な場所のいくつかが，神話の中で重要な地位を占めているために使用が禁じられている．土地の開発は，その土地についてなんの感傷もからんでいない場合の方が達成されやすいのである．一定のオリエンテーションの方法が身についてしまっているために，新しい技術や要求に適応しにくいようでは，ごく控え目な資源の利用さえもうまくいかないことであろう．

ゲオゲーガン Geoghegan は，アリュート族の言語には場所をあらわす名前が多いことを述べるとともに，どんなに小さな特徴のひとつひとつにも特別な名前がついているので，ある島の住民が他の島の場所の名前をほとんど耳にしたことがないということはよくあることだという興味ある説明を付け加えている[26]．抽象性と一般性に欠けた，非常に特殊化したシステムは，意思伝達を妨げることがあるのである．

それはまた，もうひとつの結果ももたらすかもしれない．ストレーロウはアルンタ族について次のように述べている．

「この風景のあらゆる特徴が目立つものであろうとなかろうと，これらの神話のどれかとすでに結びつけられているのだから，彼らがいっこうに文学的な努力をしようとしないということも納得できるのである……かれらの祖先は，かれら自身の想像力を働かせて空白を埋めることができるような空間を，ひとつも残しておいてはくれなかった……伝統が創造の衝動をみごとにおさえつけてしまった……原住民の神話はすでに何世紀も前から発明されなくなってしまっている……彼らは大体において霊感のない保存者である……原始的というよりはむしろ退廃した民族である[75]．」

ところで，環境が豊かな生々しいイメージを呼び起こすことが望ましいとするならば，同時に，そのイメージが伝達されるものであり，変化しつづける実際的な要求に適応できるものであること，そして新しい分類や新しい意味や新しい詩情の展開が可能であることも望ましい．つまりわれわれが目的とするのは，イメージをそそるばかりでな

く，同時に開放的でもある環境であるといってもよいだろう．

　このようなジレンマを解決している特殊な一例として，合理性に欠けるものではあるが，中国の土占い geomantics というにせ科学について考えてみよう[32]．これは風景の影響にかんする複雑な学問で，大学の教授たちによって体系づけられ，解釈されている．この学問は悪の風や善良な水の精を扱うものである．悪の風は危険な間隙を埋めるように見える丘とか岩とか樹木によって制御され，善良な水の精は，池や水路，排水溝などによって引き寄せられるのである．また，環境の各部分の形は，それぞれに宿っている霊魂を象徴するものとして解釈される．この霊魂には，役に立つものや，活動的でないものや，役に立たないものがあると考えられる．樹木を植えたり，配置を考えたり，塔や石を置いたり，その他のいろいろな方法によって，それらを集中させることもできるし，分散させることもできるし，なにかの奥深くにしまいこむことも，表面にあらわすこともできるし，純粋にすることも混ぜ合わせることもできるし，強くも弱くもできるし，またそれらを利用し，制御し，あるいは高めなければならないとされている．解釈はどのようにもできるし，かつ複雑である．それは無限に展開する学問で，専門の学者たちはこれとあらゆる角度から取り組んでいる．このにせ科学は，われわれの現実とは無縁のものであるかもしれないが，それでも，われわれの目的にとって興味深い2つの特徴をそなえている．ひとつはそれが環境に対する開放的な分析であって，新しい意味づけ，新しい詩情，そして一層の発展が常に可能であるということである．第2はそれが，外形とその影響の利用とコントロールを示唆し，さらに人間の洞察力とエネルギーが宇宙を支配し，それを変えることも可能なのだと強調している点である．そこには，イメージをそそりやすく，同時に息の詰まらない，重苦しくもない環境をつくる方法についてのヒントが含まれているといえる．

B.

調査と分析の方法

　イメージアビリティという基本的な概念をアメリカの都市に適用するために，われわれは主として次の2つの方法を用いてみた．それは市民の中から選び出した少数の標本を対象にして，かれらが環境に対して抱いているイメージについてインタビューすることと，訓練された観察者が現地を回りながら心に描くイメージを系統的に検討することであった．われわれの研究の目的のひとつは適切な調査方法を見出すことでもあったので，こうしたテクニックがどの程度の価値をもつかは，重要な問題である．そしてこの問題には2つの異なる問題が含まれる．つまり，(a)これらの方法はどのくらい信頼できるのか，その結果ある結論が示されたとしても，それをどこまで事実として受け取ることができるのか．(b)これらの方法はどの程度に役に立つのか，結論は，今後の計画に必要な決定を下すのに役立つのだろうか，この作業のために費す努力にふさわしい結果が得られるのだろうか？

　事務所での基礎的なインタビューでは，被面接者にその都市の略図を描かせること，市内の短い旅 trip のたくさんの例について詳細に説明させること，かれらが最も独特だとか鮮明だと考えている部分を列挙させ，簡単な説明を加えさせることなどが主としておこなわれた．インタビューの目的は第1に，イメージアビリティ imageability と

いう仮説を試験することにあり，第2にはわれわれが調査した3つの都市におけるパブリック・イメージがほどのようなものであるかを見出して，それを現地踏査の結果と合わせて，都市のデザインのために何らかの提案をするのに役立たせること，また第3にはどんな都市のパブリック・イメージでも手っとり早くひき出せるような方法を研究することであった．これらの目的からみれば，われわれがこの方法を用いたことはまず成功であった．ただしこうして得られたパブリック・イメージの一般性については疑問がないでもないが，それについてはさらに述べることとする．

事務所でのインタビューでは，次のような質問がおこなわれた．

1. "ボストン"という言葉から，あなたの心にまず何が浮かびますか？ あなたにとってその言葉はなにを象徴していますか？ ボストンの物理的な面について大まかに描写してみてください．

2. マサチューセッツ・アベニューより内側のボストン中心部の地図をざっと描いていただきたいのです．はじめてこの市を訪れた人に，市内の主な特徴を全部含めてしかも大急ぎで説明するような気持で．正確に書いていただかなくても結構です——大ざっぱなスケッチでいいのです．〔面接者はここで，地図が描かれる順序をメモしておく〕

3a. あなたが毎日の通勤にさいして通る道筋について，すべてをはっきり教えて下さい．いま実際にそこを通っているのだと考えながら，途中で見えたり聞こえたり，におったりするものの順序や，あなたにとって重要な道しるべや，不案内な人があなたと同じ決定を下さねばならないときに役立つと思われるような手がかり，などを説明して下さい．私たちは事物の物理的な形に関心をもっているのです．道路や場所の名が思い出せなくても構いません．〔面接者はもし必要とあれば，途中で被面接者をうながし，さらに詳細に説明させる〕

b. あなたは通勤の途中にあるいろいろの部分について，なにか特別な感情を抱いていますか？ 時間はどのくらいかかりますか？

どこにいるかがはっきりしないような場所はありますか？〔この次にはすべての被面接者に共通の問題として，"マサチューセッツ総合病院からサウス・ステーションまで歩く場合"とか"ファナル・ホールからシンフォニー・ホールへ車で行く場合"などについてこの質問3が同じようにくりかえされる〕

4. さてこんどは，ボストン中心部にあるエレメントの中で，あなたがもっとも独特だと思うものはなにかを教えていただきたいのです．大きいものでも，小さいものでも構いませんが，あなたがもっともたやすく見分けることができてそして記憶できるものを選んで下さい．〔この質問に対する答としてあげられた2,3のエレメントのひとつずつについて，面接者は次の第5の質問をする〕

5a. それについて説明していただけませんか？ もしあなたが目隠しをしたままそこへ連れていかれたとしたら，目隠しがはずされたとき，あなたはその場所を正確に知るために，どんな手がかりを用いますか？

 b. それについてあなたは，なにか特別の感情をもっていますか？

 c. あなたが描いた地図では，それがどこになっているのか教えて下さい．(それが正しければ)その境界はどこですか？

6. あなたの地図では，北はどっちになっていますか？

7. インタビューはこれで終りです．しかしあと2,3分間フリー・ディスカッションができればありがたいのですが．〔以下の質問は打ちとけた調子で他の話の間に挿入する〕

 a. 私たちがなにを探り出そうとしているのだと思いますか？

 b. 都市のエレメントを見分けることと，それらの位置や方向を知ることは，人々にとってどの程度重要でしょうか？

 c. あなたは，いまどこにいるのかとか，どこへ行くところなのかということがはっきりわかると嬉しいですか？ それと逆の場合には不愉快ですか？

 d. ボストンで道をさがすのはやさしいと思いますか？ 市内のい

ろいろの部分は見分けやすいと思いますか？

 e. あなたがご存知の都市の中で，方角がはっきりしていてわかりやすいと思われる都市をあげて下さい．それはなぜですか？

 これはかなり長いインタビューであり，ひとりにつき約1時間半はかかった．だが被面接者たちはほとんどの質問に非常な興味を示し，感情を示すこともしばしばであった．その内容はすべてテープに録音され，その後再生しながら記録された．これはやっかいな方法ではあったが，声の途切れるところや抑揚をとらえることもできたばかりでなく，その内容は細部にいたるまでもらさず記録された．

 ボストンでの被面接者のうちの16人はとくに興味を示して，2度目の会合にも参加してくれた．このときにはまずかれらに，たくさんのボストンの写真が与えられた．これらの写真はボストン中心部全域を系統的に撮影したものだが，でたらめの順序で手渡された．またその中には，他の都市の写真も何枚か挿入してあった．被面接者はまず，それらの写真をいちばん自然と思える方法で分類し，次いで，できるだけ多くの写真を認知し，しかもその場合なにを手がかりとしたかを言うことを求められた．次に認知された写真が再び集められて，被面接者はそれらを大きなテーブルの上に置き，あたかもボストンの大きな地図の上の正しい位置に配置するようなつもりで並べるよう，求められたのである．

 われわれは最後にこれらの志願者たちを街頭に連れ出し，マサチューセッツ総合病院からサウス・ステーションへという最初のインタビューでの架空の旅を実地におこなわせた．かれらには面接担当者が付き添い，携帯用のテープレコーダーを用いた．被面接者は先に立って歩きながら，なぜその道筋を選んだのかを説明し，沿道で目にはいる事物を指摘し，安心感をおぼえるところと，迷ったと感じる場所を指摘するよう要求された．

 この小さな標本を外部からチェックするために，われわれは歩道を歩いている人々に道をたずね，その答について研究した．目的地として，コモンウェルス・アベニュー Commonwealth Avenue，サマー・

ストリート Summer Street，ワシントン・ストリート Washington Street の角，スコレイ・スクエア Scollay Square，ジョン・ハンコック・ビルディング John Hancock Building，ルイスバーグ・スクエア Louisburg Square，パブリック・ガーデン Public Garden の 6 カ所が選ばれた．同様に，道をたずねる起点として，マサチューセッツ総合病院 Massachusetts General Hospital の正面玄関，ノース・エンド North End にあるオールド・ノース教会 Old North Church，コロンブス・アベニュー Columbus Avenue とウォーレン・ストリート Warren Street の角，サウス・ステーション South Station，アーリントン・スクエア Arlington Square の 5 カ所が選ばれた．面接者はそれぞれの起点において，4 人ないし 5 人の通行人を任意に選んで話しかけ，上記の目的地の各々への道を聞いた．かれが発した質問は次の 3 つであった．"──へはどう行けばいいですか？" "そこへ着いたことはどうしてわかりますか？" "そこまで歩いてどのくらいかかりますか？"

　都市に対するこのような主観的な見方と比較するのにふさわしいのは，航空写真，地図，人口密度や用途や建物の形状にかんする一覧図など，都市の物理的形態を "客観的" に描写したデータであるように思えるかもしれない．しかし客観性はともかくとして，これらのデータはあまりにも表面的であり，しかも十分に総括的ではないので，われわれの目的にとってははなはだ不適当である．評価すべき要素の種類はあまりにも多く，検討の結果，インタビューと比較するのに最適なのは，別の主観的な反応の記録であることがわかった．ただしこの記録は，先におこなわれた試験的なインタビューの分析において重要であることが判明しているカテゴリーを用いて，組織的に，しかも鋭く観察しながら得られたものである．インタビューされた人々が同じ物理的現実に対して反応を示していたのはあきらかであるが，一方，その現実を定義するのに最もよいしかたは，量的 "即物的" 方法によるのではなくて，注意深く見るように訓練され，重要であるらしいことがわかっている都市の要素の種類についてあらかじめ心得ている

2,3人の踏査担当者の知覚と評価を通じておこなうことだったのである．

結局この現地での分析方法は簡素化され，あらかじめ都市のイメージアビリティという概念について教えられている1人の訓練された観察者が，その地域全体を徒歩で系統的に踏査するという方法にまとめられた．かれはその地域の地図をつくり，ランドマーク，ノード，パス，エッジ，ディストリクトなどの存在，見やすさ，そしてそれらの相互関係を示すとともに，これらのエレメントがもつイメージの強弱も記録した．この踏査に続いて，その地域を横断するいくつかの長い"問題"の道筋を歩いて，全体の構造の感じをどう把握しているかをためした．観察者は，各種のエレメントをその重要性によって，メジャー（重要なもの）とマイナー（重要でないもの）の2つのカテゴリーに分けた．"メジャー"エレメントとは，特別強いか鮮明なエレメントのことである．観察者はあるエレメントがなぜ強いのか，弱いのか，またなぜこの連結ははっきりしているのか，不明瞭なのか，などの質問を絶えずかれ自身に発し続けたのであった．

この地図に描かれるものは抽象である．物理的な現実そのものではなく，ある特定の方法で訓練された観察者に，現実の形態が与える総合的な印象である．この作業はもちろん，インタビューの分析とは関係なく別に進められた．そしてこの程度の大きさの地域ひとつについて，観察者1人で3,4日間を要した．付録Cでおこなわれている2つのエレメントについての記述は，このような判断を下すのに用いられるディテールの種類を説明している．

はじめておこなった現地分析では，エレメントのタイプ，それらの組立て，アイデンティティの強さをもたらすもの，などにかんする原則的な仮説を展開した．この仮説がインタビューで試され，磨き上げられたのである．第2の目的は，いかなる都市においてもそのおおよそのパブリック・イメージを予言できるような，視覚的な分析のテクニックを発展させることであった．最終的に決定された分析方法はいずれの目的についてもよい結果をもたらしたが，それでもやはり個々

のエレメントに対して関心が払われすぎていて，それらを視覚的な全体として組み立てることの重要性を十分に強調していないというきらいがあった．

　図35から図46までは，口頭のインタビューと略図のそれぞれにおいて，すべての被験者の間で一致していたイメージと，われわれ自身がおこなった現地踏査の結果を，3つの都市のイメージとして図示したものである．比較を容易にするため，どの都市の地図も同じ縮尺と，同じ記号を用いている．

　インタビューで得られたデータと現地踏査で得られたデータとの間の関係については，およそ次のように要約できる．ボストンとロサンゼルスでの現地分析は，口頭のインタビューで得られた資料からわかったイメージを，驚くほど正確に予言するものであった．特徴のはっきりしないジャージー・シティにおいては，現地分析はインタビューで得られたイメージの3分の2以下程度しか予言することができなかったが，この場合でも，どちらか一方にしかあらわれないメジャー・エレメントは非常に少なかった．いずれの都市においても，エレメントの相対的な順位は，両者の間で一致していた．徒歩でおこなった現地分析には2つの欠陥が生じていた．ひとつは，自動車による交通にとっては重要となっているマイナー・エレメントを見逃してしまう傾向があったことで，もうひとつは，社会的地位を反映しているためにインタビューの被験者にとってはとくに重要な意味を持つような，デ

図35―46
188頁―193頁

図47, 196頁

図35から図46までの範例

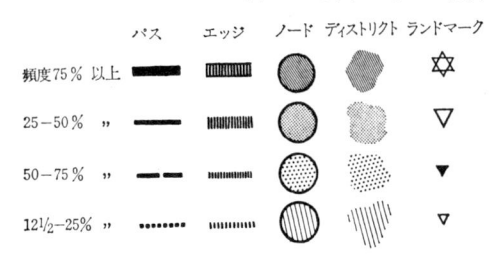

	パス	エッジ	ノード	ディストリクト	ランドマーク
頻度75％以上					
25―50％ 〃					
50―75％ 〃					
12½―25％ 〃					

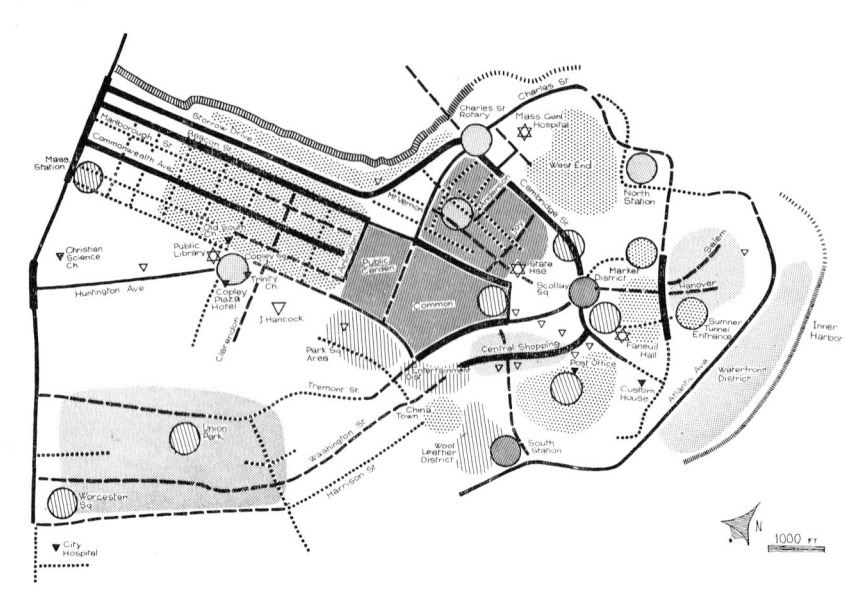

図 35　口頭のインタビューからひき出されたボストンのイメージ

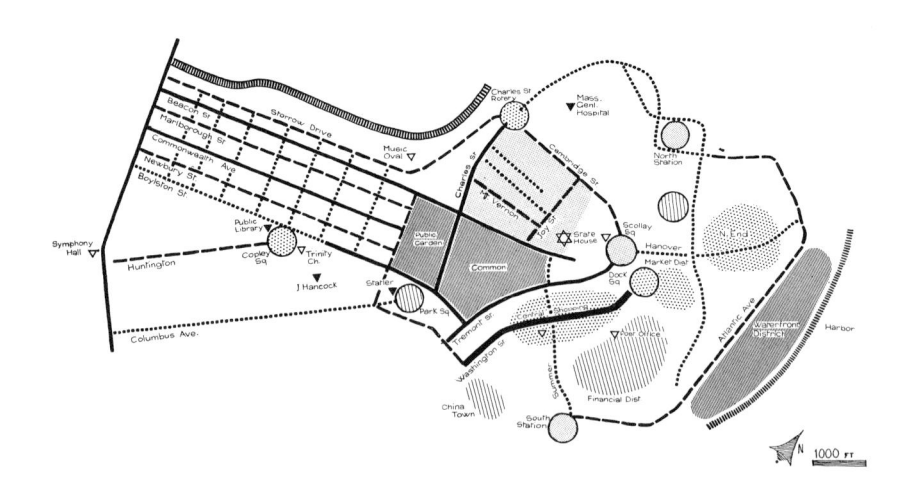

図 36　略地図からひき出されたボストンのイメージ

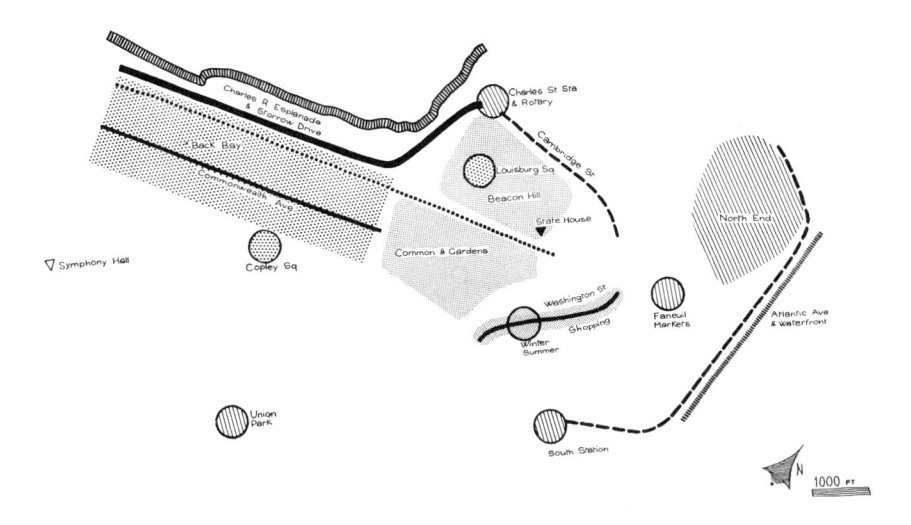

図37 ボストンにおけるきわだったエレメント

図38 現地踏査からひき出されたボストンの視覚的形態

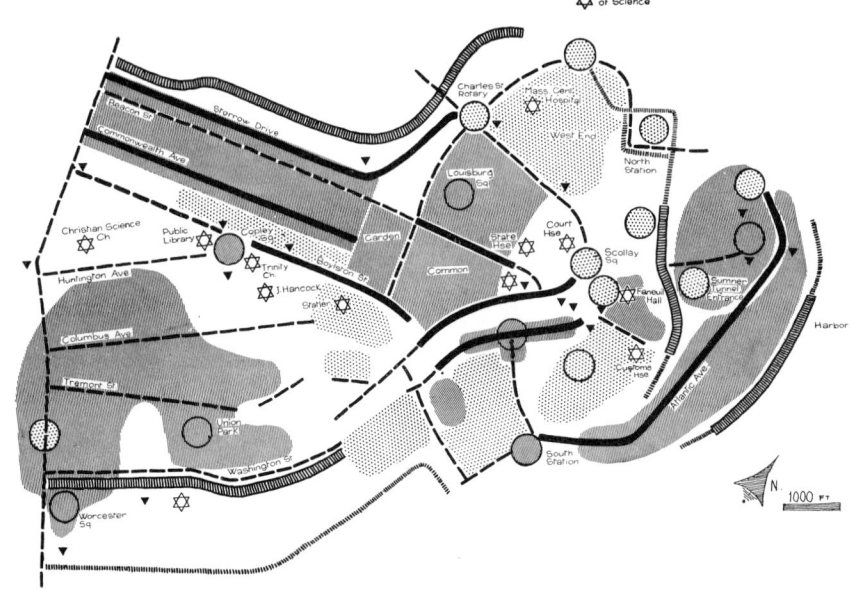

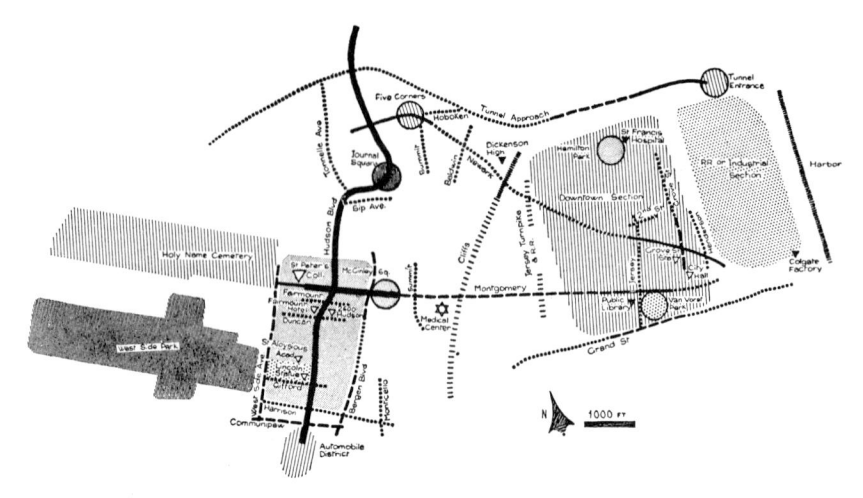

図 39 口頭のインタビューからひき出されたジャージー・シティのイメージ

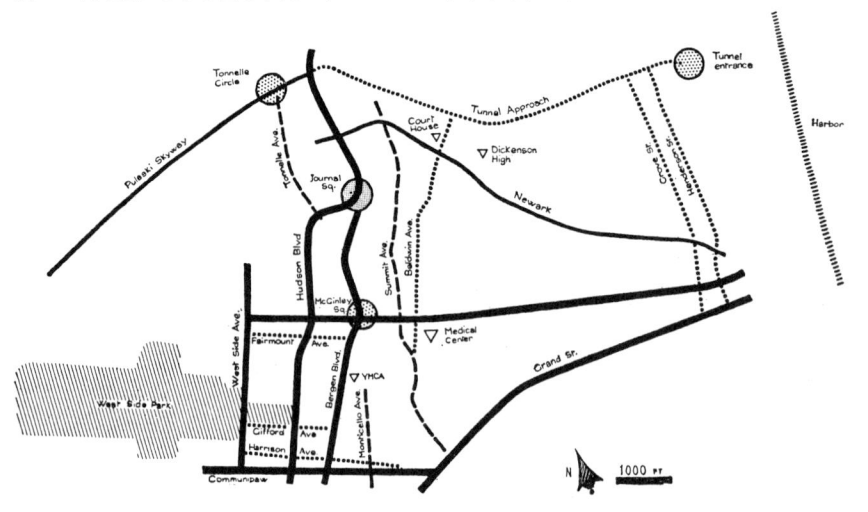

図 40 略地図からひき出されたジャージー・シティのイメージ

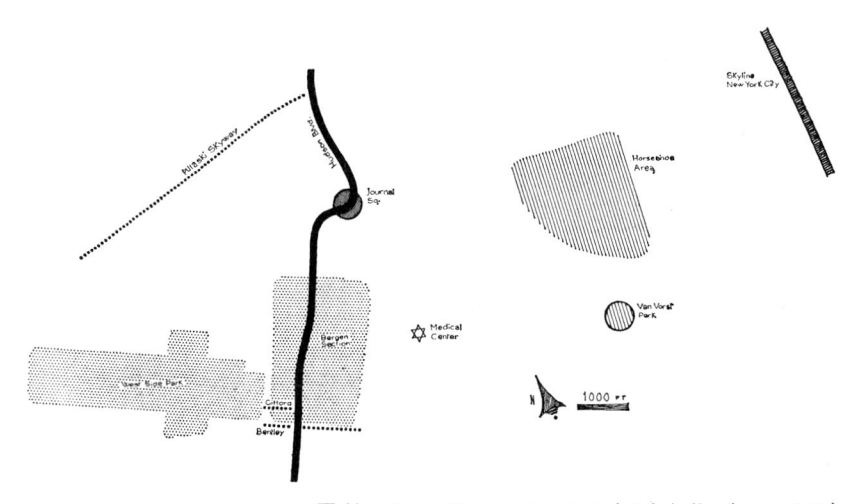

図 41 ジャージー・シティにおけるきわだったエレメント

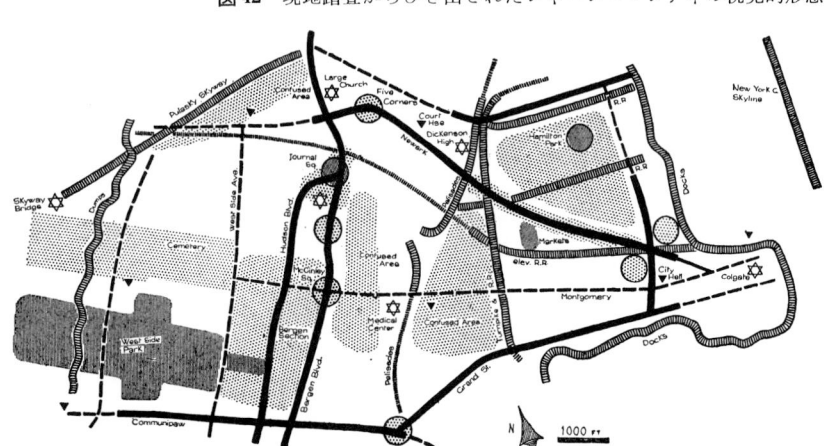

図 42 現地踏査からひき出されたジャージー・シティの視覚的形態

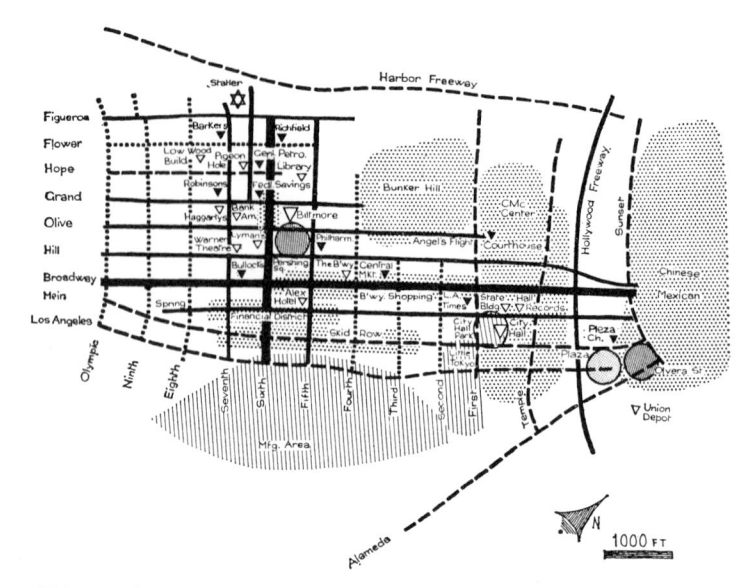

図 43 口頭のインタビューからひき出されたロサンゼルスのイメージ

図 44 略地図からひき出されたロサンゼルスのイメージ

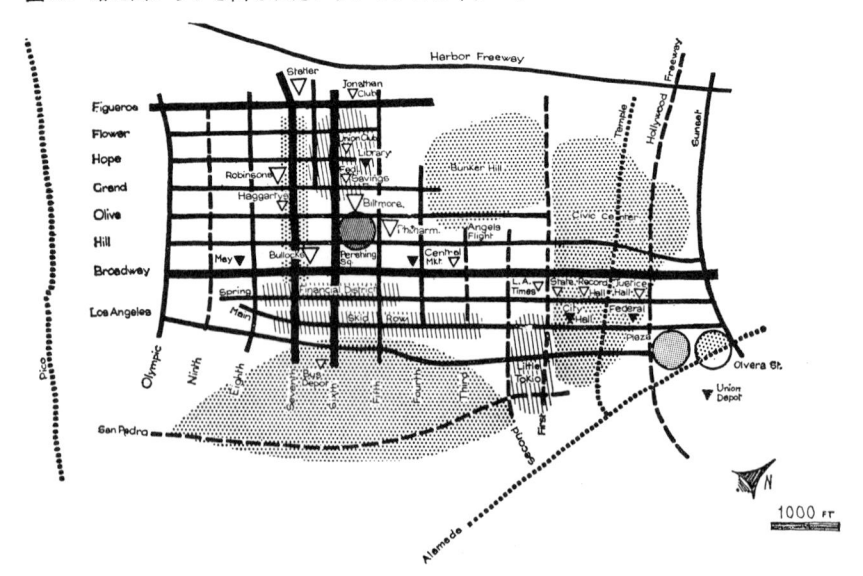

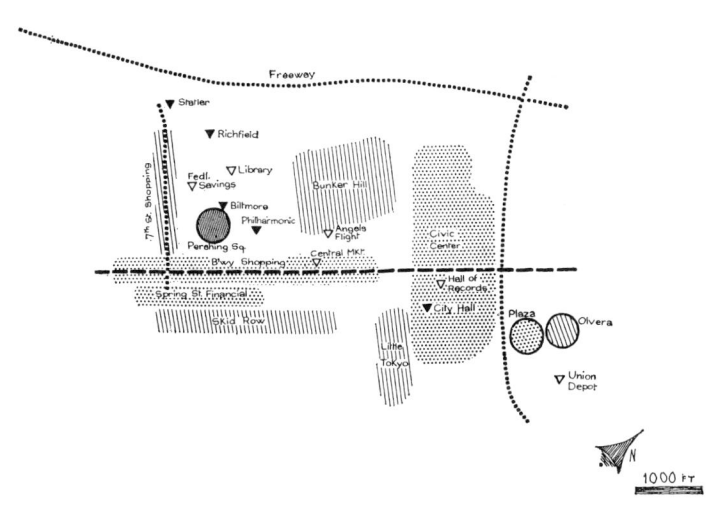

図45　ロサンゼルスにおけるきわだったエレメント

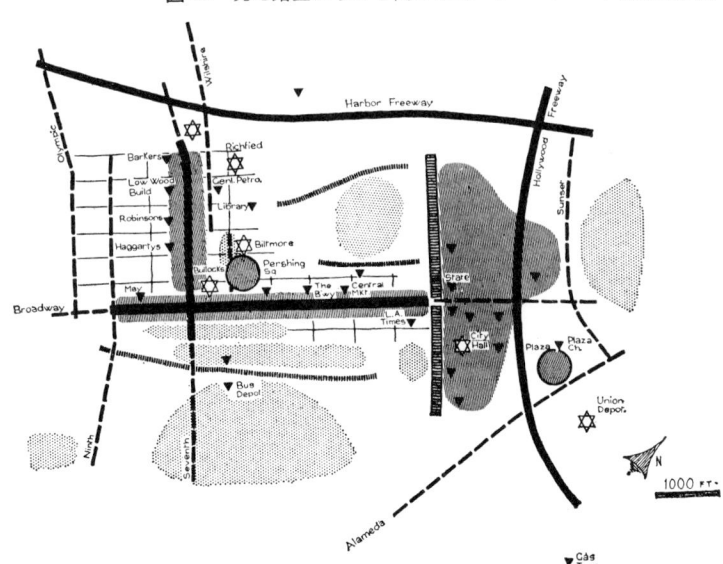

図46　現地踏査からひき出されたロサンゼルスの視覚的形態

ィストリクトにおけるいくつかのマイナー・エレメントを無視してしまう傾向がみられたことである．したがってわれわれが用いた方法は，それにさらに自動車による調査を加えて補うならば，社会的な威光の"目に見えない"効果や，視覚的に特徴がはっきりしない環境では注意が散乱することなどをしんしゃくすることによって，パブリック・イメージをかなり正確に予言できるテクニックとなることであろう．

被面接者の描いた略図と，その同じ人のインタビューとの相関関係には，やや低いものもあったが，略図を合成したものと，インタビューを合成したものとの間には，かなりの相関関係がみられた．この場合においても，メジャー・エレメントで，どちらか一方にしか登場していないものはほとんどなかった．しかし略図の方がより高い"識閾(しきいき) threshold をもつ傾向が見られる．つまりインタビューにおいて最低の頻度で登場するエレメントがスケッチの中には全く現われていない例が多い．そして一般にどのエレメントの場合も，口で述べられる頻度にくらべればスケッチに描かれる頻度の方が低い．このような傾向は，やはりジャージー・シティの場合にとくに強かった．さらに，スケッチの場合には，バスをやや強調するとともに，特別描きにくいとか位置づけしにくいもの，つまり"根元のない"ランドマークとか，非常に複雑な街路のパターンなども，それを認知することができる場合ですら，除外してしまう傾向がみられる．だがこうした欠陥はとるにたらぬものであり，調整は可能である．略図を合成したものは，エレメントの認知にかんしては，口頭のインタビューの結果とほとんどそっくりである．

しかしエレメントの結合や全体の組立てについては，両者の間に大きな食い違いがあらわれている．スケッチには，だれもが知っている最も重要な結合ならば含まれているが，その他の多くのものは消えてしまうのである．描くということのむずかしさと，あらゆるものを1枚の図におさめることのむずかしさが略図をはなはだしく断片的でゆがんだものにしてしまうのであろう．このようなものはどんな結合関係が把握されているかを知るためのよい目安にはならない．

きわだっていると思われる特徴を列挙した図が，結局，すべての方法の中で"識閾"が最も高かった．スケッチに現われていたエレメントの多くが閉め出されていて，現地分析やインタビューで強く浮かび上がったものだけが抜き出されていたのである．この特殊な方法は，都市のハイライト――つまり都市の視覚的なエッセンスを表わしているようである．

　写真の識別テストは，インタビューの結果をよく確かめるものとなっていた．たとえばコモンウェルス・アベニューとチャールズ河は，被面接者の90％以上から簡単に認められていたし，トレモント・ストリート，コモン，ビーコン・ヒル，ケンブリッジ・ストリートなども，見て即座にしかも明確に認められていた．パターンを確認している写真もあった．そのパターンは，サウス・エンド，ジョン・ハンコック・ビルディングの基部，ウェスト・エンド，ノース・ステーション地域，ノース・エンドの裏通り群などにおける，見分けにくいものの集中というパターンにまで及んでいた．

　図48は，街頭で呼びとめられて上記の方法で質問された160人の通行人が指摘したエレメントを集成した図表である．このようなあわただしいインタビューから得られた合成イメージは，この場合も，その他のデータを合成したものと非常によく似ていた．主な相違点としては，質問がおこなわれた地点を通るパスが強調される傾向がみられた程度である．ここで注意していただきたいのは，この場合に対象となったのは，起点と終点とを結ぶいくつかの選択可能な道路群を含む範囲だけであったことである(大体破線の内部)．その外側は空白となっているが，これには別に意味はない．

図48, 196頁

　以上のような方法相互間にかなりの一致が見られるとはいうものの，インタビューに用いられた標本の妥当性については，2つの批判が出るであろう．第一に標本の数はあまりにも少なく，ボストンで30人，ジャージー・シティとロサンゼルスではその半分であったにすぎない．これらから一般論をひき出し，またある都市の"真の"パブリック・イメージが発見されたと言うことは不可能であろう．だがこれは，質

196

ボストン [0.80]　2　スケッチマップ　　　19　　野外分析
　　　　　　　64　　　　　　　　　86
　　　　　　インタビュー　38　　インタビュー　16　[0.83]

ジャージー・シティ [0.69]　3　　　　17
　　　　　　　24　　　　　　　26　[0.57]
　　　　　　　　25　　　　　　　23

　　　　　　　　　　　　　　　　　86　共通なエレメントの数
　　　　　　　　　　　　　　　　　16　共通でないエレメントの数
　　　　　　　　　　　　　　　　[0.57] 重なり合う部分の割合の平均値

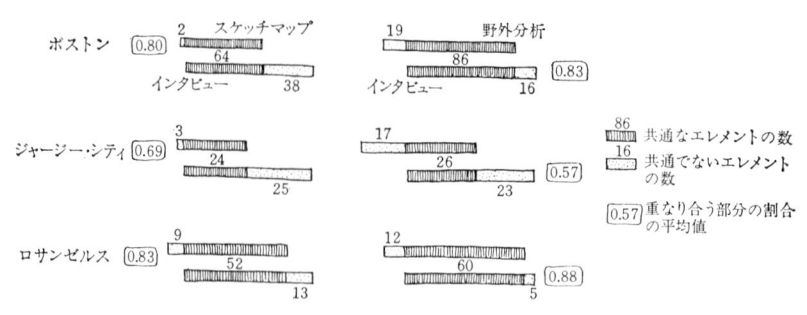

ロサンゼルス [0.83]　9　　　　　12
　　　　　　　52　　　　　　　60　[0.88]
　　　　　　　　13　　　　　　　5

図47　インタビュー，略地図，現地分析の間で重なり合う部分

　問の種類が多いということと，厖大で実験的な分析技術を用いるのには非常に時間がかかるということから，やむをえなかったのである．もっと多数の標本を用いて再調査することが必要なのは明らかであり，またそのためには，より敏速で正確な方法が必要となる．
　第二の批判は，選ばれた標本の性質にバランスがとれていないということである．年齢(すべて成人)と性別についてはよくバランスがとれていた．かれらはみな環境をよく知っていた．都市計画家，技師，建築家などの専門家は除外されていた．しかしこのような初期的な作業のためには，ものをはっきりいうことのできる志願者が必要であっ

図48　街頭のインタビューからひき出されたボストンのイメージ

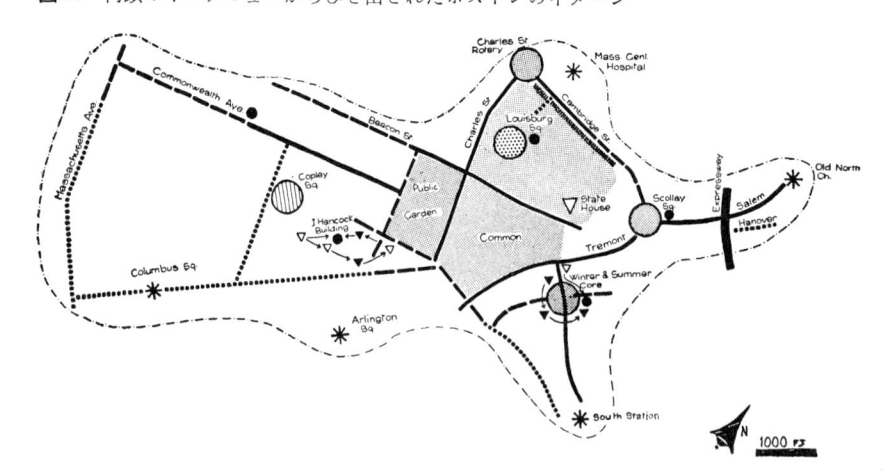

たので，主として中流階級に属する専門職や管理職の人々が標本として選ばれ，階級と職業に関して非常にアンバランスなものとなっていた．このため調査結果にも階級的な偏向が強く現われているはずであり，再調査にさいしては，より大きいばかりでなく，もっとよく全市民を代表する標本を用いるべきである．

　被験者の居住地と職場の分布が本当に無作為のものとはいえなかったことも残念である．もっともこのかたよりを最小限度にとどめるための努力は払われたが．ボストンでは，階級のかたよりと対応して，ノース・エンドとサウス・エンドからの標本が少なかった．職場に関しては事実集中しているのでいたしかたないが，居住地については改めなければならない．しかし現在わかっているところによると，被面接者の居住地の分布状態が全く無作為なものであったとしても，それは階級的なバランスほどには，全体のイメージに大きくひびきそうにない．ある地域に対するイメージが強いか弱いかは，その地域をよく知っているかどうかには関係ないことが多いものである．また街頭でのインタビューはこれより多数の標本を対象とし，階級的な分布状態もほぼ無作為に近いものであったが，あわただしく得られた情報の範囲内でも，大体において室内での長いインタビューの結果を裏づけていた．こうしてみると標本についての批判は，次のように要約できるだろう．

　第一に，いくつかの方法で得られたデータ相互間に一貫性がみられるということから，われわれの方法は，たしかにインタビューを受けた特定の人々の都市のイメージの合成されたものについては，かなり信頼すべき洞察力をもつものであり，また他の都市にも応用できるものであることがわかる．都市が異なればそのイメージも異なるという事実は，視覚的な形態が重要な役割を果たすという仮説を裏づけている．第二に，標本が小さくて階級的なかたよりと地理的分布にかんする部分的なかたよりがあったにもかかわらず，その結果として得られた合成イメージは，依然として真のパブリック・イメージに近づく大ざっぱな第一段階であるらしいことが明らかになったのである．だが

再調査にあたっては，標本の大きさとかたよりは改善しなければならない．

標本が小さかったので，これをさらに年齢，性別その他によるグループに細別し，それぞれのイメージを検討する試みはおこなわなかった．標本は全体として分析され，被面接者の背景については，全体的なかたよりのぐあいを知るためのみにしか考慮されなかった．しかしグループによる差異という問題は，興味ある研究テーマであるに違いない．

もちろんこれまでの研究は，人々がその場からはなれて都市を描写したり思い出したりするのに用いられるイメージには一貫性がある，ということを明らかにしたにすぎない．だがこのイメージは，その環境の中で実際に活動する場合のイメージとは，全く違ったものであるかもしれないのである．このような相違のあるなしを調べる唯一の方法は，被面接者の何人かによる現地歩き field trip と，街頭でのインタビューであった．後者は範囲が限られた，やはり口頭でのものではあったが，それでも記憶によるイメージを確認しているようであった．現地歩きのデータは不明瞭な答を出していた．この場合には室内インタビューの場合とは異なる道筋が選ばれることが多かったが，全体のストラクチャーは類似しているようであった．現地の録音には，室内の場合よりも細かく描写されたランドマークがたくさんあらわれていた．残念ながらこの録音は技術的な理由のため十分には得られず，満足できるものではなかった．記憶にもとづいて他人に伝達されるイメージと，コミュニケーションの必要がない現場のイメージとの間には，おそらく相違があることであろう．しかし，これら2つのイメージは決してきっぱり分離したものではなくて，一方から他方へ徐々に変化するものなのであろう．少なくとも，われわれのデータは，行動と伝達されたイメージとの間に相互関係があることを示し，後者においては感情的な意味づけが強い，ということを指摘している．

仮定的なエレメントのタイプ（ノード，ディストリクト，ランドマーク，エッジ，パス）については，やや修正を要したが，われわれの

データはこれを大いに肯定していた．これはプラトンの原型のように
それらのカテゴリーが存在することが証明されたというわけではなく，
これらのカテゴリーが，データを操作するのに一貫して役に立ったと
いうことである．バスが量において支配的であることが明らかになっ
た．また3つの都市のどれをとっても，それぞれのカテゴリーに属す
るエレメントの量のパーセンテージは，驚くほど一定であった．ただ
ひとつの例外は，ロサンゼルスで，バスやエッジからランドマークへ
と関心が移っていることである．これは自動車で動きまわる都市にみ
られる驚くべき変化であるが，ここでの理由はおそらく，碁盤の目の
道路に変化が乏しいことにあったのであろう．

　なお，個々のエレメントやエレメントのタイプについてのデータは
おそらく適切であったが，エレメントの相互関係やパターン，シーク
エンス，そして全体に関する情報は足りなかった．このような重要な
局面に近づくためには，よりよい方法が考えだされなければならない．

デザインの基礎としての方法 The Method as the Basis for Design

　おそらく，われわれの方法に関するこのような全般的な批判をまと
める最上の道は，今までに述べたようないろいろな苦情が出ないよう
に考案されていて，しかも，それを基礎として，どの都市を対象にし
てもそれに将来視覚的な形態を与えるための計画をたてることができ
るような，イメージ分析のテクニックを推挙することである．

　そのための手順として，まず2つの研究が必要である．そのひとつ
は，2人ないし3人のよく訓練された観察者による総合的な現地踏査
である．かれらは徒歩で，または自動車を使いながら，昼と夜にわた
って組織的に都市全体を観察し，さらにこれを補うため，すでに述べ
たような方法で，"問題"の旅も試みる．これによって，エレメントの
強弱や，部分のみならず全体のパターンをも取り上げた，現地分析地
図と短いレポートができあがるわけである．

　これと平行して，全体の人口構成の性格とつりあうようにバランス
のとれた大きな標本による集団インタビューを実施するのである．こ

の集団に対するインタビューは，一斉におこなってもよいし，いくつかの小グループに分けてしてもよい．かれらに依頼する問題は次の4つである．

　a. 問題になっている地域のスケッチマップを手早く描くこと，この場合，最もおもしろくて重要な特徴を示すとともに，この土地に不案内な人のために，その人が大した困難なしに動き回るのに十分役に立つ指示を与えること．

　b. ひとつか2つの旅を思い浮べて，その道筋と沿道にそってくりひろげられるできごとについて同じようなスケッチをすること．ただし，その場合の旅は，対象となる地域の長さと幅を明らかにするものとして選ばれたものである．

　c. 市内で最も独特だと考えられる部分のリストをつくること．このとき試験官は"部分 part"と"独特な distinctive"ということばの意味を説明する．

　d. "――はどこにありますか？"といったたぐいの2,3の質問に対して短い答を書くこと．

　以上のようなテストの結果を分析し，エレメントおよびその結合関係が指摘される頻度，地図が描かれる順序，鮮明なエレメント，構造に対する感覚，合成されたイメージなどについて調べるのである．

　それから現地踏査の結果と集団インタビューの結果を比較して，パブリック・イメージと視覚的な形態との関係を調べ，その地域全体としての視覚的な強弱について第1ラウンドの分析をおこなうとともに，さらに深く検討する価値がある重大な地点やシークエンスやパターンなどをはっきりさせるのである．

　次にこうした重大な諸問題について，第2ラウンドの調査を開始する．小さな標本を用いて，そのひとりひとりとインタビューをおこない，選んでおいた重大なエレメントの位置を示すこと，それらのエレメントを用いて架空の短い旅をすること，それらのエレメントがどんなものであるかを説明すること，スケッチを描くこと，それらに対してどんな感情や思い出をもっているかを語ることなどをさせる．その

中の2,3人がこのような特定の場所へ連れて行かれて，これらを含む短い現地旅行をおこなって，それらのエレメントについてその場で話し合ってもよいだろう．またいろいろの起点からそのエレメントまでどう行けばよいかを，街頭で手当り次第にたずねてみることもよいだろう．

第2ラウンドのこれらの研究の内容や問題点について分析したら，次に，やはり同じエレメントを対象とした，やはり同じ程度に集中的な現地踏査を実施する．それに続いて，光，距離，活動，運動などの多くの異なる実地条件のもとにおけるアイデンティティやストラクチャーについてさらに詳細な研究をおこなう．これらの研究にはインタビューの結果を利用するが，決してそれに縛られはしない．ボストンのエレメントについての詳細な研究を付録Cで取り上げてあるが，これがたぶんそのモデルとなりうるだろう．

これらの資料のすべては，最後に，一連の地図やレポートにまとめられる．それらは，地域の基本的なパブリック・イメージ，視覚的な問題点や強度，重大なエレメントおよびエレメントの相互関係，またそれらのエレメントがもつ細かな特質や変化の可能性などを表わすものである．このような分析に絶えず修正を加え，常に新しいものとしていくならば，それを基礎として，地域に将来視覚的な形態を与えるための計画を立てることができるようになるのである．

将来の研究のために Directions for Future Research

以上のような批評と，前章以前にあらわれた数々の頁が，われわれの前にはまだ未解決の問題がいくつもあることを指摘している．分析の次の段階ではなにをなすべきなのか，それにはすでにわかり切っているものもあるし，より重要でさえあるのに，まだはっきりつかめていないものもある．

わかりきっている次の段階のひとつは，上記のような分析のテクニックを用いて，全住民を代表するような，もっと適切な標本をテストしてみることである．この作業によって得られる結論は，ずっと堅実

なものとなるであろうし，これによって，実際に応用するのに適したテクニックも完成するだろう．

　すでに調べられた3つの都市以外のさらに広範囲な環境に対して比較研究法が適用されれば，問題に関するわれわれの知識は一層豊かになるであろう．非常に新しい都市と非常に古い都市，小さくまとまった都市とだだっ広い都市，密度が高い環境と稀薄な環境，無秩序な環境と非常に整然とした環境，これらはみなそれぞれちがう特色のあるイメージを生みだすかもしれない．ある村のパブリック・イメージは，マンハッタンのそれとどう違うのだろうか？　湖畔の都市は，鉄道町よりも概念化しやすいだろうか？　このような研究は，物理的形態の効果に関する資料の宝庫をつくり上げるだろう．そして都市のデザイナーはそれを利用できるようになるだろう．

　またこれらの方法を，都市とは異なる規模や機能をもつ環境にあてはめてみることもおもしろいだろう．これはたとえば建物，風景，輸送機関，そして谷間の地方などのことである．しかし実際の必要性の見地から最も重要なのは，これらの考え方を大都市地域 metropolitan area に応用し，またそれに合うように調整することである．このような地域は現在のところ，われわれの知覚的理解力の及ぶ範囲をはるかに越えた存在のようにみえている．

　一方，観察者によっても，イメージは大いに異なるかもしれない．計画が世界的なおきてとなり，計画家が他の国の人々のために計画をたてる仕事にたずさわるようになるにつれて，アメリカで見出されていることがらがたんにアメリカという一地方の文化から派生したものではないということを確かめておくことが必要になってくる．インド人は自分の都市をどう見ているのだろうか，そしてイタリア人は？というふうに考えて見なければいけない．

　このような相違は，分析家が国際的な仕事をおこなう場合ばかりでなく，自分の国で仕事をする場合であっても，かれに困難をもたらすものである．かれはある地方独特のものの考え方，または，とくにアメリカの場合だが，かれが属する階級のものの見方のとりこになって

いるかもしれない．都市というものがたくさんの集団が使うものであるのならば，主要な集団のそれぞれが環境に対してどんなイメージをもちやすいかを理解しておくことが重要である．個々の人格のタイプの多様性についても同じことが言えよう．われわれの現在の研究は，標本の中に見出される共通の要因だけを取り上げたものにすぎないのである．

また，われわれが発見したイメージのタイプのいくつか――たとえば，静的な体系的 hierarchical なシステムを用いるもの，動的に展開するつながりを用いるもの，あるいは具体的なイメージと抽象的なイメージなど――が，安定していて，変化しないタイプであるのか，それともたんに，特殊な訓練または環境の結果であるにすぎないのか，ということについて検討してみるのも興味深いことであろう．それにこのようなイメージのタイプ相互間の関係はどうなっているのだろうか？　動的なイメージのシステムは，同時に位置的な構造をもつものでもありうるのだろうか？　同様に，思い出して伝えられるイメージと，その場で実際活動に用いられるイメージとの間の関係も調べられるとよいだろう．

これらの問題はすべて，理論的おもしろさ以上のものを含んでいる．都市は多くの集団が生活するところであるので，集団および個人それぞれのイメージとその相互関係について，きわだった理解力を発揮しないことには，すべてを満足させるような環境をつくり出すことはできない．このような知識がわれわれのものとなるまでは，デザイナーはいつまでも公分母つまりパブリック・イメージに頼るとか，できるだけたくさんの種類のイメージづくりの材料をとりそろえてみせるほかないのである．

われわれのこれまでの研究は，ある一時点において存在するイメージに限定されている．しかしこれらのイメージがどのようにできあがってゆくのかがわかれば，われわれの理解ははるかに高められることであろう．新しい都市にはじめて来た人は，どのようにしてイメージを築き上げるのだろうか？　子供はどのようにして周囲の世界に対す

るイメージを展開していくのだろうか？　このようなイメージはどのようにして教えられたり，伝えられたりするだろうか？　どんな形態がイメージの展開に最も適しているだろうか？　都市は即座に把握されるような明瞭な構造と，もっと複雑で含蓄の多いイメージを人々が徐々につくり上げていくことを可能にするような潜在的な構造，の両方を備えていなければならないのである．

　都市が絶え間なく改造されているという事実は，これと関連した問題を提起する．つまり，イメージの順応の問題である．われわれのすみかがますます流動的で変わりやすいものとなるにつれて，このような大変動を通じてイメージの連続性を保つためにはどうすればよいかを知ることが大事になってくる．イメージは変化に対してどのように順応するのか，それが可能なのはどの程度までなのか？　いったん覚え込んだ地図をそのままにしておくために現実が無視されたりゆがめられたりするのはどんな場合なのか？　イメージはどんなときにこわれるのだろうか？　そしてそれはどんな損害をもたらすだろうか？　どのような物理的連続によって，この崩壊がさけられるだろうか？　またすでに崩壊が起こってしまった場合に，新しいイメージの誕生を促進するにはどうすればよいのだろうか？　変化に対して開放的なイメージをつくり上げるということは特殊な問題である．開放的なイメージとは，強靱で，しかも免れ難い圧力の前には弾力をもつようなイメージのことである．

　われわれはここでもういちど，イメージとはたんに外的な特徴だけがもたらす結果ではなく，観察者がつくり出すものでもあるという事実を振りかえってみなければならない．してみれば，教育によってイメージの質を改善することも可能なはずである．都市環境によりよく適応できるように人々に教えるためには，博物館，講演，市内の散歩，学校の課題などのいろいろな手段を用いることが考えられるが，これらの手段について研究してみることも有益であるに違いない．これと平行して，地図，標識，図表，方向指示器などといった符号的な手段を用いる方法も可能である．主要な特徴の関係をイメージの展開に都

合のよいような方法で説明する符号的な図形が発明されれば，一見秩序のない物理的世界もわかりやすくなることであろう．そのよい例は，ロンドンの地下鉄網の図表的な地図である．これはどの駅にもかざられて人々の目をひいている．

おそらく，今後の研究が進むべき最も重要な方向については，すでに何度も述べられた．つまり，都市のイメージを全体的な場としては理解していないことと，エレメント相互の，パターン相互の，そしてシークエンス相互の関係もよくわかっていないことなどを取り上げてきた．都市の知覚はその本質において時間的な現象であり，また，非常に大きな規模をもつものにその方向は向いている．もし環境が有機的な全体 organic whole として見てとられねばならないものであるならば，その部分を直接の前後関係の中で明らかにするということは，たんに初歩的な段階にすぎないということになる．そして全体を理解し操作する方法，あるいは少なくとも，シークエンスや展開するパターンの問題を取扱う方法を発見することが極度に重要となってくる．

このような研究のいくつかは，何らかの方法で量的に表わすことができるかもしれない．たとえば，市内の特定の目的地を説明するのに必要とされる情報の数に関して分析するとか，余分な手がかりの相対量に関して分析することは，その例である．また，事物を認知する速さについて調査してもよいし，安心感をはぐくむために望ましい余分な手がかり，あるいは人々が自分の環境にかんして覚えていられることがらの数，などについて調べてもよいだろう．このことは前述したような，記号的な装置とか方向指示器をつくることとも関連してくる．

しかし少なくとも当分の間は，作業の中心は量の問題からはなれて，パターンとシークエンスにかんする考察が主な方向となるのではあるまいか．後者の場合には，複雑で時間的なひろがりを持つパターンを表現するためのテクニックが問題となる．これは技術的な考慮にすぎないとはいえ，基本的かつ困難な問題なのである．このようなパターンを理解し操作できるようになるためにはまず，その本質を表現する方法を見出さなければならないのである．この方法のおかげで最初の

経験が繰り返されないでもそのパターンが伝達されるというような方法を見出さなければならないのである．これはかなりの難問題である．

われわれはもともと，物理的なすみかを操作する者としてこの問題に関心を抱いたのであるから，これらの考えを実際のデザインの問題に試みてみるということも，今後研究すべきことがらを並べたリストの上位に来るであろう．イメージアビリティ imageability をもたらすデザインのポテンシャルが開拓されねばならないし，それが都市のデザイン計画の基礎となりうるという主張もテストされなければならない．

現在の段階では，将来の研究にとって最も重要なテーマは次のようにまとめられるであろう．この概念を大都市地域に応用してみること，それをさらに拡張して，主要な集団間の差異についても考慮すること，イメージの展開と，変化に対する順応，全体的かつ時間的なひろがりをもつパターンとしての都市のイメージ，そしてイメージアビリティという概念を含むデザインのポテンシャルの開発である．

C.

2つの分析例

　現地踏査において行なわれる，都市のエレメントについての詳細な視覚的分析のタイプの例として，またこの分析とインタビューの結果とを関係づける方法の例として，ボストン市内の隣接した2つの場所について述べてみることとしよう．それだということがすぐにわかるようなディストリクトとしてビーコン・ヒル Beacon Hill を，人を混乱させてしまうようなノードとして，そのすぐ下にあるスコレイ・スクエア Scollay Square を選んだ．図49はボストン中心部でこれらのエレメントが占めるきわめて重要な位置を，またこれらとウェスト・エンド West End，下町の商店街，コモン Common，チャールズ河 Charles River などとの関係を示している．

図49, 208頁

ビーコン・ヒル Beacon Hill

　ビーコン・ヒルはボストン市にはじめからある丘のうちで残っているもののひとつだが，商業センターとチャールズ河の中間に位置し，南北の交通の流れをさえぎっているとともに，多くの地点からよく見える存在である．詳細な地図の方は街路のパターンと建物の配置を示している．ここはユニークな場所である．アメリカの都市の中にあるとにユニークである．19世紀初期のおもかげをよくとどめながら

図50, 208頁

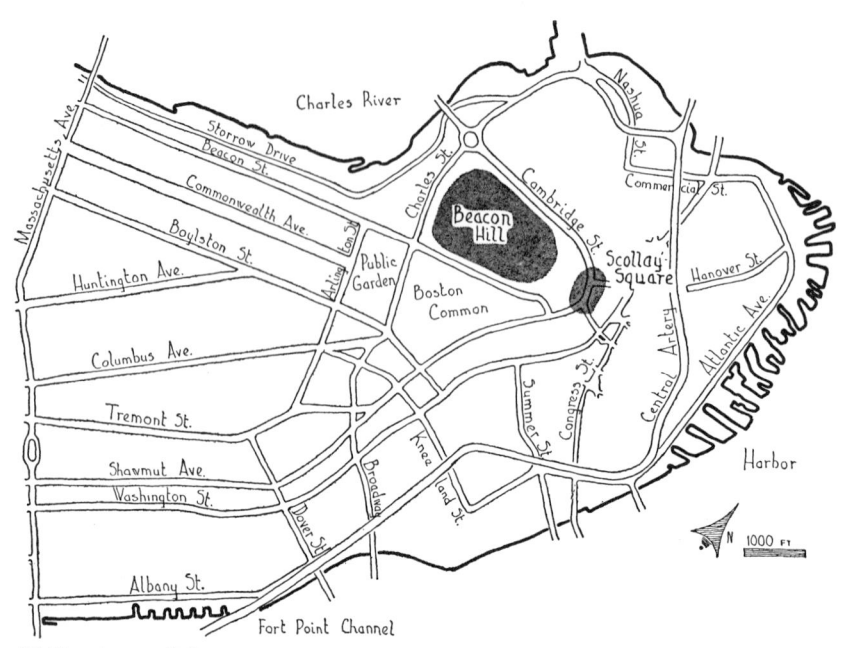

図 49 ボストン半島におけるビーコン・ヒルとスコレイ・スクエアの位置

図 50 街路と建物，ビーコン・ヒル

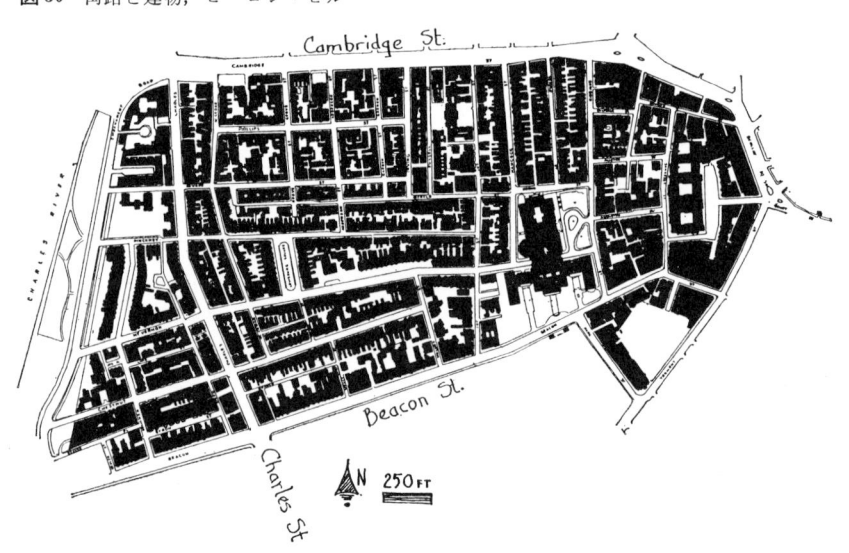

も，今なお生きつづけ，役に立っている．この大都会の中心部にじかに隣接した静かで暖みのある上流階級の住宅地域である．インタビューに際しては，それ相当の強いイメージを呼び起こしていた．

人々はビーコン・ヒルを，非常に独特な場所だと考えていたし，これをボストンの象徴だと思っている人も多かった．またこれを遠くからながめることを思い浮べる人も多かった．市の中心部にあること，下町にごく近いこと，ビーコン・ストリートがくっきりした境界線をつくっていて，それをはさんでコモンと隣り合っていることなどはよく知られていた．ウェスト・エンドとの境については，慣例的に，それはケンブリッジ・ストリートだということになっていた．たいてい被面接者はこの丘はチャールズ・ストリートで終っていると考えていたが，中にはためらいながら，それよりさらに低い地帯を含めて考える人もあった．ほとんど全員がチャールズ河とのむすびつきについては気づいていた．4つ目のエッジは不明確で，通常，ジョイ・ストリート Joy Street あるいはボードイン・ストリート Bowdoin Street とされていたが，このあたりはわけのわからない地域で，ただ"何となく"スコレイ・スクエアまで下っていくところと考えられていた．

ビーコン・ヒルの内部は，マートル・ストリート Myrtle Street によって，社会的および視覚的な"バック"・サイド(裏側)と"フロント"・サイド(表側)の2つのはっきり異なった部分に分かれているようであった．街路のシステムは，大体において平行で，"きちんと"していて，まっすぐだが結びつきがゆるくて，通り抜けるのがむずかしいというふうにイメージされていた．フロント・サイドは平行する数本の街路(マウント・ヴァーノン・ストリート Mt. Vernon Street の名が最もしばしば挙げられた)から成り立っていて，その両端にはルイスバーグ・スクエアと州庁舎があるというように見られていた．バック・サイドはケンブリッジ・ストリートへと下っている．ジョイ・ストリートは表と裏のつなぎとして非常に重要であるように思われた．ビーコン・ストリートとチャールズ・ストリートは全体の一部として感じられていたが，ケンブリッジ・ストリートはそうではなかった．

被面接者の大半は，ビーコン・ヒルに対するかれらのイメージの中にあらわれるものとして，次のような点をあげていた．(ほぼ頻度の高い順)

　　くっきりした丘
　　せまい石畳の通り
　　州会議事堂
　　ルイスバーグ・スクエアとその公園
　　樹木が多い
　　堂々とした古い家々
　　赤煉瓦
　　ひっこんだ戸口

このほかにも，次のような点をあげる人が多かった．

　　煉瓦敷きの歩道
　　丸石敷きの通り
　　河の眺め
　　住宅地域である
　　汚物やくず
　　社会的な差別
　　バック・サイドの町角ごとの店
　　ふさがれている通り，あるいは，"曲がった"通り
　　ルイスバーグ・スクエアの垣と彫像
　　変化に富む屋根のいただき
　　チャールズ・ストリートの看板
　　州会議事堂の金色の丸屋根
　　紫色の窓
　　他と対照的ないくつかのアパート

また少なくとも3人が，このほかに次の点を付け加えていた．

　　駐車している自動車
　　張出し窓
　　鉄細工

密集している家々

古い街灯

"ヨーロッパ的"な趣き

チャールズ河

マサチューセッツ総合病院の方への眺め

バック・サイドで遊んでいるこどもたち

黒い鎧戸

チャールズ・ストリートにある骨董品店

3階ないし4階建ての家々

　街頭で手当り次第に手短かに道を聞く方法からは，意外なほどたくさんの説明が得られた．その要点は次のようなことである．ビーコン・ヒルは丘であって，ここに着くためには通りまたは階段をのぼって行く．金の丸屋根と階段のついた州会議事堂が目印である．コモンに面していてビーコン・ストリートがそのエッジとなっている．公園と垣をもつルイスバーグ・スクエアが含まれている．2，3人の人々はこれにさらに，樹木があること，高級住宅地であること，スコレイ・スクエアに近いこと，ジョイ・ストリート，グローヴ・ストリート Grove Street，チャールズ・ストリートが通っていることなどを追加していた．このような指摘はその性質上，ごく簡略に述べられたものであったが，より集中的なインタビューで得られた結果とほぼそっくりであった．

　ビーコン・ヒルのイメージに現われたこれらのテーマの基となった物理的現実に着目してみよう．イメージの中のこのディストリクトは，たしかに，このくっきりしたユニークなひとつの丘という地形とほとんど一致している．最もけわしい坂はチャールズ・ストリートとケンブリッジ・ストリートへ向かっている．その傾斜はケンブリッジ・ストリートを越えてウェスト・エンドにもいくらか及んでいるが，実際にはけわしい変化度すなわち鉛直方向のカーブの屈折点はすでに過ぎている．この屈折こそ，視覚的に重要なできごとなのではないだろうか．チャールズ・ストリートは斜面のエッジにちょうど一致しており，

図51, 213頁

このためあとで述べるように，それよりさらに低い地帯をビーコン・ヒルに組み入れて考えるのはむずかしいようになっている．だがこれ以外の2つの側面では，境界線が丘の側面にまではいり込んでいる．ビーコン・ストリートは傾斜面を少しのぼったところにあるし，コモンは事実上同じ地形の一部になっている．しかし，空間と性質の変化がかなり強いために，この地形的なあいまいさは打ち消されているので，地勢としての丘はトレモント・ストリート Tremont Street から始まっているのにもかかわらず"ビーコン・ヒル"は，明らかにビーコン・ストリートから始まっているのである．

しかし東側では，事情は違っている．この方面では丘の大部分が商業目的の建物でたてこんでいるが，そのためにスコレイ・スクエアは中腹にあることになり，スクール・ストリート School Street の傾斜も激しい．地形上の現実は無視されており，しかもなにがおこなわれてきたかを見てわかるようにする広い空地もないし，土地の形態の連続を打ち消すような，性格上の強い変化もない．このことは明らかに，この方面のイメージをあいまいにし，またスコレイ・スクエアの空間を落ちつかないものにしている．

図51　ビーコン・ヒルの内部では，視覚的にも，肉体的な努力や平衡感の点からも，傾斜しているということがいたるところで感じられる．坂道の方向が，フロント・サイドとバック・サイドで異なるという事実は，この2つの地域のちがいを強調するのに役立っている．

図52　フロント・サイドはまぎれもない空間的特質をそなえている．それはとぎれのない街路の回廊 street corridors から成り立っている．その回廊のどの部分も親しみやすい大きさである．建物の正面はすぐ近くにあり，3階建てのものが多く，立ち並ぶ家々のすべてが1家族だけが住んでいる建物であるという感じを与えている．アパートや下宿屋や，公共の建物などは，なかなかそれと見分けにくい．ここの性格がこのように限定されているとはいうものの，横断面図に示されるようにプロポーションはかなりさまざまに変化している．とくに大きな変化が認められるのはマウント・ヴァーノン・ストリートのルイスバ

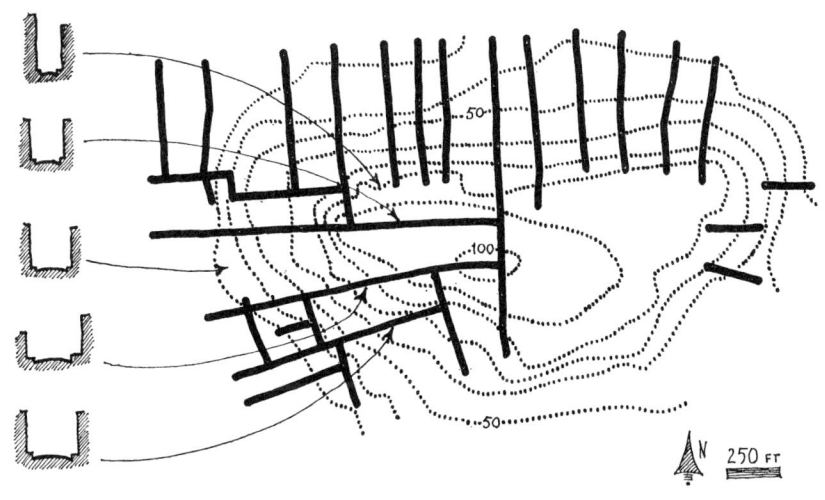

図 51 坂道，地形，街路の横断面

図 52 チャールズ・ストリートから見上げたチェスナット・ストリート

ーグ・スクエアより上の部分で，ここの北側では，長い列になった"大きな"家々が道路から後退しており，そのために小さな前庭ができている．これは非常に目立ち，楽しい変化である．しかも全体の連続性を乱すものではない．

　バック・サイドでは空間のプロポーションが，著しく変わっている．建物は4階ないし6階建てで，一見して1家族だけの住宅ではないことがわかる．回廊の空間は，谷間のようである．またここでは傾斜が北を向いているので，街路に陽があたることもそれだけ少なくなる．このように，空間のプロポーションの，光の，傾斜の，そして，社会的な意味あいの感じが，この地域の第一の特色となっているようである．

図 53, 54　　図 53, 54 はビーコン・ヒルでテーマとなっている他のエレメントのうち，ここのイメージを特徴づけていると思われるものの位置を示したものである．しかしこれらは主として，フロント・サイドの特徴であることを繰り返し言っておきたい．煉瓦の歩道，町角の商店，ひっこんだ戸口，鉄細工の装飾，樹木などの分布が，それにある程度までは黒い鎧戸の分布も，そろって，フロント・サイドの独特さとバック・サイドとの違いを徹底的に打ち出しているのである．このようなテーマの集中と，繰返し，そして，磨かれたしんちゅうとか，ぬりたてのペンキとか新しい舗道とか，手入れの行きとどいた窓などからわかる維持の程度とが重なり合って強い効果を及ぼし，ビーコン・ヒルのイメージに，ある種の活気を与える結果となっている．

図 55, 216頁　　張出し窓は，ピンクニー・ストリートの低い方の部分を除いてはそれほど目につかない．また，紫色の窓も一般にビーコン・ヒルと結びつけて考えられているが，実際にはそれほど多くはない．丸石の舗道についても同じで，これは実際にはルイスバーグ・スクエアの中にある短くせまい帯状の部分2カ所と，あまり人に知られていないエイコーン・ストリート Acorn Street に敷かれているだけである．煉瓦はたしかに，たいていの建物に用いられており，これは，ボストンではめずらしいこととは言えないが，一貫して，色彩とテクスチャーの基

215

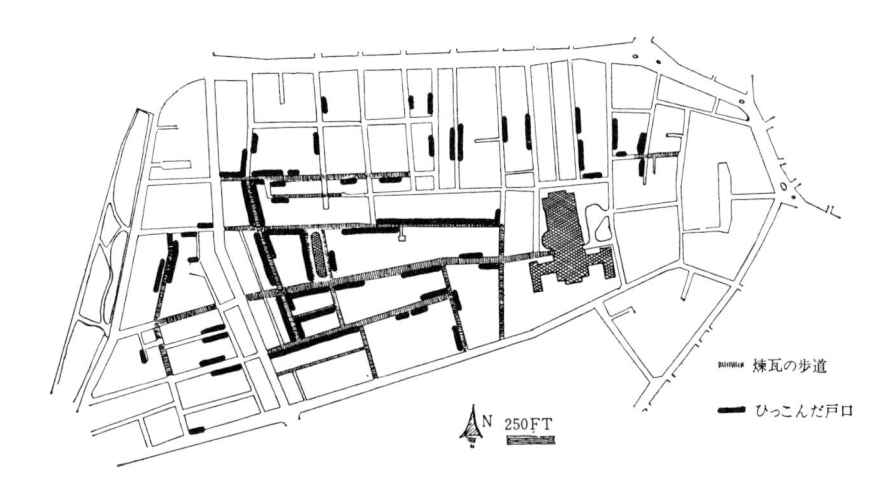

図53 ひっこんだ戸口と煉瓦の歩道

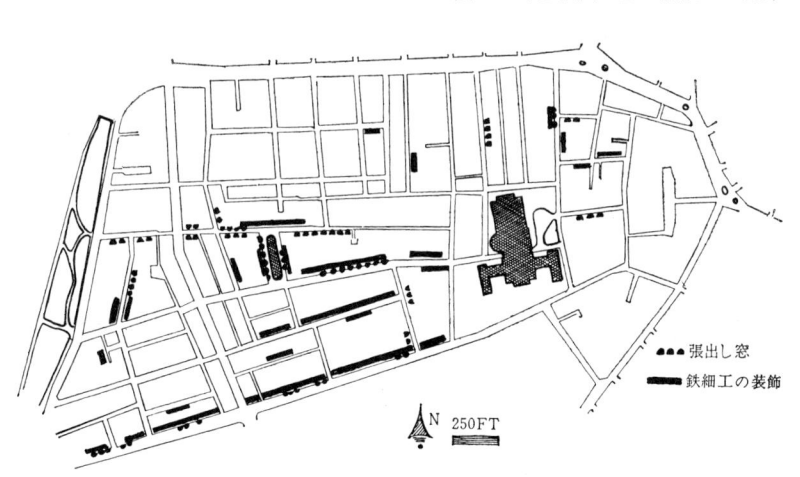

図54 弓形張出し窓と鉄細工の装飾

図 55　ビーコン・ヒルにおけるテーマの単位

図 56

調になっている．古い街灯も，この地域のいたるところで見うけられる．

　ビーコン・ヒルの中の視覚的なサブエリア(亜地域，地域の中の地域)はどれもかなり明確に描写されている．それらは空間，変化度，用途，路面，植物などの視覚的な特徴や，ドア，鎧戸，鉄細工などのディテールによって表わされている．普通これらの特性は同時にあらわれているが，それによって各地域のちがいが強められる．というわけで，フロント・サイドはチャールズ・ストリートへ向かうけわしい傾斜を持った地域で，親しみやすい大きさの，街路の回廊から成り，装飾が多く，手入れがよく行き届いた建物は，いかにも上流階級の住宅らしく，そして，日当りがよく，街路樹や草花，煉瓦敷きの歩道，黒い鎧戸，ひっこんだ戸口を特徴とするところとして，また女中，お抱え運転手，老婦人，立派な自動車などが路上で見受けられる場所とし

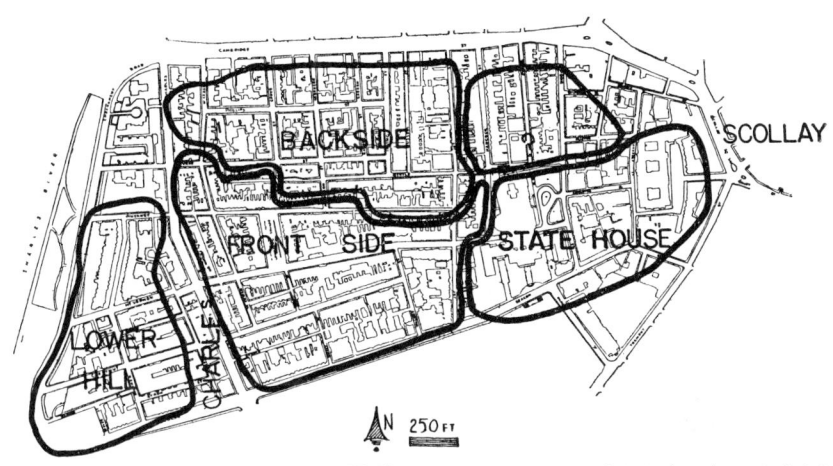

図 56 ビーコン・ヒルにおけるサブ・ディストリクト

て考えられているのである．バック・サイドはケンブリッジ・ストリートに向かって下り傾斜になっていて，かざり気もなく，手入れも悪い借家にはさまれた暗い峡谷のような空間から成り，町角には商店があって，通りはきたなく，こどもたちが路上で遊んでいる．煉瓦づくりの建物の間に石づくりの建物もいくらか見うけられる．樹木は街路にではなく，裏庭に立っている．

チャールズ・ストリートとチャールズ河との間にある低部ビーコン・ヒル地区 Lower Hill も，植物，煉瓦と煉瓦づくりの歩道，ひっこんだ戸口，鉄細工の装飾といった，フロント・サイドと同じ特徴を多く備えている．しかし傾斜がないということとチャールズ・ストリートという障害物によって，ここは分類上はみ出してしまっているようである．一方，このチャールズ・ストリートは，丘の上部で消費される高価で昔なつかしい種類の品物を売るために特殊な性格を帯びた商店街で，それ自体がひとつのサブ・エリアを形成している．骨董品店の分布図はこの点を説明している．また大きな州会議事堂 State House の建物で代表される官庁街は，用途，空間の規模，道路上の活動などにおいて，他とは全く異なっている．最後に残るのはハンコック・ストリート Hancock Street とサマーセット・ストリート So-

図 57, 218 頁

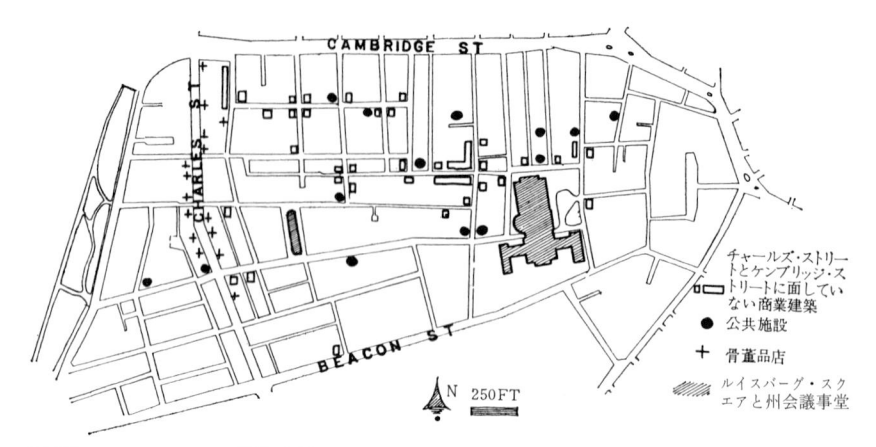

図57　ランドマークと商業建築

merset Street との間，ディーン・ストリート Deane Street の下の過渡的な地帯である．ここには，傾斜，煉瓦の歩道，張出し窓，ひっこんだ戸口，鉄細工の装飾など，いかにもビーコン・ヒルらしい特徴が見受けられるのだが，ここは他と切り離されている．というのは商店や教会が住宅の間にまじっているし，建物の手入れぐあいも，フロント・サイドよりは社会的に低い階級に属することを物語っているのである．このように区別がはっきりしていないために，この側でのビーコン・ヒルの形をイメージすることがむずかしくなっている．

　その内部の各地区相互間を結ぶ循環用の通路が，というよりもそれが不足していることが，どのような効果をもたらしているかを調べてみるのはおもしろい．フロント・サイドからバック・サイドへの移動が妨げられていることと，普通これら2つの地区へは別々の方向から入って行くという事実は，それぞれを隔離するのに一役買っている．州会議事堂はボードイン・ストリートを住宅地域から切り離しており，アーチの下のがたがたした通路を通じてのみ連絡が保たれているが，この通路は東側からは実に見つけにくいところにある．またスコレイ・スクエアへの道はそれ以上にたどりにくいものであるために，この広場は丘から"遊離"しているのである．

このためビーコン・ヒルを通り抜けるマウント・ヴァーノンMt. Vernon, ジョイ Joy, ボードイン Bowdoin, チャールズ Charlesなどの通りの重要性はいや増している．どの通りも位相幾何学的に規則正しく走っており，また上に名をあげられた通りはたしかに丘を通り抜けているのではあるが，どれも見通しは常にさえぎられていて，そのことがこの地域のこじんまりした感じ，親しみやすさ，そしてアイデンティティ identity を強めている．ジョイ，ボードイン，ピンクニー Pinckney などの通りは鉛直方向のカーブによって，マウント・ヴァーノン，シーダー Cedar，チャールズなどの通りは水平方向のわずかな屈曲によって閉ざされている．その他の通りはみなこの地域内部で行き止まりになっている．だからどの地点に立っても，見通すことは不可能なのである．

とはいうものの，この丘には，見晴らしの良いところも何カ所かある．とくにチェスナット Chestnut，マウント・ヴァーノン，ピンクニー，マートル Myrtle，リヴィア Revere などの通りから見えるチャールズ河の見晴らしがよいが，これは，これらの通りが傾斜していることと，ビーコン・ヒルが，チャールズ河に対して縦射にさらされるような位置にあることによるものである．マウント・ヴァーノン・ストリートからウォールナット・ストリート Walnut Street の下手にコモン Common がちらりと見えるのは快い．すべて北に向いているバック・サイドの通りからはウェスト・エンド地区が見晴らせるが，屋根のいただきの眺めはとくにどうということもない．ただし，アンダーソン・ストリート Anderson Street（シーダー・ストリート Cedar Street とジョイ・ストリート Joy Street の間では，バック・サイドとフロント・サイドを結ぶ唯一の通り）の下手に見える風変りなバルフィンチ Bulfinch 病院は別である．ピンクニー・ストリートを上ってくると，首を切られてしまった税関の塔に目を見はらせるし，チェスナット・ストリートを上ってくれば，州会議事堂の金色の丸屋根の見事な姿をのぞむことができる．

州会議事堂はもちろん，ビーコン・ヒルにおける最も重要なランド　　　図58, 220頁

図 58　州会議事堂

マークである．その特異な形と機能は，丘の頂上近くに位置していて，コモンからもよく見えるということとあいまって，この建物をボストン中心部全体の鍵に仕立て上げている．ビーコン・ヒルの内部ばかり

図 59

でなく，外部に対しても役立っているのである．ルイスバーグ・スクェア Louisburg Square ももうひとつの基本的な場所である．これはフロント・サイドの低い方にある住宅地の小さいノードである．この広場は外部からは見にくいうえ，丘の頂上とか麓のそばにあるわけでもないし，その他の何らかの手段によって位置が明らかになっているわけでもない．このためこの広場は，位置を示すもの locator として役に立つというよりも，ビーコン・ヒルの"内部のどこか"にあって，まさにビーコン・ヒルの特殊な性格の縮図であると考えられている．全く，ここにはフロント・サイドのテーマがすべて集中し，いわばそれらの最も純粋な形で現われているのである．さらに，この広場はととのった空間であり，そのことがこの地域全体の空間的な特性とよい対照をなし，しかもそれをより鮮明にしてもいる．そこには有名

図59　ルイスバーグ・スクエア

な石畳がところどころにあり，また塀をめぐらせた緑の濃い公園もあって，その中には銅像が立っている．そしてこの公園は，その緑のみずみずしさと，そこにただよう"立入禁止"の雰囲気のために，強く人々の注意を引きつけるのである．おもしろいことに，この広場が丘の中腹にあるという事実は，全体の構造の中で正確に位置づけることを困難にしてはいるものの，この近辺の空間の視覚的な安定感を損なってはいないようである．

　これらの他にも，内部の構造にとって比較的重要なランドマークがいくつか考えられる．マウント・ヴァーノン・ストリートとチャールズ・ストリートに面するユニヴァサリスト教会 Universalist Church はその場所柄と塔のためにきわ立っている．州会議事堂に向かってディーン・ストリートに面して立っているサフォーク法律学校 Suffork Law School の大きな図体は官庁街の性格を強め，境界を明らかにするのに役立っている．また，ニューイングランド薬科大学 New England College of Pharmacy は，マウント・ヴァーノン・ストリート

図57, 218頁

の住宅地としての雰囲気を侵しているし，ピンクニー・ストリートとアンダーソン・ストリートの角にあるカーネギー・インスティテュート Carnegie Institute は，家並のファサードの連続を破ると同時に，バック・サイドへの入口を示している．丘にはこのほかにも住宅以外の用途に用いられている建物があるが，たいていは全体の背景の中に不思議なほどよく溶け込んでしまっている．ビーコン・ヒルの外にあるランドマークで中から見えるものはごく少ない．したがって内部のイメージの構造は，それ自身がもつ材料だけから成り立っている．

ビーコン・ヒルがウェスト・エンド地区とはくっきりした境界によって接続していること，またスコレイ・スクエアへの移り変わりぐあいが明確ではないことは，すでに述べたとおりである．またビーコン・ヒルがコモンに面していることはだれにも知られているが，両者の間の直接的な結びつきはきわめて弱いということを付け加えておかねばならない．チャールズ・ストリートかジョイ・ストリートかウォルナット・ストリートかを通らない限り，簡単に行き来することはできないし，緑の茂みの眺めも同様に妨げられている．もしビーコン・ストリートの線と直角に交わるバスなりすきまなりが存在していたならば，ビーコン・ヒルの樹木とコモンとの連続性がこのように断たれてしまうことにはならなかったであろう．

ビーコン・ヒルとチャールズ河との関係はほとんどだれからも感じ取られていたが，これはおそらく東西に走る通りから見下されるよい眺めのおかげであろう．しかし，間にある低い地域の性格があいまいであること，河岸が平坦であること，水際に近づくためにはストロー・ドライブを越さなければならないが，その横断がむずかしいことなどから，丘と河との詳細な結びつきはきわめて不明瞭であった．河との関係は丘の高い方にいればはっきりわかるのだが，河に近づくにつれてわからなくなってしまうようである．

ボストンという都市全体の見地から考えると，ビーコン・ヒルは，そこに住む住民は少数であるのにもかかわらず，重要な役割を演じている．その地形，街路の空間，樹木，社会的な階級，ディテール，そ

して手入れの状態などによって，それはボストンのその他のどの地域とも違うものになっている．これに最もよく似ているのはバック・ベイ地区で，材料，植物，連想などにおいて，そしてある程度までは用途や地位についても共通性がみられるが，地形やディテールや，手入れぐあいなどは似ていない．しかしそれでも，ときには両者が混同されることもあった．この他にビーコン・ヒルと似ているといえるのはノース・エンド地区にあるコップス・ヒル Copps Hill だけであろう．これもやはり丘の上にある古い住宅地域であるが，その階級や空間やディテールの点で，また樹木がないこと，境界が明らかでないことなどの点で著しく異なっている．

　このユニークな地域は，したがって，バック・ベイ，コモン，下町，ウェスト・エンドなどを連結しながら市中心部全体の中できわ立った存在となっている．そして中心部地域全体を支配し，その焦点となりうる素質を備えているのである．またもうひとつの素質としてこの丘はチャールズ河の岸の方向転換を説明し，それを正しく位置づけることもできるだろう．さもないと，この方向転換は市全体の構造において不可欠な要素でありながら思い出しにくいのである．ケンブリッジ側から眺めた場合，ビーコン・ヒルは，バック・ベイ―ビーコン・ヒル―ウェスト・エンドという，シークエンスがつくり出すパノラマに生気を与えているだけでなく，それらのひとつひとつをはっきり表現し説明するうえで重要な役目を果たしている．しかし，ウェスト・エンドとコモンを除けば，市内のその他の部分からは，この丘は実体として見られることがない．それは，丘のゆるやかな勾配と，介在する障害物のためである．また交通の障害として見ると，この丘は，その流れをふもとの周囲に導くことによって，それを取り囲むチャールズ・ストリート，ケンブリッジ・ストリート，スコレイ・スクエアなどのパスやノードに注意を集中させる役目も果たしている．

　かくして，ビーコン・ヒルは，その物理的な特徴が人々のイメージの強さを支えている地域であり，また，パス，傾斜，空間，境界などの配置のぐあいやディテールの集中のぐあいによってどんな心理的効

果がもたらされるかを示す多くの例が見られるところであることがわかる。また，強力でありながら，支配的な丘としての素質を十分に発揮するところまでにはいたっていないように思われる。これは主として内部が分割されていること，チャールズ河，コモン，スコレイ・スクエアなどとの関係に欠陥があること，市内にそびえる高い丘という視覚的な利点があまり活用されていないこと（とくに外向きの眺望を通じて）などによる。とはいえ，この特殊な都市イメージの力強さと満足感——その連続性，人間性，そして喜び——はまぎれもないことである。

スコレイ・スクエア Scollay Square

　　スコレイ・スクエアの筋書きは全くちがっている。これは構造上は非常に重要なノードではあるが，それを見分けること，あるいはそれを描写するのは容易ではないようであった。この広場がボストン市内で占める位置および重要なインターチェンジとしての役割については，

図49, 208頁
図60, 227頁

図49をもういちど参照していただきたい。図60はこれよりもう少しくわしい同広場の地図であり，主な物理的な特徴を示している。

　　スコレイ・スクエアに対するパブリック・イメージは，ビーコン・ヒルの周囲をめぐるバスや，市中心部とノース・エンド地区を結ぶバスにとって重要な接合のノードとしてのそれであった。ケンブリッジ・ストリート，トレモント・ストリート，それにコート・ストリート Court Street（あるいはステート・ストリート State Street だったか？），そしてドック・スクエア Dock Square，ファナル・ホール Faneuil Hall，ヘイマーケット・スクエア Haymarket Square，ノース・エンド North End などに通じる一連の街路がここにはいってくると考えられていた。ハノーヴァー・ストリートは昔はまっすぐノース・エンドへ続いていたのだが，現在では途中で行き止りになっているので，混乱を招いていた。ボードイン・スクエア Bowdoin Square までスコレイ・スクエアに含める人もいたし，そうでない人もいた。

ペンバートン・スクエア Pemberton Square の入口は，ボストンに古い人々は別だが，一般にはあまり知られていなかった．しかしケンブリッジ・ストリートはスコレイ・スクエアとはっきり結びついていて，そのカーブの仕方も鮮明に記憶されていた．トレモント・ストリート Tremont Street はこの広場につながっていることだけは知られていたが，その入口は目だたなくて，たしかには知られていなかった．ワシントン・ストリートもこの広場に通じていると考えている被験者が多かった．そしてトレモント・ストリートやコート・ストリートを，想像上の存在であるワシントン・ストリートあるいはステート・ストリートだととりちがえているのが普通であった．行き止りになっているハノーヴァー・ストリートは例外であったが，ドック・スクエア，ノース・エンド，ヘイマーケット・スクエアなどに通じる街路は個々には知られておらず，区別されてもいなかった．これらは，一群の街路が曲がりながら坂を下っているというふうに考えられていたのである．最も重要であったのは，全般的な土地の高さの関係であった．ビーコン・ヒルは上にあり，スコレイ・スクエアは丘の中腹にある傾いた台地で，ケンブリッジ・ストリートとトレモント・ストリートは等高線に沿って走っているが，その他通りは坂を下ってどこかへ去っていくものである――という風に考えられていた．

スコレイ・スクエアの形ははっきりしていなくて思い浮かべにくく，ボードイン・ストリート側の端では他と幾分ちがっているが，全体としては"たんにありきたりの，道路が交差するところにすぎない"とされていた．主要な特徴は，中央にある地下鉄の入口であった．そして全体になにか荒廃した，場末の"低級な"歓楽街であるといった感じがただよっていた．

インタビューに参加した人々の半数以上は次の諸点について意見が一致していた．

　ケンブリッジ・ストリートが曲がりながらそして先細りになりながら，この広場にはいってゆく．

　この広場は丘の中腹にあり，通りはこれに向かって上ったり下っ

たりしている.

また4分の1以上の被面接者が次のことを付け加えた.

トレモント・ストリートがそこに通じている.

中央に地下鉄の入口がある.

ハノーヴァー・ストリートが通じている.

コート・ストリートがそこから出発して,カーブしながら坂を下る(それとも,ステート・ストリートか?).

また少なくとも3人は次のようにも語っていた.

この広場からの通りは坂を下ってドック・スクエアやファナル・ホールまで行っている.

バーがたくさんある.

ワシントン・ストリートとの関係がどうもわかりにくい.

また街頭インタビューでは,しばしば繰り返された次のような説明しか引き出せなかった.

その広場は地下鉄で行けるところにある.

トレモント・ストリートが通じている.

しかし,街頭で呼び止められた2人ないし4人の人々は,さらに次のようなことも付け加えていた.

ケンブリッジ・ストリートがそこに通じている.

ワシントン・ストリートが通じている(誤り).

中央に地下鉄の入口がある.

通りはここに向かって上るか下るかしている.

セントラル・アーテリーを越えてあるいはくぐって,ノース・エンドからのいくつかの通りがこの広場に通じている.

映画館.

ある"ボストンの広場",たんなる交差点.

"大きな"広場,"大きなところ".

片すみのガレージ.

ビーコン・ヒルの場合と比較すると,被面接者たちがこの広場にかんして思い出したことがらは明らかに少なかった.そこに通じている

バスだけは数多くあげられていたが，その説明は抽象的で，しかも混同されていることがしばしばであった．だが見たところおもしろくないこの広場も，ボストンにおいて構造的に重要な役割を演じているのである．

現実のスコレイ・スクエアは，その平面図を見ると，どちらかと言えば秩序のある空間であって，その正確な範囲内(サドバリ・ストリートからコート・ストリートまで)では長い長方形をしており，それに不規則な間隔をおいて小さな道がはいってきている．平面図では，

図60

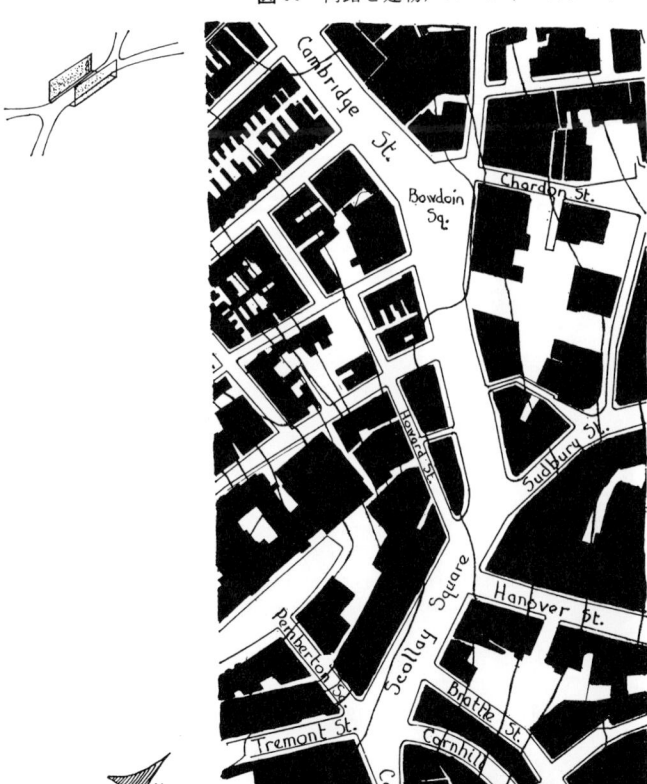

図60 街路と建物，スコレイ・スクエア

バスのシステムはある程度合理的である．つまり一方に3本，他方に2本の細糸がついた単純な紡錘形なのである．ところが，3次元においては，この秩序は明らかにされていない．各面が歯が欠けたような感じになっていてしかも交通量がおびただしいために，この空間はずたずたになっているし，横むきに傾いている床面も落ちつかない感じを与えている．人々の心に安定感を取り戻してくれるものがあるとすれば，それはサドバリ・ストリート Sudbury Street とケンブリッジ・ストリートとの角にある大きな広告板だけだ．これは俗っぽい広告ではあるが，あまり見事にとはいえないまでも，この広場をしっかりとしめくくっている．

図61

このバスの形態がぼやけてしまっているのは，錘の腕のひとつであるサドバリ・ストリートが，大して重要でない街路のように見えること，また多くのバスの入口が見分けにくいことなどによっている．丘の中腹にあるという感じはこの地域全体とそこに通じる道路にみなぎっており，これは空間の安定感を破壊してはいるものの，ここからは

図61　スコレイ・スクエアの北側を見る

見えない他の地域との関係を知るための重要な鍵となっている.

　この空間は西北に向かって伸びており，幅の広いケンブリッジ・ストリートを経てボードイン・スクエアまで漏れ出ている.このボードイン・スクエアはケンブリッジ・ストリートそのものの交差点あるいは屈曲点といった方がより正確である.ボードイン・スクエアとスコレイ・スクエアとの間の空間は，全くぶかっこうで，まとまりがないので，交通の流れを手がかりとするほかには，方向を保つことがむずかしいほどである.そういえば，この地域で最も強く印象づけられるのは，交通そのものである.この広場は絶えず車でいっぱいであり，その他の視覚的な特徴とは無関係に，ぎっしり詰まった車の流れそのものが重要なパスとなっているのである.

　この広場の内部には，均質性とか特性を感じとらせるような物理的な建造物はほとんど見当たらない.形と大きさはいろいろで，建築材料もまちまちで，古い建物と比較的新しい建物とが同居している.共通の特徴はいたるところにしみついている荒廃の色だけである.しかし建物の低層部分の用途や活動には，やや一貫性が認められる.広場の両側にはバー，安レストラン，アミューズメント・アーケード，映画館，割引販売店，中古品や変わったものを売る店などがずらりと並んでいて，西側のいくつかの空の店をのぞけばこれらはとぎれることなくつながっている.商店の正面のつくりや看板，歩道を埋める通行人の性格もこうした用途とよく釣り合っており，繁華街のどこでも見られるような人波にまじって，住所不定の人々やアルコール中毒者，上陸許可を楽しむ水兵たちなどの姿も見られる.また夜のスコレイ・スクエアは，その照明や活動や，人出のために，暗くて静かなボストン市全体ととくに著しい対照をなすので，昼間よりも区別が容易になる.

　スコレイ・スクエアの主な視覚的な印象は，結局，空間にまとまりがないこと，交通量が多いこと，急な傾斜，一様にくたびれていること，特殊な用途，独特な住民などである.だがこのような特徴はボストンではそれほど珍しいものではないので，スコレイ・スクエアもそ

れだけでは，とくに目立つこととはならない．くたびれた感じをはじめここで見られる用途の多くは，繁華街周辺の多くの場所に共通したことであり，用途と住民との特別な組合せも，ワシントン・ストリートのドーヴァー・ストリート Dover Street とブロードウェイ Broadway との間で，いっそう強烈に見ることができるものである．それにたくさんの道路が交わる交差点で空間的な混乱が生じていることはボストンではよくあることであって，ボードイン・スクエア，ドック・スクエア，パーク・スクエア，チャーチ・グリーン，またはハリソン・ストリート，エセックス・ストリートなどと，そうした例は簡単にあげることができる．スコレイ・スクエアの平面図が示す長方形という形はたしかに独特かもしれないが，それは視覚的には明瞭でない．しかしこのノードが傾斜していること，およびそれがボストン全体に対してもつ構造的な関係は，疑う余地もなく，ここを認知するための大事な特徴となっている．

　ところでスコレイ・スクエアは，バスの接合点として最も重要な役割を発揮するのであるから，静的にではなく，そこへ近づくさいとそこを通りすぎるさいにどのように見えるかを調べることが重要である．わずかに下りながらこの広場にはいってくるトレモント・ストリートから接近すると，建物群が低くなっていること，そしてここが明らかに中央業務街のエッジであることがわかる．最初に目にはいるのは煉瓦づくりの古い建物と，コーンヒル・ストリート Cornhill Street の角にある看板で，それから左側に空間がひらけ，風雨にさらされた看板の行列が見え出す．そして車が多いことに強い印象を受けるのである．

　ワシントン・ストリートが，ドック・スクエア Dock Square へ通じる主な通りだと感じられていて，それとスコレイ・スクエアとを結んでいるコート・ストリートは，その角に旧州会議事堂という目印があるのにもかかわらず，小さな目立たない横通りとしてしか感じられていない．このコート・ストリートそのものは，どちらかといえば斜めにかまえて気取るようにして，スコレイ・スクエアへと上っている．

ケンブリッジ・ストリートは，ボードイン・スクエアにある個性的ではないが目につく電話局の建物を目標にして，どちらかと言えば自信ありげに東南方向に向かっている．ところが，ここまで達すると，このバスは空間の混沌のまっただ中に入りこんでしまい，目的地とか方向についてのすべての感覚が失われてしまう．バーやその背後にあるオフィス街の高い建物や，中央にある地下鉄の入口などからなるスコレイ・スクエア特有の構成が目にはいるのは，さらに進んで，サドバリ・ストリートが分岐するところで右に向きを変えてからなのである．

広場から下ってゆく通り——サドバリ，ハノーヴァー，ブラトル Brattle, コーンヒル——は，いずれも広場に近づくにつれて坂が著しくけわしくなっている．どの通りにも，前方に広い場所があるのだという感じが何となくあるし，また，おそらく，バーその他の広場と関係のある用途が次第に増えているという感じもあるが，この広場そのものを前もって認めるのはなかなかむずかしく，むしろそれよりもずっと早くからペンバートン・スクエアにそびえ立っている郡裁判所別館が見えて来る．スコレイ・スクエアはたんに通りの終点またはねじれるところにすぎないように見えるのである．コーンヒル・ストリートの上り坂のカーブは，それ自体楽しい空間体験であるが(その様に意図してつくられたのだが)，スコレイ・スクエアに到着する際におもしろさは失われている．この広場は丘を上っている側のペンバートン・スクエアやハワード・ストリートから見ても，やはりわかりにくい．したがって，この広場に近づいたことを人々に少しでもわからせることができる街路は，ボードイン・スクエアより先でわけがわからなくなるとしても，ケンブリッジ・ストリートだけだということになる．

ケンブリッジ・ストリートが示す外向きの方向も比較的はっきりしている．一方，ハノーヴァー・ストリートは，昔は重要だったのに，現在では，道幅がやや広いという点を除くと，他の道路と区別しにくくなっている．同様に，サドバリ・ストリートも，かなりの交通量は

あるが，その幅や用途の点で，非常に小さな通りのように受け取られている．北側から見ると，重要なトレモント・ストリートの入口は急に鋭く曲っているため，ほとんど目にとまらない．この出口がどこにあるのかをなかなか思い浮かべられない被験者が多かったが，いったんそのありかを思い出してしまうと，トレモント・ストリートの進む方向はきわめて明白になる．ビーコン・ヒル劇場，パーカー・ハウス，キングズ・チャペル，トレモント・テンプル，グラナリー墓地，コモンなどの手がかりが次々と順を追って見えてくるのである．

スコレイ・スクエアの空間はコート・ストリートを通って非常にけわしく下り，またわずかに左に折れている．もっともこの地点では自動車は一方通行で上って来るので，この印象はうすめられてはいるのだが．歩いてコート・ストリートを下ってみると，どこにワシントン・ストリートがあるのかを示す手がかりは見当たらないで，旧州会議事堂と無秩序な空間に気がつくだけである．このように，ワシントン・ストリートとスコレイ・スクエアとの関係は，どちらの側からもわかりにくくなっているのである．

さらに面喰らわされるのは，コート・ストリートとコーンヒル・ストリートは非常に接近しながらこの広場に入っているのに，1ブロック先では，一方はステート・ストリートへもう一方はこれと心理的に遠くはなれたドック・スクエアへ通じているように見えるということである．結局，この広場から外に向かう動きについても，見分けることが容易なパスはケンブリッジ・ストリートだけだということができる．もっともトレモント・ストリートでとまどいを感じるのは，どちらかといえば短い間ではあるが．

スコレイ・スクエアは，傾斜やパスによるほかに，そこから見える眺めによっても，外部とある程度のつながりを得ている．この眺めには，ボードイン・スクエアの電話局，ペンバートン・スクエアの裁判所別館(これらはいずれも，高い建物というだけで建築学上はなんら特筆すべきことがない)，および東南の方角にあってステート・ストリートの下りきったところと河岸の位置とを示している税関の塔のす

ぐそれとわかる姿などが含まれる．その中でも最も印象的なのは南の空に見える事務所建築群の眺めで，この眺めはポスト・オフィス・スクエア地区の位置を指すとともに，下町の中心部の縁にあるというスコレイ・スクエアの位置を明らかにしてもいるのである．

ビーコン・ヒル Beacon Hill やコモンウェルス・アベニュー Commonwealth Avenue とは違ってスコレイ・スクエアは，本質的に，すぐそばまで接近しない限り，外部からは見えない．裁判所別館を遠くから見て，その建物がスコレイ・スクエアのすぐそばにあることを思い出せるのは，この土地によほど住み慣れた人々だけであろう．

スコレイ・スクエアの内部についていえば，そこには方向や各部分を区別するのに役立つものはごく少ない．内部での主要なランドマークは，交通の真只中にある小さな楕円形の部分にすがりついている地下鉄の入口と新聞雑誌売場である．しかしこれさえも低くて遠くからは見つけにくいのである．これは主にその黄色の文字で書かれた看板があるところとして，また地面にあいた穴として目立っているが，そのすぐ後方の同じような楕円形の上に同じような構造物があるために，印象が弱められている．しかしこのもうひとつの出入口は実は出口専用であって，利用者は少なく，新聞雑誌売場もない，知覚的には"死んだ"ものなのだ．地下鉄の入口はだれにもスコレイ・スクエアの"まん中にある"ように思われているが，実際にはほとんどその末端に位置している．この広場できわだっているもうひとつのものはベンバートン・ストリートとトレモント・ストリートの角にある派手な看板を掲げた煙草屋である．これはサフォーク銀行 Suffolk Bank のけわしい壁の足もとにあって，それと非常に対照的である．

図62, 234頁

この広場の内部で方向を知るための手がかりと言えば，横むきの傾斜と，ある方向への交通量がとくに多いということぐらいである．これらは軸という感じを生み出している．空間にも，建物群にも，目につくほどの変化度は感じられない．南の空に見える高い建物群と，広場の北端にある大きな広告が，その軸の上での方向を区別する主なものである．

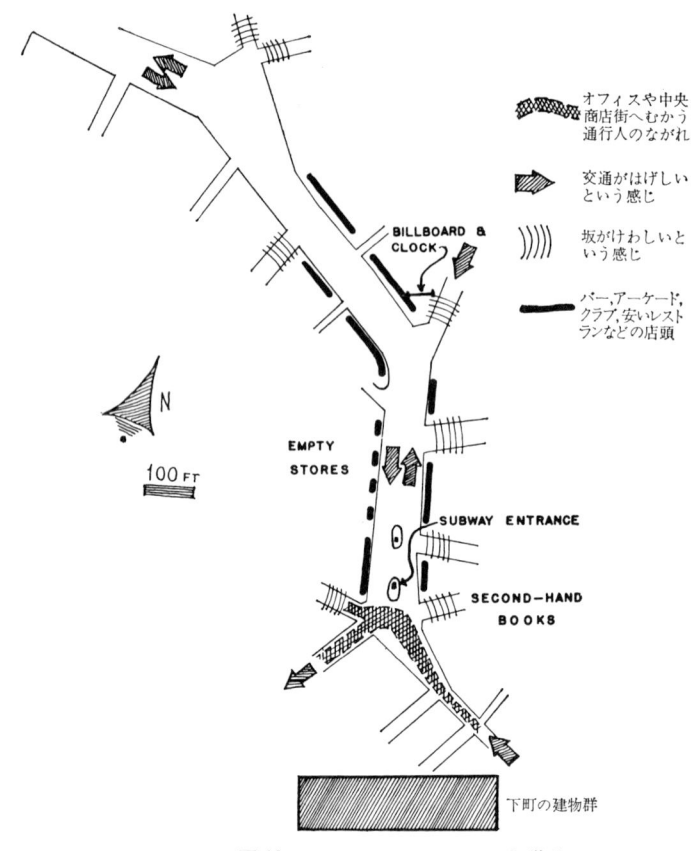

図 62 スコレイ・スクエアの視覚的なエレメント

とはいうものの,用途や活動に変化が見られるので,実質的に方向を示す助けとなるものは存在している.歩行者の数や右折左折する車が最も多いのは,その南端においてであり,ここにはドラッグストア,レストラン,煙草屋など,下町の中央業務街に普通付随して見られるような種類の業種が集まっている.そこを歩いているのはオフィスの職員や買物客などだ.安物を扱う商店は広場の西側よりも東側に集まる傾向があり,これに対して簡易宿泊所や下宿屋は西側に集中し,ビーコン・ヒルとの境に近いあたりにまで続いている.このあたりで見

られる歩行者は，一般にスコレイ・スクエアから連想されるような人々である．またコーンヒル・ストリートに古本屋が固まっていることも，内部での手がかりのひとつとなっている．広場の北側の縁には屋根部屋や倉庫が見られる．したがって物理的には未完成なスコレイ・スクエアも，その傾斜，交通量，建物の用途のパターンなどによってその内部は分化し，構造が生じているのである．

　したがって，スコレイ・スクエアには，その機能的な重要性と釣り合うだけの視覚的なアイデンティティが必要であり，長方形の空間，パスの紡錘型パターン，丘の中腹にあること，などの潜在的な形態をさらに生かす必要がある．その構造上の役割を十分に果たすためには，重要なパスとの接合点はどれも，内向きにも外向きにも明確に説明されなければならない．そうなればこの広場は，ボストン半島の古い頭部の中心地点として，またいろいろのディストリクトの連なり（ビーコン・ヒル，ウェスト・エンド，ノース・エンド，市場街，金融街，中央商店街など）の中枢として，またトレモント，ケンブリッジ，コート－ステート，サドバリのような重要なパスのノードとしても，また順に下っているペンバートン・スクエア，スコレイ・スクエア，ドック・スクエアという3つの台地状のノードの中の中心的な存在としても，さらに顕著な視覚的な役割を演じることができるのではないだろうか．スコレイ・スクエアはたんに"上品な"人々を不安にさせているばかりではなく，すばらしい視覚的な可能性が見逃されている場所でもあるのである．

書　目

1. Angyal, A., "Über die Raumlage vorgestellter Oerter," *Archiv für die Gesamte Psychologie*, Vol. 78, 1930, pp. 47-94.
2. Automotive Safety Foundation, *Driver Needs in Freeway Signing*, Washington, Dec. 1958.
3. Bell, Sir Charles, *The People of Tibet*, Oxford, Clarendon Press, 1928.
4. Best, Elsdon, *The Maori*, Wellington, H. H. Tombs, 1924.
5. Binet, M. A., "Reverse Illusions of Orientation," *Psychological Review*, Vol. I, No. 4, July 1894, pp. 337-350.
6. Bogoraz-Tan, Vladimir Germanovich, "The Chukchee," *Memoirs of the American Museum of Natural History*, Vol. XI, Leiden, E. J. Brill; and New York, G. E. Stechert, 1904, 1907, 1909.
7. Boulding, Kenneth E., *The Image*, Ann Arbor, University of Michigan Press, 1956.
8. Brown, Warner, "Spatial Integrations in a Human Maze," *University of California Publications in Psychology*, Vol. V, No. 5, 1932, pp. 123-134.
9. Carpenter, Edmund, "Space Concepts of the Aivilik Eskimos," *Explorations*, Vol. V, p. 134.
10. Casamajor, Jean, "Le Mystérieux Sens de l'Espace," *Revue Scientifique*, Vol. 65, No. 18, 1927, pp. 554-565.
11. Casamorata, Cesare, "I Canti di Firenze," *L'Universo*, Marzo-Aprile, 1944, Anno XXV, Number 3.
12. Claparède, Edouard, "L'Orientation Lointaine," *Nouveau Traité de Psychologie*, Tome VIII, Fasc. 3, Paris, Presses Universi-

taires de France, 1943.
13. Cornetz, V., "Le Cas Elémentaire du Sens de la Direction chez l'Homme," *Bulletin de la Société de Géographie d'Alger*, 18e Année, 1913, p. 742.
14. Cornetz, V., "Observation sur le Sens de la Direction chez l'Homme," *Revue des Idées*, 15 Juillet, 1909.
15. Colucci, Cesare, "Sui disturbi dell'orientamento topografico," *Annali di Nevrologia*, Vol. XX, Anno X, 1902, pp. 555-596.
16. Donaldson, Bess Allen, *The Wild Rue: A Study of Muhammadan Magic and Folklore in Iran*, London, Lirzac, 1938.
17. Elliott, Henry Wood, *Our Arctic Province*, New York, Scribners, 1886.
18. Finsch, Otto. "Ethnologische erfahrungen und belegstücke aus der Südsee," Vienna, Naturhistorisches Hofmuseum, *Annalen*. Vol. 3, 1888, pp. 83-160, 293-364. Vol. 6, 1891, pp. 13-36, 37-130. Vol. 8, 1893, pp. 1-106, 119-275, 295-437.
19. Firth, Raymond, *We, the Tikopia*, London, Allen and Unwin Ltd., 1936.
20. Fischer, M. H., "Die Orientierung im Raume bei Wirbeltieren und beim Menschen," in *Handbuch der Normalen und Pathologischen Physiologie*, Berlin, J. Springer, 1931, pp. 909-1022.
21. Flanagan, Thomas, "Amid the Wild Lights and Shadows," Columbia University Forum, Winter 1957.
22. Forster, E. M., *A Passage to India*, New York, Harcourt, 1949.
23. Gatty, Harold, *Nature Is Your Guide*, New York, E. P. Dutton, 1958.
24. Gautier, Emile Félix, *Missions au Sahara*, Paris, Librairie A. Colin, 1908.
25. Gay, John, *Trivia, or, The Art of Walking the Streets of London*, Introd. and notes by W. H. Williams, London, D. O'Connor, 1922.
26. Geoghegan, Richard Henry, *The Aleut Language*, Washington, U. S. Department of Interior, 1944.
27. Gemelli, Agostino, Tessier, G., and Galli, A., "La Percezione della Posizione del nostro corpo e dei suoi spostamenti," *Archivio Italiano di Psicologia*, I, 1920, pp. 104-182.
28. Gemelli, Agostino, "L'Orientazione Lontana nel Volo in Aeroplano," *Rivista Di Psicologia*, Anno 29, No. 4, Oct.-Dec. 1933, p. 297.
29. Gennep, A. Van, "Du Sens d'Orientation chez l'Homme," *Réligions, Moeurs, et Légendes*, 3e Séries, Paris, 1911, p. 47.
30. Granpré-Molière, M. J., "Landscape of the N. E. Polder," translated from *Forum*, Vol. 10 : 1-2, 1955.

31. Griffin, Donald R., "Sensory Physiology and the Orientation of Animals," *American Scientist*, April 1953, pp. 209-244.
32. de Groot, J. J. M., *Religion in China*, New York, G. P. Putnam's, 1912.
33. Gill, Eric, *Autobiography*, New York City, Devin-Adair, 1941.
34. Halbwachs, Maurice, *La Mémoire Collective*, Paris, Presses Universitaires de France, 1950.
35. Homo, Leon, *Rome Impériale et l'Urbanisme dans l'Antiquité*, Paris, Michel, 1951.
36. Jaccard, Pierre, "Une Enquête sur la Désorientation en Montagne," *Bulletin de la Société Vaudoise des Science Naturelles*, Vol. 56, No. 217, August 1926, pp. 151-159.
37. Jaccard, Pierre, *Le Sens de la Direction et L'Orientation Lointaine chez l'Homme*, Paris, Payot, 1932.
38. Jackson, J. B., "Other-Directed Houses," *Landscape*, Winter, 1956-57, Vol. 6, No. 2.
39. Kawaguchi, Ekai, *Three Years in Tibet*, Adyar, Madras, The Theosophist Office, 1909.
40. Kepes, Gyorgy, *The New Landscape*, Chicago, P. Theobald, 1956.
41. Kilpatrick, Franklin P., "Recent Experiments in Perception," *New York Academy of Sciences, Transactions*, No. 8, Vol. 16. June 1954, pp. 420-425.
42. Langer, Suzanne, *Feeling and Form: A Theory of Art*, New York, Scribner, 1953.
43. Lewis, C. S., "The Shoddy Lands," in *The Best from Fantasy and Science Fiction*, New York, Doubleday, 1957.
44. Lyons, Henry, "The Sailing Charts of the Marshall Islanders," *Geographical Journal*, Vol. LXXII, No. 4, October 1928, pp. 325-328.
45. Maegraith, Brian G., "The Astronomy of the Aranda and Luritja Tribes," Adelaide University Field Anthropology, Central Australia no. 10, taken from *Transactions of the Royal Society of South Australia*, Vol. LVI, 1932.
46. Malinowski, Bronislaw, *Argonauts of the Western Pacific*, London, Routledge, 1922.
47. Marie, Pierre, et Behague, P., "Syndrome de Désorientation dans l'Espace" *Revue Neurologique*, Vol. 26, No. 1, 1919, pp. 1-14.
48. Morris, Charles W., *Foundations of the Theory of Signs*, Chicago, University of Chicago Press, 1938.
49. *New York Times*, April 30, 1957, article on the "Directomat."
50. Nice, M., "Territory in Bird Life," *American Midland Natural-*

ist, Vol. 26, pp. 441-487.
51. Paterson, Andrew and Zangwill, O. L., "A Case of Topographic Disorientation," *Brain*, Vol. LXVIII, Part 3, September 1945, pp. 188-212.
52. Peterson, Joseph, "Illusions of Direction Orientation," *Journal of Philosophy, Psychology and Scientific Methods*, Vol. XIII, No. 9, April 27, 1916, pp. 225-236.
53. Pink, Olive M., "The Landowners in the Northern Division of the Aranda Tribe, Central Australia," *Oceania*, Vol. VI, No. 3, March 1936, pp. 275-305.
54. Pink, Olive M., "Spirit Ancestors in a Northern Aranda Horde Country," *Oceania*, Vol. IV, No. 2, December 1933, pp. 176-186.
55. Porteus, S. D., *The Psychology of a Primitive People*, New York City, Longmans, Green, 1931.
56. Pratolini, Vasco, *Il Quartiere*, Firenze, Valleschi, 1947.
57. Proust, Marcel, *Du Côté de chez Swann*, Paris, Gallimand, 1954.
58. Proust, Marcel, *Albertine Disparue*, Paris, Nouvelle Revue Française, 1925.
59. Rabaud, Etienne, *L'Orientation Lointaine et la Reconnaissance des Lieux*, Paris, Alcan, 1927.
60. Rasmussen, Knud Johan Victor, *The Netsilik Eskimos* (Report of the Fifth Thule Expedition, 1921-24, Vol. 8, No. 1-2), Copenhagen, Gyldendal, 1931.
61. Rattray, R. S., *Religion and Art in Ashanti*, Oxford, Clarendon Press, 1927.
62. Reichard, Gladys Amanda, *Navaho Religion, a Study of Symbolism*, New York, Pantheon, 1950.
63. Ryan, T. A. and M. S., "Geographical Orientation," *American Journal of Psychology*, Vol. 53, 1940, pp. 204-215.
64. Sachs, Curt, *Rhythm and Tempo*, New York, Norton, 1953.
65. Sandström, Carl Ivan, *Orientation in the Present Space*, Stockholm, Almqvist and Wiksell, 1951.
66. Sapir, Edward, "Language and Environment," *American Anthropologist*, Vol. 14, 1912.
67. Sauer, Martin, *An Account of a Geographical and Astronomical Expedition to the Northern Parts of Russia*, London, T. Cadell, 1802.
68. Shen, Tsung-lien and Liu-Shen-chi, *Tibet and the Tibetans*, Stanford, Stanford University Press, 1953.
69. Shepard, P., "Dead Cities in the American West," *Landscape*, Winter, Vol. 6, No. 2, 1956-57.
70. Shipton, Eric Earle, *The Mount Everest Reconnaissance Expedition*, London, Hodder and Stoughton, 1952.

71. deSilva, H. R., "A Case of a Boy Possessing an Automatic Directional Orientation," *Science*, Vol. 73, No. 1893, April 10, 1931, pp. 393-394.
72. Spencer, Baldwin and Gillen, F. J., *The Native Tribes of Central Australia*, London, Macmillan, 1899.
73. Stefánsson, Vihljálmur, "The Stefánsson-Anderson Arctic Expedition of the American Museum : Preliminary Ethnological Report," *Anthropological Papers of the American Museum of Natural History*, Vol. XIV, Part 1, New York City, 1914.
74. Stern, Paul, "On the Problem of Artistic Form," *Logos*, Vol. V, 1914-15, pp. 165-172.
75. Strehlow, Carl, *Die Aranda und Loritza-stämme in Zentral Australien*, Frankfurt am Main, J. Baer, 1907-20.
76. Trowbridge, C. C., "On Fundamental Methods of Orientation and Imaginary Maps," *Science*, Vol. 38, No. 990, Dec. 9, 1913, pp. 888-897.
77. Twain, Mark, *Life on the Mississippi*, New York, Harper, 1917.
78. Waddell, L. Austine, *The Buddhism of Tibet or Lamaism*, London, W. H. Allen, 1895.
79. Whitehead, Alfred North, *Symbolism and Its Meaning and Effect*, New York, Macmillan, 1958.
80. Winfield, Gerald F., *China : The Land and the People*, New York, Wm. Sloane Association, 1948.
81. Witkin, H. A., "Orientation in Space," *Research Reviews*, Office of Naval Research, December 1949.
82. Wohl, R. Richard and Strauss, Anselm L., "Symbolic Representation and the Urban Milieu," *American Journal of Sociology*, Vol. LXIII, No. 5, March 1958, pp. 523-532.
83. Yung, Emile, "Le Sens de la Direction," *Echo des Alpes*, No. 4, 1918, p. 110.

解　説

I　都市設計論の系譜とリンチの考え方

「都市の姿は，そこで暮す人々にとってどんな意味があるのだろうか．都市のイメージを，住人にとってもっと生き生きとしたものにするために都市計画家たちに何ができるだろうか．リンチ氏は，この問題に答えるために，イメージアビリティという新しい基準を提案し，これが都市をつくることとつくり直すことのために，いかに役に立つかを示そうとしている．」(The Image of the City 裏表紙)

「これからはどこの都市計画家たちも都市設計家たちも，彼の業績を重んじるようになるだろう……都市の問題におけるこの本の重要性は明白である……われわれには，都市の視覚的認識についての，客観的な基準にもとづく理論が欠けいたのである．いくつかの不思議な理由で，19世紀末ドイツからリンチにいたるまでの間，都市がどのように感じ取られているかということに関する実験はなされなかった．この思想が再びとりあげられたことについて，われわれのすべてが感謝してもよいのだ．この書物の衝撃ははかりしれないのである．」Leonard K. Eaton (Progressive Architecture 誌).

「この小さなおもしろい本は，大きなスケールでのデザイン理論にとって，最も重要な貢献をするものである……．リンチの大胆不敵ぶりを理解するためには，彼がイタリアに旅行して知覚についての研究をはじめた1953年にまでさかのぼってみなければならない．これはどの'アーバン・デザイン'の会議よりも何年か先んじていたし，いろいろな新語が作り出されるよりも何年も前であった．それはまた，尊敬すべき計画家たちが都市の形態の開発に少しも関心をいだいていない時代であった．フランク・ロイド・ライト(かつて彼の良き指導者であった)のインスピレーションによって燃え立たせられたこの反抗的な若い先生は，30年間にわたる計画家たちの無視に対して，さかねじをくわせたのである．」David A. Crane (Journal of the American Institute of Planners).

「ケヴィン・リンチは，読みやすくて，きちんと組みたてられた，信頼すべき書物を著わしたが，これは都市づくりにとってカミロ・ジッテCamillo Sitteの"都市をつくる術"と同じくらい重要なものとなろう．」(Architectural Forum誌)

上記の書評の中に，この本の主要なテーマが指摘されていると思われる．すなわち「都市は，人々にイメージされるものである」ということである．リンチは，「イメージされる可能性」を「イメージアビリティ」と名づけ，これを高めることこそ，美しく楽しい環境にとって最も重要な条件であるという大目標をかかげながら，「イメージは，アイデンティティ(そのものであること)，ストラクチャー(構造)，ミーニング(意味)から成り立つが(10頁参照)，最初の2つは，形そのものがもたらすものであり，あとのひとつは，社会的，歴史的，個人的，その他もろもろの要因から生まれるものであるから，これらは，2つの独立した領域として考えられる．そして，前者に集中して形そのもののイメージアビリティを追求することも，可能であり価値があることである」という思いきった宣言をしているのである．つまり彼は，「内的秩序を的確に表わす形態をつくること」を主張している人々に対して，「形態そのものが人の心に強くやきつくようにすること」を

強調しているわけである．これは1954年から59年にかけて彼の師であり同僚であるG. ケペス Gyorgy Kepes に協力して都市の形態について行なった研究からひき出された考え方であるが，1953年に「イメージアビリティの最も高い」フィレンツェに1年間滞在していた間に，基本的なアイディアは生まれたようである．それは1956年に発表された "Some Childhood Memories of the City" の中ではき出されている．これが，5年間の研究によって発展し，厳密化し，体系づけられたのが本書である．

　彼の言うイメージとかイメージアビリティは，主として，個人のイメージではなく，集団のイメージを指している．そしてひとつの都市の住民の大多数が共通に抱くイメージはパブリック・イメージと名づけられている．いくつかの都市の住民を対象に調査を行なった結果，たしかにパブリック・イメージには一貫性があることがわかり，多くの人々が住むための都市をつくるためには，あるいはつくり直すためには，このパブリック・イメージにおけるイメージアビリティを高めるようにすることが重要だということが明らかになった．パブリック・イメージにおいて，上述のストラクチャーとアイデンティティは，かなり一貫しているが，ミーニングはそれほどでない，ということからも，ミーニングを切りはなして考える方が賢明である，と彼は言っている．パブリック・イメージについての調査を分析することによって，イメージを構成する要素として，パス，エッジ，ディストリクト，ノード，ランドマークの5つを抽出していることも，きわめて独創的である．この分類法は単純明快であり，しかも，あらゆる人々のイメージが，そしてあらゆるタイプのあらゆるスケールの都市のイメージが，これらによってかなり十分に表現され得るといえるほど，客観的であり，一般的であると思われる．これらは分析の道具であって，これだけでは都市はつくれないと彼自身も言い，われわれもそれを認めはするが，これらを操作する方法についての研究を重ねれば，創造の道具としてかなり役に立つようになるだろうと思われるし，少なくとも，デザインをしている過程で，それをチェックするためには有益な

筈である．

次に，こうした考え方が生まれた背景について考えてみるのが順序であろう．リンチの本の書評の中では19世紀のカミロ・ジッテが引合いに出され，ジッテの本の裏表紙には15世紀の「アルベルティ以来だ」と書かれているように，都市を知覚の対象としてとり扱うのは，歴史上くりかえしてあらわれている事実である．人間の生活のパターンと知覚のパターンと物理的現実との間に生じるずれが，都市計画と都市設計の歴史をつくっているといえるだろう．生活のパターンと知覚のパターンを，はっきりきりはなすことは不可能であるが，時代によってどちらかがより強く問題になることがあるわけで，主に知覚のパターンに問題点がおかれた場合にその時代の都市計画と都市設計が生まれたものだといえるだろう．

伊藤ていじ氏によると，「フロレンスの貴族であり，建築家であり，彫刻家であり，数学者であり，哲学者でもあるアルベルティ(1404-72)は，理想都市のプロジェクトを行なった最初の人であった．彼の主な関心は都市美学であり，私的建築は公共的なものへ従属しなければならず，中世道路は功利的機能の理由ではなく，美的効果の上で拒否されなければならず，中央機関は威厳と光輝にみちていなければならず，しかもすべて数学の法則と一致していなければならなかった．」(注1) ルネサンス都市からバロック都市を支えるようになったこのような美学は，馬車の出現によるスケールやスピードの変化，火薬の発明による戦争の性格の変化，専制君主を中心とする中央集権的近世社会への移行などによって，それらの容器としてもはや適当でなくなった中世都市への挑戦から生まれたものである．数学を「完全で純粋」な芸術とみなす考え方から，都市の幾何学的なパターンが生まれ育ってきた．このパターンは中央集権社会の静的な絶対的なパターンと一致し，その威厳を表現し，それを美しく飾りたてるために用いられた．形と機能が単純で安定した関係にあったといえる．シンメトリー，ヴィスタ，バランスなどの手法が用いられ，多くの焦点と軸をもった道路群，焦点にモニュメントを，逆の焦点に主要な施設を配置することが様式とし

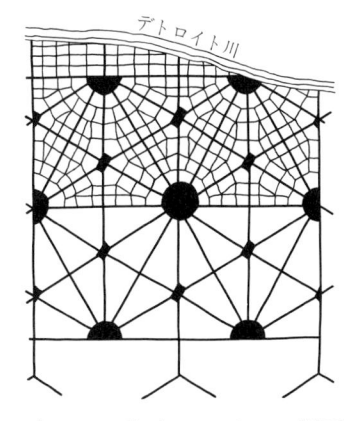

デトロイト計画, ウッドワード計画 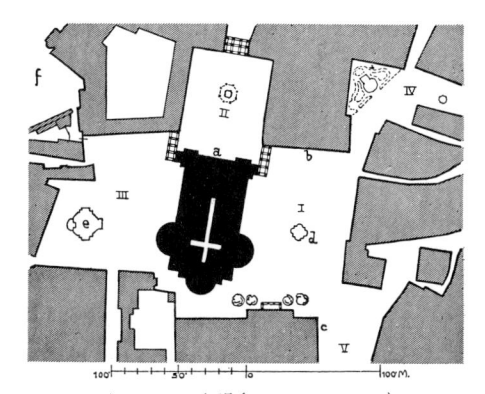　　ヴェロナの広場(カミロ・ジッテ)
Reprinted from "City Planning According To Artistic Principles" by Camillo Sitte, RandomHouse, 1965.

て完成した．「都市の美容術」が都市計画であり，都市設計であった．ローマ，パリの大改造，ロンドンの再建はこの時期のものである．様式化ということが，創造性や人間性の欠除をもたらすことになり，オーストリアの建築家カミロ・ジッテをして，中世の街へと再び目を向けさせている．彼はその著"都市をつくる術 Der Städtebau"(1889)(注2)の中で，中世の街の有機的形態について，視覚的な分析をすることによって，「都市の美容術」が美的見地から，そして人間の日常生活の見地から欠陥があるということを述べている．彼は特に様式化したバロック都市の広場の空間をぶざまなものと指摘し，中世の人々の日常生活の核となってきた広場のかずかずを，精力的に見てまわり，自分の目で観察した結果を，広場と建物やモニュメントの関係，広場の閉じた空間，広場の形と寸法，広場の不規則性，広場相互のつながり，などの項目のもとにたくさんの実例をあげながら，説明している．彼の考え方は，人間性の欠除が指摘されている今日の都市においても，再評価されており，イギリスのタウン・デザイン派などの中に，その流れを見出すことができる．

磯崎新氏によると，以上のように，「都市を物的存在そのものと考

え，都市計画はそれを物理的に美しく仕立てあげる手法だとイメージした」都市デザインの概念は，彼の4段階論の中の最初に出てくる「実体論的段階」(注3)に属するものである．彼によるとこの段階の次に登場するのが，都市は「住む，働く，いこう，めぐる」という4つの機能の配置によって成り立つとうたったアテネ憲章(建築家の集団CIAMによる，1933)からはじまる「機能論的段階」である．これは知覚よりも生活のパターンに重点をおいているといえよう．生産活動が拡大し生活が複雑になって，再び新しい容器が必要となるのだ．「都市が実体としての空間ではなく図式的な空間としてとらえられるようになったのである．だがそれは，図式を実体として実現する有力な手段を持たない観念論になっていった．都市計画としてはアウトサイダー的役目を果たすにすぎず，実際に形がつくられるに際しては，建築家が主役になって，ただ建築的な手法で細部を満たす方法がとられたにすぎない．その中にあってル・コルビジェは'みどり，太陽，空間'といった実体的なスローガンをかかげ，図式をものに還元する

輝ける都市(ル・コルビジェ)

商業地
緑地帯
高層住宅地
緑地帯
工場地帯
重工業地帯

クラスター・シティ(スミスソン)

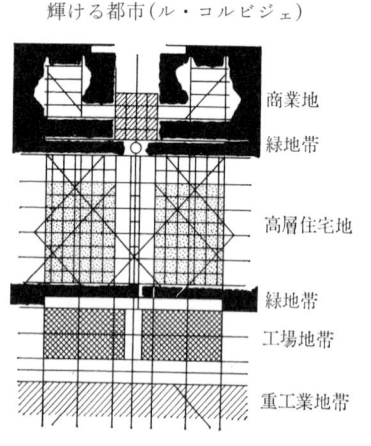

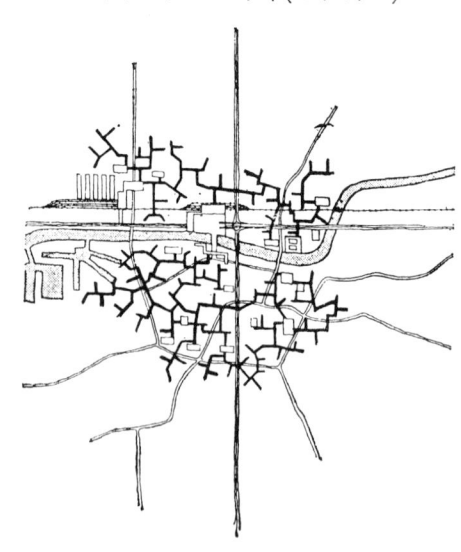

ことを試みたのである.」(注3)

　ヨーロッパおよびわが国の官庁による都市計画技術に大きな影響を与えた近代都市計画理論(動物学者のパトリック・ゲデスが1913年にCities in Evolutionで体系化したのが始まり)もやはり空間を図式化しようとしたのだが,それをものに還元する方法が異なっていた.学者の集りからなるかれらは,都市を科学的に調査研究することからスタートし,都市は自然に生長変化するものだが,間接的にコントロールできるものであると考え,そのための技術を開発しようとした.それが現在土地利用体系となって,現実的都市計画の手段として用いられているものである.たとえば,わが国では,住居,工業,準工業,商業などの地域制や,防火,空地,文教,その他の地区制はこの体系の一部をなすものである.このような規制はこれを基礎にして生まれ出てくる具体的な形態とは直接的関係はほとんど持たないものであって,非常に消極的な方法だといえる.この規制の区分を細かくすることなどによって,やや具体的な形態に接近する方向が試みられているのが現状である.

　第2次大戦後,大規模な建設の時代がむかえられ,ニュータウンの建設や再開発が行なわれるようになると,具体的な形態とは直接関係をもたない従来の都市計画技術では間に合わなくなって来た.そして"都市のコア(核)"の設定がさけばれ,ジッテは再評価され,外部空間の構成についての提案が行なわれた.人体の構造,植物の幹,枝,葉といった有機体のアナロジーによって,都市の機能を統合しようとする動きがあらわれた.コルビジェのアルジェリア計画,丹下健三研究室の東京計画(1960),キャンディリスのトゥールーズ計画,スミソンのクラスター・シティなどはこれに属する.これらは自然の大きな要素,交通網,都市設備などを都市の骨格とし,空間に秩序を与えようとする方法である.骨格は土木的なスケールを持つ耐久性の大きな構造物で,これに,耐久性の小さなスケールの小さい個々の構造物がコントロールされる,と考えられる.前者を指すメジャー・ストラクチャー,後者を指すマイナー・ストラクチャーといった言葉がさか

んに使われる時期もあった．一方，まず全体像なり骨格があってそれに肉づけするという理論は，新しい都市をつくる場合には有効かもしれないが，複雑に生長発展をつづけている巨大な現代都市においては通用しないのではないかという考え方がある．全体ではなく，むしろ部分からスタートし，それらを結ぶネットワークをつくりあげていこうとするいわゆる拠点開発方式である．いずれの場合にも共通している点は，都市をその部分と全体が常に変化し生長し新陳代謝しつづけているものとしている点と，人間と物の活動のパターンを具体的な形態に反映しようとする点である．この段階は磯崎氏による「構造論的段階」である．

リンチと今日のわれわれがおかれている情況は，巨大化した，過密集中した，複雑で，多様な，変化しつづけている，スピードの増大した，といわれる都市である．いま自分がどこにいるのか，どっちを向いているのかわからない，都市の全体がどこまでつづいていてどうなっているのかさっぱりわからない，ある建物を見ても，その中味が何なのかわからない，この間までよく知っていた町が，いつのまにか見知らぬ町に早変りしてしまっている，どこの駅前も似たり寄ったりだ，高速道路の上は楽しいが，下から見るとめちゃめちゃだ，という世の中である．われわれの知覚を進化させるか，知覚に適応させるように環境をつくりかえるか，またはこれらの両方が必要になってくる．「イメージアビリティ」はこのような舞台に登場した．いわゆる美しさとか，プロポーションの良さとかは，もはや問題でなくなり，とにかく，わかりやすいとか印象が強いということの方が重要になってくるのである．

イギリスのニュータウン建設における考え方をささえているといわれる，フレデリック・ギバートやゴードン・カレンら「タウン・デザイン派」の目標もやはり，都市をわかりやすい，美しいものにすることである．ゴードン・カレンは"タウン・スケープ"(1961)の中で，都市の部分部分の景観の写真やスケッチを示して，都市景観を構成する要素の分析をしている．そしてそれらのために，連続，包囲，焦点，

実体のない空間，明確な空間，こちらとあちら，でっぱりとひっこみ，句読点，期待，神秘，その他いろいろの言葉をつくり出し，空間の認識と構成の方向を示している．わが国でも，特に大学の研究室において，金沢，外泊，倉敷，高山その他の，小さくまとまった町や集落についての調査と研究が行なわれているが，それらには彼らの分析の方法がかなりとり入れられていると考えられる．

　彼らの方法と比較することによってリンチの方法を特徴づけて見るならば，第1に，前者が人の目に入る形態そのものの構造を直接に対象としているのに対し，後者は，知覚される形態のイメージの構造を追求することによって，形そのもののあり方を求めようとしている．都市を知覚される対象すなわちシンボルの集合とみなし，そのシンボルを操作し組み立ててから，ものそのものへもどろうという方法である．都市はシンボルの集合であるという考え方は，G. ケペス，D. クレイン，P. シールなどにも見られ，リンチとこれらの人々は，ひとつのグループをなしているといわれる．磯崎氏によれば，彼らの方法は，4段階論のうちの4番目の「象徴論的段階」に属し，タウン・デザイン派のそれは，「実体論的段階」に属している．第2の特徴は，前者が目に入る範囲の個々の風景を扱っているのに対し，一目でみわたせないような全体を相手にしていることである．第3は，前者が個人のイメージを土台にしているのに対し，リンチはたくさんの人々のイメージから出発しているという点である．

　D. クレーン David Crane は，その論文 "City Symbolic" (A. I. A. 1960) の中で，巨大で複雑な都市における全体認識 Sense of Whoeleness の必要性を説き，目に見えないものを見えるようにする新しいアーバン・デザインが必要だと言っている．さらに彼は中身がどうであれ，外界のシンボリックな表情をつくり出すことこそ重要であると言い，この論文全体を通じて，従来の都市計画術や美容術に対する挑戦が明らかに感じとられる．

　アーバン・デザインという言葉は，1955年ごろから60年ごろまでにアメリカに定着したが，それを受け入れたわが国では，その意味に

ついて諸説いりまじっていたものである.「さまざまな立場にいる個人がさまざまな願望をこめて使用していたと考えられる. あるものは団地計画や地区再開発計画に典型的にみられるような建築群の造形の問題であると理解し, あるものは都市計画のなかで視覚的問題・空間造形上の問題を扱う仕事と考えた. またあるものは, アーバン・デザイン＝都市設計であるとし, 従来の都市計画立案の作業がややもすれば物理的都市空間創造の問題と分離した場で進行したのを批判して, 常に形態の創造者の立場を離れずに行なう都市計画の仕事であると規定した.」(森村道美/ UR 第1号 注4)

　2番目の考え方では, 政治的, 経済的, 社会的, 歴史的考察によって, 今後の都市の形態はどう発展していくか, 何をどのような規模でどのような位置関係でどのような順序で配置したらよいか, どのように予算を配分しようかということを考えるのが都市計画で, これを基礎にしてわれわれが日々, 目で見, 耳で聞き, 記憶し, 楽しむ対象となる具体的な形態を実現していこうとするのがアーバン・デザインである. 建築, 道路, 橋, 公園, 木, 塀, 川をどんな形にしてどう配置しようかということが究極の目標になる. 吉阪隆正氏によると「もともと, プランニングは北欧諸国で育ったものである. 都市は, 政治とか経済とかの機能がうまく組み立てられることによってととのえられると考えられていた. 形より内容に重点がおかれたのである. これに対し南欧諸国では人間の心理とか情緒を大切にし, 都市は, 都市となのれるためにはそれなりの形をととのえていなければならないという思想があった. これを実現するための方法がコルバニズムであって, これが英語に翻訳されてアーバン・デザインとなったのである.」(注5)

　リンチは, 視覚プランを, 総合計画の他の分野と同じ列に並ぶものとしているから, 2番目に近く, クレーンはどちらかといえば3番目に当たるといえるだろう. 現在わが国では, これらのいろいろな意味を含みながら, 都市設計, 都市デザイン, 環境デザインなどの言葉がつかわれているようである. そしてそれらは主として, 磯崎氏の4段

階のうちの,「構造論的段階」と「象徴論的段階」に属するものを指しているようである.

わが国の「都市デザイン」の歴史は,1960年ごろからはじまる. 1960年は,"The Image of the City"が出版され,日本において世界デザイン会議が開催され,丹下研究室の東京計画が生まれた年である.以来いくつかの実施計画,計画案,論文,著書があらわれているが,ここでその一部をとり上げて見よう.実施計画には,新開発と再開発が含まれるが,1961年にはじまり現在建設途上にある高蔵寺ニュータウン計画(東大高山研究室,日本住宅公団)は,明らかに都市デザインを意図しているものとして注目されており,再開発としては,「坂出市の「人工土地」(大高正人,浅田孝,坂出市,1968)が,ニュータウン建設にくらべて実現化のむずかしい事業が現に行なわれたという点で,意味深いものである.1965年の大火のあと,大島町および元町復興への提案が行なわれた(早大,吉阪研究室).これも都市デザインを強く打ち出したもので,道ばたの休み場に至るまで設計したものであるが,現在わずかながら公共施設の建設が行なわれはじめている.建築群の設計としては,現在建設中の,槇総合計画事務所による立正大学計画があげられよう.これはリンチが主張しているレジビリティ(視覚的な明瞭度)という概念を,建築と建築群の構成における主要なテーマとしているのである.

研究活動もさかんに行なわれているが,筆者が参加した2つのものをあげるならば,ひとつは「建築文化」1961年11月号の"都市のデザイン"特集として,ひとつは1963年12月号の"日本の都市空間"特集として,その成果が発表されている.後者は単行本として1968年に出版された.これらは,伊藤ていじ氏と磯崎新氏を中心にして,10人ほどの東大大学院生が行なったものである."都市のデザイン"は,古今東西の都市デザイン関係の厖大な資料を集めることから出発し,それらを都市のパターン,エレメントの構成,媒介技術,といった観点から整理分類したものを視覚的に表現したもので,デザイナーや学生の参考書として利用されることもあるようである."日本の都市空

間"は磯崎氏の4段階論を冒頭に置き，その後に続く各章では，日本古来の空間構造は，象徴性，主観性，他との親和性，自己との未決定性などに富んだものであるから，これを実体概念によってとらえるのにむずかしいとし，機能的，構造的，象徴的段階でとらえるという立場で，形成の原理，構成の技法，要素の作用などの項目のもとに話を進めている．そして最後に，白川，日光，姫路城，清水，平戸，その他の分析の実例を示している．以上ごくわずかであるが，頁数が限られているために，わが国の情況についての説明は終りにして，リンチに話をもどさなければならない．

"The Image of the City"は，前述のように，分析の段階にとどまっているわけであるが，これから一歩前進して実際の設計にこの理論を応用する試みは始められている．たとえば彼は，M. I. T. のD. アプルヤード Donald Appleyard とジョンR. マイヤー John R. Myer と共同してボストンの高速道路について提案しているが，それはかれらの著書 "道路からの景観 The View from the Road" (1963)にまとめられている．これは，役所が計画した道路をデザインをしたといえるものである．「高速道路をつくるさいにねらいとすべきことは，第1に，運転者に連続性のあるリズミカルな形を与えることであり，第2に，環境に対する運転者のイメージをはっきりさせ，強めることである．こうすることによって，運転者は街のストラクチャーをとらえ，自分自身をそれに位置づけるであろう．第3にねらいとすべきことは，運転者が環境の意味を理解することを深めることである．道の両側を眺めることが，あたかも魅力ある本を読むかのごとくすることである．」このように考え，彼らは，自然の様相，街の機能的なパターン，高速道路の構造それ自体，といった環境の3つの面を明らかにして並べている．また，この道路が，ほぼ円形に近い形をしているため，その上を走る運転者が方向を失う危険がないように，北，南，西に向かって走る三角形の道路として理解させるようにしている．同時に三角形の頂点には街の中で意味の強いものを置き，さらに3辺には赤，白，中間色の3色を塗りわけ，運転者が，自身を環境と結びつける作業をス

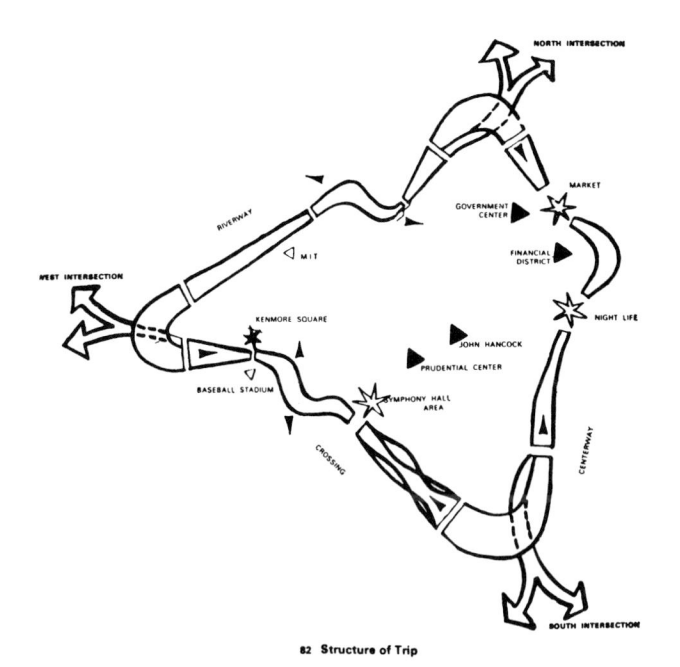

82 Structure of Trip

道路からの景観　By permission of The M.I.T. Press, reprinted from "THE VIEW FROM THE ROAD" by Donald Appleyard, John Meyer and Kevin Lynch, The M.I.T. Press, 1964.

ムーズにしようとしている(注6). 最初の試みであるために, このように都市の中の小さな部分を対象としたのであろう. このような試みが, 環境の全体に対して行なわれることを期待したいものである.

　ケヴィン・リンチは1918年にシカゴに生まれ, 1935-37年にエール大学建築学科に在籍したのち, 1937-39年にタリアセンにて建築家フランク・ロイド・ライトに学び, 1940-41年にシカゴにて設計事務所に勤務し数年間の軍隊生活ののち, 1946-47年にマサチューセッツ工科大学M.I.T.にて都市計画を専攻し, 学位を取得し, 1948年より現在にいたるまで同大学で都市計画の講座を受け持ち, 1967年からは新設されたアーバン・デザインのコースも担当し, 同時に発足したM.I.T.都市デザイン研究所の長でもある. 現在, 同大学教授である.

　それらは次頁の年譜のようにまとめられる. この年表は, 前出のUR

	経　歴		論文歴・著書歴
1918	1月7日シカゴに生まる.		
1935〜37	エール大学に学ぶ.		
1937〜39	タリアセンにてフランク・ロイド・ライトに師事.		
1939〜40	Rensselaer Polytechnic Institute.		
1940〜41	シカゴにて建築家 Schweikher, Lamb と共働.		
1941〜46	アメリカ陸軍に従軍.		
1946〜47	M.I.T.に学ぶ, B.C.P.		
1947〜48	Greensboro の計画課に勤務.		
1948〜	M.I.T.にて教鞭をとる. (Site and City Planning)		
1952〜53	フォード基金によりイタリア留学.		
1954	シカゴ・ループ競技設計に応募. 4等をとる. (Corson, Pirie Scott と共同)	1954	"The Form of Cities" Scientific American, April, 1954.
1954〜59	都市の知覚形態に関する研究を Gyorgy Kepes に協力して行なう. (five-year Rockefeller research project)		
1955〜56	New England Medical Center (ボストン)の計画コンサルタント.	1956	"Some Childhood Memories of the City" Journal of A.I.P., Summer, 1956. (Alvin Lukashok と共筆)
1956〜57	クリーブランドの University Circle institutional district に関するスタディ. (Adams, Howard, Greeley と共同)		
1958〜59	ボストンの行政センターのプロジェクト. (Adams, Howard, Greeley と共同)	1958	"Environmental Adaptability" Journal of A.I.P., Vol. 24, No. 1, 1958.
		1958	"A Theory of Urban Form" Journal of A.I.P., Vol. 24, No. 4, 1958. (Lloyd Rodwin と共筆)
		1959	"A Walk Around the Block" Landscape, spring, 1959. (Malcolm Rivikin と共筆)
1960	プエルト・リコのサン・ジュアン市の Boca de Cangrejos 地区の計画. (Adams, Howard, Greeley と共同)	1960	The Image of the City, Technology and Harvard Press, Cambridge, 1960.
1961〜62	ボストン Waterfront 地区のデザインコンサルタント. (Adams, Howard, Greeley と共同)	1962	Site Planning, Technology Press, 1962.
		1962	A Form of a Metropolitan Sector.
		1963	The View from the Road. (Appleyard Myer と共筆)
		1963	Signs in the Cities.
		1964	Quality in City Design.

第1号「リンチ特集」のためにリンチ教授からおくられたものをまとめたものである.

リンチの論文には2つの傾向があらわれている. "The Image of the City" の系列では，都市の知覚的形態を中心に述べているが，"都市の形態 The Form of Cities"(1954) や "都市の形態に関する理論 A Theory of Urban Form"(1958)は都市の形態と活動との関係について述べている. 発表された年を年表で見ると前者が後で後者が先のようにとれるのだが，槇文彦氏によると，考えの発展の仕方は逆である. そして最近はどちらかといえば後者の研究に力を入れているそうである. 特に，彼の弟子のカール・スタイニッツ Carl Steinitz は活動のパターンの詳細な分析を試みており注目されているそうである.

II 用語について

"The Image of the City" の中でテーマとなっているいくつかの概念について若干の説明を加えてみたい.

§イメージアビリティ(12頁参照)

リンチの理論を新鮮なものとしているのは，ひとつに，空間は，それぞれ一定のイメージアビリティをもった物体の分布であるという考え方である. イメージアビリティは「イメージされる度合」とか「印象度」と訳したらよいだろうか. この言葉を定義する文章の字面からは，物にそなわる絶対的な特性のように受け取る人もいるのだが，イメージとは観るものと観られるものの間の相互作用の結果であると彼は言っているのであるから，観るものの意識の中にあらわれるイメージの強さを物の側から言っているのだと考えられるのではないだろうか. それを観るか観たことのある人間が1人もいなかったらイメージアビリティは0なのではないだろうか. だとすると，東京大学鈴木研究室の "領域理論" を引き合いに出すことも可能となってくる.

この理論は手はじめに公団団地の空間を解剖し構成するための道具として用いられている. 彼らの「領域」とは，空間が行動の対象と手

段の体系として意識され，将来の行動に十分適応できるように記憶の中で秩序づけられた地域あるいは空間の一部，つまり，なわばりあるいは自分の空間である．そしてそれまでその人間にとって何ものでもなかった空間が，そのような行動の道具としての意味を備えた地域に変わることが「領域化」である．この定義の上に彼らは次のような仮説をたてた．第1に，「領域」はいまだ領域化されていない地域——「非領域」とはかなり明瞭に区別される．すなわち「領域化の度合」というものを想定した時，その空間上の分布は連続的でなく，ある地点あるいは境界線上で，2つのゾーンに明確に分けられると考えられる．第2に，領域は「大きさ」と「形態」という空間概念によって把えられ，分析の対象とすることができる．第3に，年齢の成長と居住履歴を軸として「領域化のプロセス」を想定することが可能である．幼児や年少児童の空間がトポロジカル(位相幾何学的)であり，年齢の成長によって，じょじょに，通常のユークリッド空間に転化することは，よく知られた児童心理学の仮説である．第4に，領域化の度合，領域の大きさと形態，領域化のプロセスは，個人の性格や空間体験によって強く規定されることはもちろんであるが，現実にそこで活動している生活空間のフィジカルな構造によってもかなりの程度決定づけられるということである．これらの仮説の上に立って，赤羽台，草加松原，多摩平，高根台の4つの団地の児童と主婦を対象にしてリンチ的な方法を用いて調査研究を行なった．ここにあげるのは小学校児童によるイメージマップ(全く自由に描く)である．主婦の場合は道路マップ(与えられた輪郭内に道路を記入する)とサインマップ(輪郭，主要道路，駅などが描いてある地図上に住宅棟，施設，標識をかき入れる)をもとにして，小学生の場合はイメージマップをもとにして，個人別の領域図を作成した．これは描かれている区域について内容を検討し，空間構成要素がどの程度描かれているか，正しく位置づけられているかによって，確定領域，潜在領域，非領域の3領域に分けて，正しい配置図上に移したものである．何も描かれていない部分，描かれていても全くまちがっていたり，どこだか判定できない部分が非領域である．

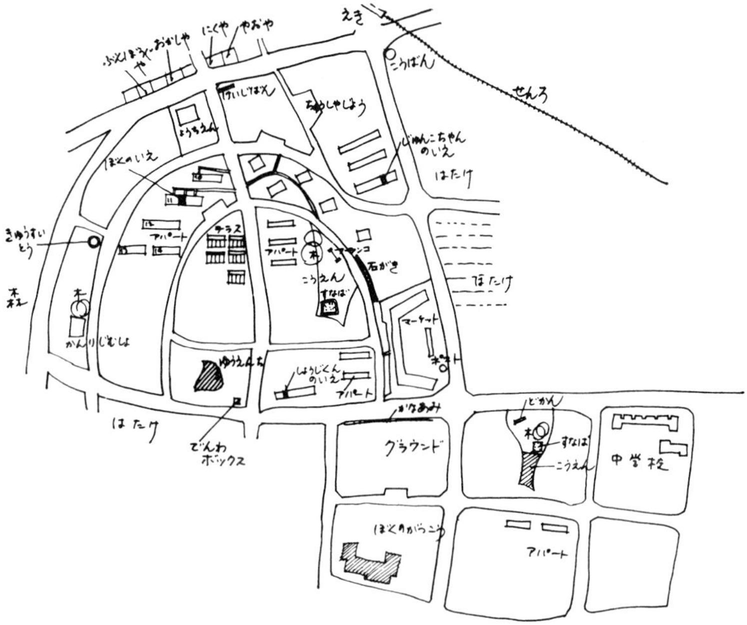
えき
にくや
やおや
おかしや
こうばん
せんろ
ちゅうしゃじょう
ようちえん
ぼくのいえ
じゅんこちゃんのいえ
のいえ
はたけ
きゅうすいとう
アパート
テラス
石がき
こうえん
すなば
木
林
かんりじむしょ
マーケット
ゆうえんち
しょうじくんのいえ
はたけ
でんわボックス
かなあみ
グラウンド
どかん
すなば
こうえん
中学校
ぼくのがっこう
アパート

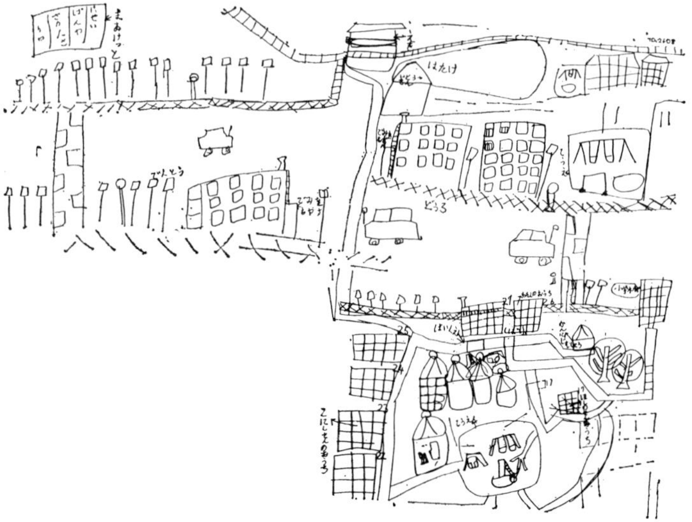
はたけ
どうろ

この領域図を，領域(確定，潜在)非領域のひろがりの形態とひろがりの大きさの点から分析を行なっている．たとえば，赤羽台のある児童の場合，領域は両側地区全域を覆うが明確に区切られている．多摩平のある児童の場合，確定領域は強固ではないが，ほぼ全域が潜在領域となっている．ある主婦の場合，種々の生活上の核から確定領域が触手を伸ばして結びついている．……という具合である．さらにこれらの領域図から，各団地における領域化のプロセスを推定しモデル図を描いているのはおもしろい方法である．プロセスの一般形をまず設定し，それが団地空間の構成方法によってどんな影響を受けるかという

生活領域発展過程の標準モデル

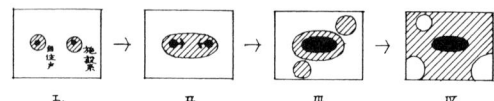

I　自住戸周辺と，公共施設——日常的な行動の中心——の周辺に確定領域が生じ，潜在領域がその各々をとりまく．
II　行動の道筋に沿って潜在領域が生じ，確定領域は徐々に伸びる．
III　確定領域が行動の道筋に沿って連続し，潜在領域は，その周辺に拡がると同時に，他の地域にも生ずる．
IV　確定領域はなお拡大するが，その発展の速度を落す．しかし潜在領域は拡大し，場合によっては団地全域を覆うに至る．

主婦の場合

赤羽台

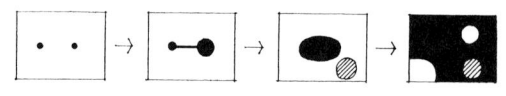

草加松原

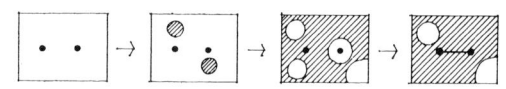

多摩平

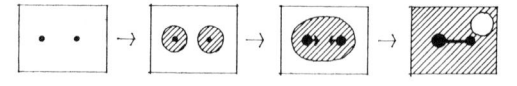

高根台

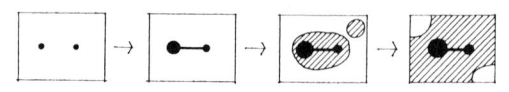

ことを調べている．この4つの団地のモデル図によると，赤羽台では最終的にはほとんど領域が確定領域に近くなること，草加松原では確定領域が連続せず拡大しないこと，多摩平，高根台はかなりよく似た自然な形成過程をとることがわかる．彼らは，空間計画の主要な課題は，確定領域の連続的形成，及び潜在領域の全域への発展であるといっている．

ケヴィン・リンチの主要な課題はイメージアビリティである．イメージアビリティの高い都市とは明瞭な相互関係を持つきわ立った部分の連続したパターンとしてとらえられるものであろうと言っているが，これは，領域化の度合と連続性と広がりが大きい都市だとも言えるのではないだろうか．都市空間を構成する各エレメントのイメージアビリティを，その度合によっていくつかの段階にわけて点的分布図をつくったもの（リンチのイメージマップもそのように描かれている）から，各段階に属する点をつなぐという操作によって，面的分布図をつくることができるはずである．これを「領域」と同じような方法で操作することができないだろうか．これは，領域と同じものだと言っているのではない．イメージアビリティには，五感に強く訴えるという意味が含まれているが，「領域」はあるものを知っているか知らないかということを土台にしている．この点ではむしろレジビリティ（3頁参照）の方が近いかもしれない．しかしこの辺に明確な区切りをつけるのは不可能なようである．本書の中では「領域」にあたるもの，つまり意識空間の大きさといったものが，はっきり扱われていない．複合体 complex とか場所 locality（106頁参照）ということばでわずかに出てくるだけである．エレメントのタイプとして抽出しているディストリクトは偶然「領域」に一致するかもしれないが，全然別の概念である．「イメージとは連続的な場であるから，部分よりも全体の検討が必要である」とリンチがいう「全体の検討」のために，この「領域」的な操作を行なって見るのも非常に有効ではないかと思われる．

イメージアビリティに関連した言葉として，わかりやすさ legibility とか見えやすさ visibility といったものが出てくるが（12頁参照），

後の2つは理性に訴えるもので，前者は感性に訴える，というようなちがいがあるようである．そして後者は大体において前者の必要条件かもしれないが，十分条件ではないと思われる．冷静に見れば非常にわかりやすいが，あるいは目に入っているには入っているのだが，印象がまるで弱いということはよくあるわけである．大体においてと言ったのは，迷路とか，恋文横町のように，さっぱりわけがわからないということによって，イメージアビリティが強いことがあるからである．しかしvisibilityの方はたしかに必要条件であろう．見えなければ話にならないからである．これは見える見えないという単純で物理

```
                SEQUENCE
                 (X, Y, Z)
               (41, 48, 52) (71, 57, 40)
               (58, 49, 44) (84, 57, 30)
               (62, 57, 42) (91, 57, 43)
```

的な特性であるから，電子計算機がキャッチすることもできるものである．ここにあげる図は，丹下研究室の"万国博覧会会場のイメージ構造"の研究における，眺望範囲の濃度分布図のひとつである．電子計算機が会場内の各地点の高さを覚えることによってつくり出したものである．主な動線のひとつとなっている＊印の6地点を結ぶ動線上を移動する際の眺望を示しているのだが，各点の大きさは，6つの地点のうちのいくつの地点から見えるかという被見度を示している．一番太い点がこの動線上を歩きながら常によく見えている地点だということになる．案内図の中に何をランドマークとして描きこむかということを決定する際に，被見度の高い地点にある物を選べばよいわけである．いろいろなサインの配置を決める際にもこの図は役立つのである．

§アイデンティティ，ストラクチャー，ミーニング(10頁参照)

アイデンティティ identity には適訳が見つからない．そのものであること，正体，自己証明，実体，だれにでもそれが見分けられること，独自性，それと見分けられるような個性など，いろいろ出てきてなかなか決まらないので，無理に日本語にしないことにした．identify という動詞だと，認知するとか，それと見分ける，検証するなどの日本語がほぼぴったりするのであるが．思想の科学研究会編の『哲学・論理用語辞典』(三一書房)によると，identity＝同一性であって，その意味は，「ある一定の期間を経てもその性質がかわらないこと，である．このジビキは諸君のジビキである．もう大分ボロボロになって諸君が買った時より古くいたんでいる．しかし，それでもこのジビキは何日か前に諸君が本屋で買ったジビキにちがいない．昨日は悲しみ，今日は喜んでいても，昨日は元気だったが今日は大けがをしていても，僕は僕である．」このような意味を，本書で用いられているアイデンティティに与えてよいと考えられる．しかし同一性ということばは，何か他のものと同じという意味にもとられそうなので，やめたのである．

ストラクチャーとアイデンティティの2つの要素とミーニングが切りはなしてとり上げられていることから，ミーニングが否定されてい

るとか，軽く見られているという誤解が生じているようである．しかし，彼が言っているのは，これら3つの成分は常に同時に現われるものだが，意味のグループイメージは他の2つのグループイメージほどには一貫していないから，そして物理的操作に影響される度合が，アイデンティティとストラクチャーの方が，ミーニングよりもかなり大きいから，物理的操作に関して話を進めて行く際には，一応ミーニングを外しておこうということなのである．つまりどういう形をどのように配置したら，強いアイデンティティとストラクチャーが生ずるかということは，ある程度探り出せるが，どういう形の操作によって強い意味が生ずるかということを追求するのは，あまり意味がない，意味は，社会的，歴史的，機能的，個人的要因から成り立ち，物理的形態から独立した完全な領域をなしているといっているのである．ある建物の用途がわからなくても，視覚的な形態が強力なためにイメージが強くなることもあるし，見たところ周囲からきわだっていなくても，人々がよく行くデパートだからイメージが強くなることもあるわけで，どちらも，イメージアビリティにとって同じように重要な成分なのである．ただ本書は，何が意味を強めるかということをテーマにすることは他の機会にゆずって形態の役割に集中しているわけである．この関係は次のようにあらわされるだろう．

$$\left.\begin{array}{l}\text{形態の操作} \longrightarrow \text{アイデンティティ}\\ \phantom{\text{形態の操作} \longrightarrow}\text{ストラクチャー}\\ \text{社会，歴史，機能，個人} \cdots\cdots \longrightarrow \text{ミーニング}\end{array}\right\}\text{イメージ}$$

またパス，エッジ，ディストリクト，ノード，ランドマークなど，物理的形態を分類するためのカテゴリーだと彼自身がいっているものにさえも，意味が含まれている．もし純粋に物理的要素としたいなら，たとえば点，面，線，上，下，横というようなわけ方になるだろう．

§ パス，エッジ，ディストリクト，ノード，ランドマーク

1．パス (59-76 頁参照)

写真1——パスは裂け目である．

写真1　パス——瀬田川をはさんで，手前瀬田，向こう側石山の街(滋賀)

写真2　パス——赤坂付近

　　写真2——パスは運動のエネルギーそのものである．
2．エッジ(76-81頁参照)
　　写真3——石垣，堀，道路，ビルの壁という4種のエッジ
　　写真4——親密な間柄にあった両側の町並が，高速道路というエッジの出現によって分離されてしまった．
3．ディストリクト(82-90頁参照)
　　「町の中には，空間的にひとつのまとまりとして考えられる地区，ないしはひとつのまとまりとして考えなければならない地区が存在する．これを構成体と定義する．構成体は全体系から出てくるものと，調査の結果出てくるものとが考えられるが，それ自体で独立した体系とみなすべきであろう．即ち，構成体の持つべき機能と形態は，その地区に於けるリアリティに従うべきものであり，全体系からの要求はあくまでも基本的な事柄にかぎられるものと考える．その意味で構成体の追求は各個把握のものとして

写真3　エッジ──日比谷交差点付近

写真4　エッジ──六本木付近

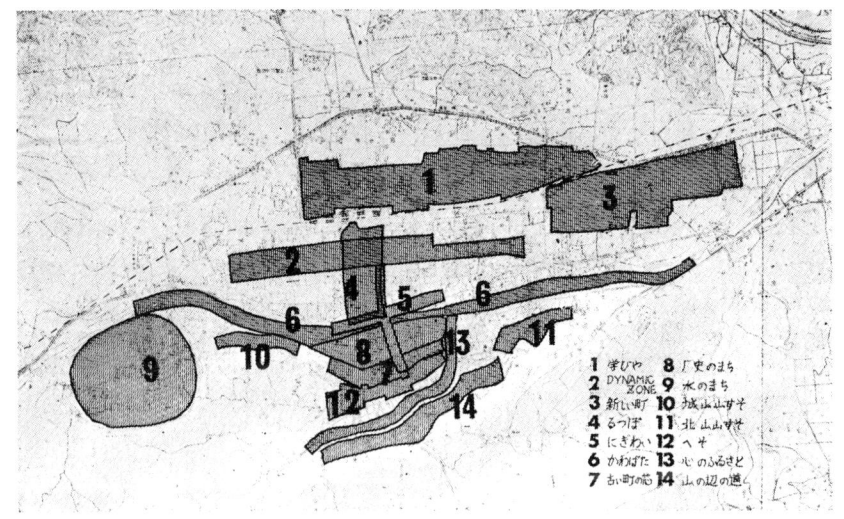

写真5　ディストリクト——飛騨高山

写真6　ノード——新宿駅東口

とらえた．従ってある場合には相互間で矛盾の生ずる事もあるが，それはそれでかまわない事と考える．」(写真5)——田中滋夫"高山のアーバンデザイン"早稲田大学建築学科大学院修士論文 1968・3

4. ノード(90-98頁参照)

「新宿駅の東口には，選挙演説の車がとまる．その周囲には人が集る．それと背中合わせのところで，青空討論と称して，数人の若者が，通りすがりの人間と議論をしている．その背後には，フーテンが地面にすわりこんで，ポプコーンを派手に食べている．こうした光景は，東京のいかなる町角でも見られないものだ」(写真6)朝日ジャーナル 1968・7・14

5. ランドマーク(98-104頁参照)

まわり中に36階建のビルディングが並んだら，ランドマークでなくなるだろう(写真7)．

写真7　ランドマーク——東京タワー

§シークエンス (124, 135, 144, 205 頁参照)

　つぎつぎとひきつづいて知覚されあるいは体験されるものがシークエンスである．音がつぎつぎに出てくると音楽として感じられる．言葉が並んで詩になる．画面がつづいて映画になる．我々は音そのものよりもメロディーを憶える．詩人や作家にとって，個々の単語は生の材料である．文章に組み立ててはじめて一定の意味がきまる．2つのフィルムの断片がつなぎあわされると，それは結合して新しい観念を持つようになる．直線が3本集まって出来る三角形はその直線にない新しい三角形という性質を持つ．形態はみな，それを構成する要素にはない新しい性質を持つ．これは心理学で形態質といわれる．そして形態質は要素を変えても同じに保たれるものであるから，それは移動可調性を有するといわれる．つまり三角形はその辺の大きさにかかわらず三角形であり，メロディはその構成音の絶対音程にかかわらず同じ感じを与えるのである．空間のシークエンスもそれを構成するエレメントにはない新しい性質を獲得する．それが意図されたものであろうとなかろうと，シークエンスはそれ自体の意味を持っている．音楽には音楽の構成技術があり，映画には映画の構成技術がある．シークエンスに秩序を与えるための技術である．空間のシークエンスのためにも同じ技術があってしかるべきである．

　リンチは，「クラシックなメロディでなく，まだらなジャズのようなものとなろう」というにとどめ，シークエンスを理解し操作するために，それを表現する方法が必要だと述べている(205頁)．彼の弟子のP.シール Philip Thiel はこれをひきついで，ノーテーション notation（記譜法，記号法）という道具を使うことによってシークエンスをつくり出すことを追求している．彼は，音楽，おどり，演劇など時間を軸にして進行するものは独自のノーテーションを持っているのだから，空間のシークエンスも，これらに相当するノーテーションを持って良い筈であり，楽譜を用いて作曲するように，ノーテーションを用いてシークエンスを生み出すことができるはずであると言っているのである．そして空間を諸要素にわけてそれらに記号を与えており，それら

の記号によって空間の体験はかなりくわしく記述されると思われるのだが，それを用いて作曲するところまで行っていない．

音楽，演劇，おどりなどの手法は，かなり役に立つかもしれないが，空間体験の時間的変化は他のものとちがって，体験者の動き方によるものである．つまり空間をレコードとするなら，人間は速度変化，方向転換，くりかえし自在のピックアップであるから，根本的に異なるアプローチが必要なのではないだろうか．音楽で，大変参考になるのは，シュトックハウゼンの手法である．つまりいくつかのフレーズが用意されていて，Aフレーズに続くことのできるフレーズはE. H. T. ……のどれでもよいというようにそれぞれのフレーズに約束事がついている．そしてその約束のわくの中で自由に進行し，たくさんの音楽が生まれる．都市にもいろいろなフレーズを用意し，それらの間に幅のある約束事を定めるということも考えられるのではないだろうか．

ある環境の中を動く動き方は無限にあるわけであるが，それを計画家が意識してコントロールすることはできるはずである．人々の動きの道筋，速度，方向の選択をさせるように仕組むのである．速度制限があって逆行ができなくて交差や分岐のない，1本の道路上で体験されるシークエンスには，音楽的手法をとり入れることが可能であろう．自動車の世界だけを対象とするなら，この1本のシークエンスをひとつのフレーズとし，それらを組み合わせることによって全体をつくることも考えられる（人間は足でも歩くから問題はめんどうなのだが）．最近，高速道路や観光道路の景観についての研究，つまりフレーズ単位の研究があちこちでなされている．前述のリンチらの"The View from the Road"もそのひとつであるが，これに用いられている手法はそれらにかなりとり入れられている．わが国では，東大助教授鈴木忠義氏が，体系づけられた分析を行なっているが，ここに示すのは彼の"別府阿蘇道路の景観分析"(注7)の中にあらわれる景観図である．速度，曲線率，閉塞性，地貌，ランドマークなどの要素が時間を軸にして展開していく状態が表わされている．一番外側の記号は樹木，灌木，草，岩，土砂，人工表面，水，建築などの地貌を，次の波形は，

前方の地平線上の景色の中で空でない部分が占める割合を，台形は曲線率 K を示している。$K = \dfrac{\theta \cdot n}{t}$

θ：その区間のカーブひとつ当りの平均交角

n：その区間にあるカーブ数

t：その区間を通過する時間

矢印の向きはランドマークの方向を，太さはランドマークの大きさを，長さはランドマークまでの距離の逆数を示し，中央の帯は標高の変化を示している。これらの右側にある帯は，左から順に時間と速度と距離を示している。彼は景観と人間の対応関係を考える必要性をとき，その手がかりとして快適性を導入する。全体の快適度を決めるのは，上にあげた各要素の快適度の和であるとして，各要素の快適度を工学的に追求している。

§視覚プラン (147頁参照)

次頁にあげるのは，前出の田中滋夫氏の"高山のアーバンデザイン"の一部である。彼は，順序としてタウン・スケープの調査から出発したのであるが，その結果を詳細にわたって分析し，整理をするという過程を経ないで，それらをいわば心の中に含んで，これとはかなり独立した

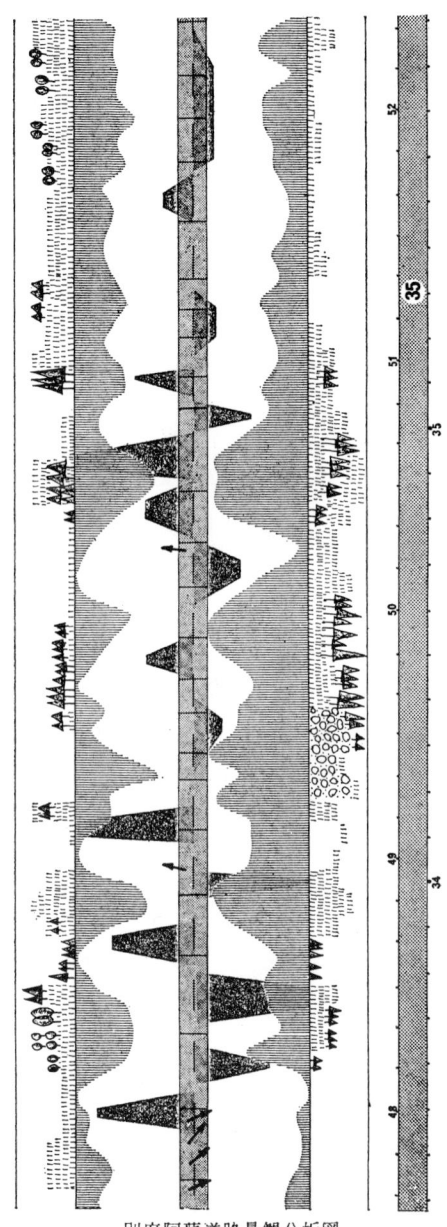

別府阿蘇道路景観分析図

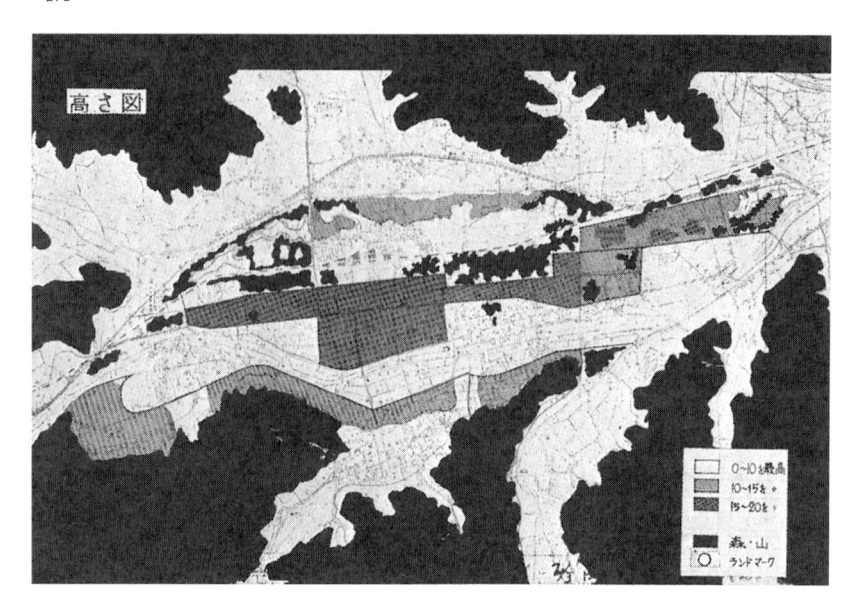

高さ図

0〜10m最高
10〜15m 〃
15〜20m 〃
森・山
○ ランドマーク

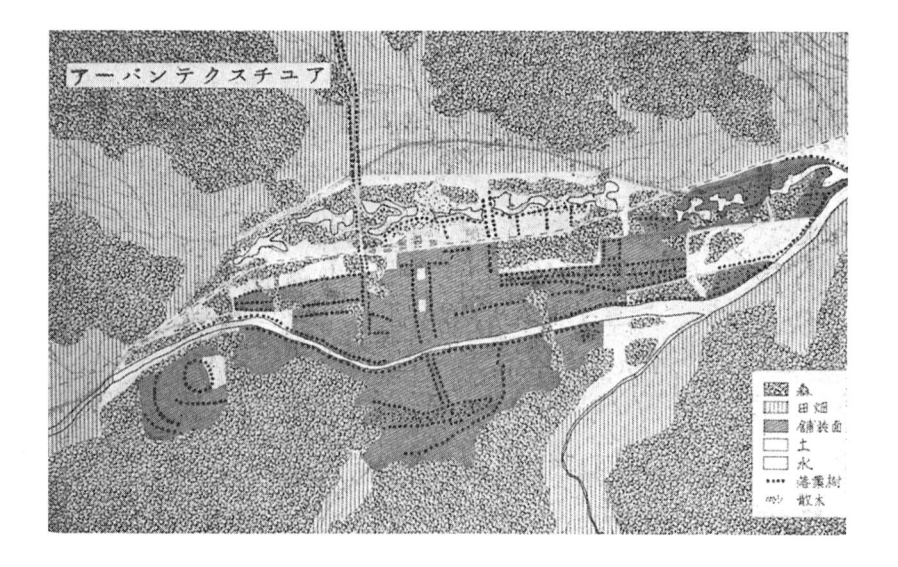

アーバンテクスチュア

森
田畑
舗装面
土
水
落葉樹
散水

土地利用単位

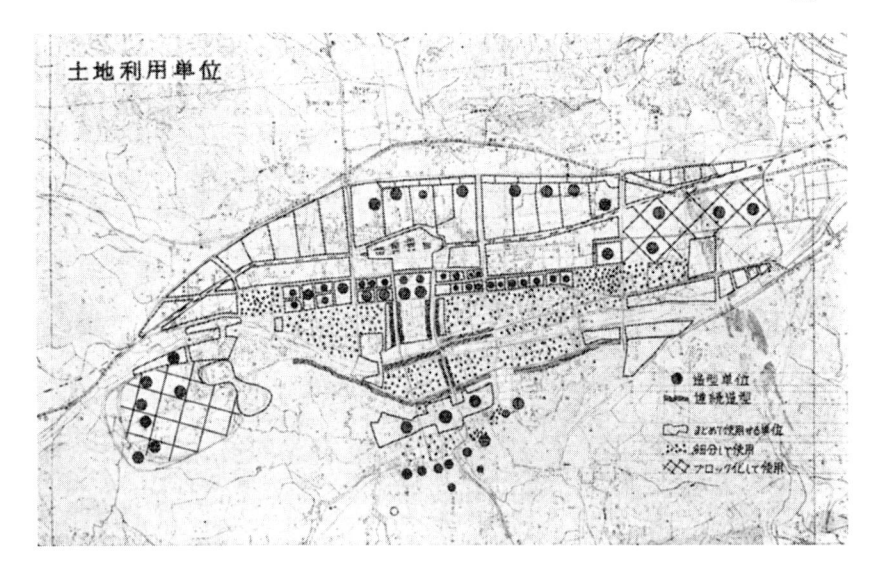

立場で，視覚的全体計画を作製した．ゴードン・カレンのようなスケッチをかさねることによって，ひとつのイメージスケッチを提出し，それをもとにここにあげるような，テクスチャー，高さ，土地利用単位で決定される空間構成計画を提案している．

　イメージスケッチは，この本の頁のスケールではとらえにくいので省略する．このような方法も視覚計画のひとつの方法といえる．

　いそいだために，雑な解説になってしまいましたが，本書の読みを深くすることにわずかにでも役立つならば，さいわいです．この解説作製のために多くの方々に助言と協力をいただき，それらの方々に心から感謝を申し上げたいと思います．とりわけ槇総合計画事務所の槇文彦さんと長島孝一さん，東京大学都市工学科の森村道美さん，土田旭さん，松本敏行さん，建築学科の松川淳子さん，黒川紀章都市建築研究所の田中滋夫さんに御礼申し上げたいと思います．最近のリンチについての情報は槇さん，長島さんから得られたものです．

富 田 玲 子

＊本稿は1968年刊行時に付した解説の再録である．

注1　伊藤鄭爾／都市史／建築学体系／彰国社／1954
注2　Der Städtebau 1889
　　　City Planning According to Artistic Principles／tr. by George R. Collius and Christiane C. Collius／Columbia University Studies in Art History and Archaeology／1965
　　　邦訳：カミロ・ジッテ／広場の造形(SD選書175)／大石敏雄訳／鹿島出版会／1983
注3　磯崎新／都市デザインの方法／日本の都市空間／彰国社／1968
注4　URは東京大学都市工学科で都市計画と都市設計を学ぶ者のグループによる機関誌　第1号「ケヴィン・リンチ特集」／1967
注5　ポールD.スプライゲン／アーバンデザイン／波多江健郎訳／序文一吉阪隆正／青銅社
注6　The View from the Road の抄訳／加藤源／UR第1号
注7　観光道路の研究／日本観光協会

訳者あとがき

　本書は，マサチューセッツ工科大学教授ケヴィン・リンチ Kevin Lynch の著書 "The Image of the City" の訳である．これは1960年に同大学出版部 M. I. T. Press から出版されたが，その当時，非常にユニークなものとして，世界各地で，都市の計画や研究にたずさわる人々や一般人の間に，センセーションをまきおこしたものであった．この後，これに関連のあるすぐれた論文が発表され，彼の考え方は広く行きわたり，今やひとつの常識にまでなってしまっている．彼のつくり出した言葉は，非常に便利で有益な道具として用いられるようになっている．わが国で今この訳書が出版されるのは，あるいは遅きに失したのではないかという感じさえするのであるが，これによって，リンチの考え方をできるだけ多くの人々に伝えることができたら幸いである．この仕事のそもそものはじまりは，リンチ教授と丹下が1961年に再び M. I. T. で話し合う機会を持った時にまでさかのぼる．その時，この本を日本版に翻訳してはという話がもちあがり，以後その実現のために丹下が労をとることになったのである．翻訳の作業は主として富田が行ない，丹下がこれに目を通して，適宜助言を与えた．

　本書は多くの方々のご協力によってようやく刊行されることになったが，なかでもわれわれの翻訳の作業に多大のご助力をいただいた朝日新聞社社会部の河合伸氏と，長い間根気よく協力して下さった岩波書店の竹田行之氏と，飯泉平伍氏に厚く御礼申し上げたい．

　　1968年8月

　　　　　　　　　　　　　　　　　　　丹　下　健　三
　　　　　　　　　　　　　　　　　　　富　田　玲　子

新装版へのあとがき

『都市のイメージ』の翻訳書が出版されてから40年近くたちました。その間に日本の都市の姿はどのように変わったのでしょうか。

ケヴィン・リンチは「都市は人々にイメージされるものである」と宣言しました。イメージされる可能性を「イメージアビリティ」と名づけて、これを高めることが美しくて楽しい環境にとって最も重要である、すなわち、人間の五感に強く訴えるまちの姿を創ることが目標となると述べています。また、人々の記憶の連続性が保たれることの重要性も強調しています。

彼の理論は多くの研究者や計画者だけでなく一般の人々にまちの見方を示しました。景観という言葉が普通に使われるようになり、いろいろな地域で魅力的なまちの風景が創り出され、あるいは守り育てられているのは、大変喜ばしいことです。とはいえ、この40年、都市のイメージアビリティは、全体として高くなっているとはいえないでしょう。どこの駅前も似たり寄ったり。よく知っていた街が見知らぬ街に早変り。のっぺりして同じような巨大ビルディングが林立するさまは墓石群を思わせます。それらの建物の外でも内でも、その巨大さ、均質性が人々に疎外感、不安感、恐怖感をもたらすのです。喜びとは正反対のものです。

建築家、都市計画家、都市設計家、造園デザイナー、そして都市のすべての住人たちにとって、いまこそケヴィン・リンチの『都市のイメージ』を読む時です。昔読んだ人はもう一度。まだ読んでいない人は、いますぐ読み始めることをおすすめします。

新装再版を思い立ち、労をとられた岩波書店の永沼浩一さんに感謝申し上げます。そして、遠いお国から、丹下健三先生が最新版『都市のイメージ』をごらん下さいますよう、お祈りしたいと思います。

2007年3月　　　　　　　　　　　　　　　　富　田　玲　子

いま『都市のイメージ』を読む
西　村　幸　夫

　日本では長い間幻の訳書となっていた本書がここに再刊されたことを愛読者のひとりとして喜びたい．英語圏ではこの本は都市計画・都市デザインの基本図書として刊行後約50年経った今でも読み継がれている．すでに執筆時からおよそ半世紀を経過して，都市を巡る状況も一変した．そんななかで本書をいまの時点で読む意味はどこにあるのか，そもそも本書の歴史的な意義はどこにあるといえるのか．

　本書が刊行されるまで，都市を論じた著作のほとんどは，都市を価値ある建物や街路の意図した配置の問題として，計画者や為政者の立場から語ってきた．それを本書はまったくひっくり返して，都市の姿を，あるがままの形態とその背後にある固有のイメージだけをたよりに，そこに住む人々によって感じられるものとしてとらえようとしている．そこに本書の決定的な新しさがある．

　都市をだれかが造り出すものとしてではなく，転変する変化が絶え間ないものとしてとらえ，全体から部分に下降するのではなく，部分の積み重ねの上に全体を構築しようとしている．そのときに手がかりとしているのがグループ・イメージともいえる集合的な心証である．これほど現象的に，かつ帰納的に都市を見る目を，当時ようやくその用語が生まれたばかりだった「都市デザイン」にたずさわるものが持

ち得たという点に驚かされる．

そこから，わかりやすく，アイデンティティを持った空間——著者のいういわゆる「イメージアビリティ」の高い空間こそが望ましいという信念が生まれ，パス，エッジ，ディストリクト，ノード，ランドマークという有名な５つの都市のエレメントが抽出されてくる．

今日，都市計画を学ぶものにとって，本書第３章に詳細に示されている５つの都市のイメージのエレメントはすでに血肉化しており，本書に見られるような慎重なものの言い方はむしろやや奇異にすら感じる．しかし，当時こうした概念を初めて世に送り出す際に，リンチがいかに現場での情報を大切にし，帰納的に結論を導いていったかを振り返るとき，新しい概念を生み出すことの大変さが今更ながらよくわかる．

＊　＊　＊

ただし，今日の視点で振り返るとき，私たちはこれら５つのエレメントが存在するという事実だけで満足するわけにはいかない．そしてリンチは，すでに50年前の時点で，すでに次のステップへ進むための布石を打っているのだ．

それが本書第４章の都市形態のデザイン論である．

たとえば都市の形態の特質として，10の手がかりを挙げている．すなわち，特異性，形態の単純さ，連続性，優越性，接合の明晰さ，方向性，視界，運動を意識させるものであること，時間的な連続，名称と意味の10項目である（本書132-136頁）．さらにこれらを統合する「全体としての感じ」が重要だとも述べている（同137-141頁）．

もちろん本書の力点はパスやエッジなどの５つのエレメントを詳述した第３章にあるので，第４章の記述はいささか簡潔にすぎるともいえる．ここには著者の将来展望が控えめに述べられているだけである．じっさいリンチはその後，*A Theory of Good City Form*（三村翰弘訳『居住環境の計画 すぐれた都市形態の理論』彰国社）という著書を1981年に上梓し，ここでの問題意識を都市の形態一般に拡げて考察

するに至っている．この流れは重要である．ここにリンチが『都市のイメージ』以降に構想したことが実っているからだ．しかし残念なことに，この著書は『都市のイメージ』ほどには一般に知られていないようである．

現在，私たちは『都市のイメージ』第4章で素描された望ましい都市を作り上げるための実際的な技術を磨いていかなければならない．ただし，それは砂上の力仕事ではない．本書第3章でリンチが行ったような手堅い現場での積み重ねのうえに確実な事実を築きあげていかなければならないのである．本書第3章は，そうした姿勢を学ぶためにも大切な章であり，まだ十分に現代的な意義がある．

留意しなければならないのは，本書がけっして専門家によるものづくりの世界で完結しているものではない点である．都市には主役としての住民がいる．住民なくして都市づくりはできないのである．日本的にいうならば，こんにちの「まちづくり」をも予感させるスタンスをリンチは提起しているのである．本書第4章は次のような言葉で始まっている；
「われわれには，イメージアブルな──見てわかりやすく，首尾一貫し，明晰な──景観を持つ新しい都市世界を形づくる機会が与えられている．それは都市の住民の側の新しい心構えを必要としている.」(114頁)

* * *

都市を意味から切り離し，形態的なアイデンティティと構造から読み解こうという画期的な試みは，しかしながら，世界で初めてというわけではなかった．本書の解説の中で富田玲子氏が正しく指摘しているように，直近の先達としてカミロ・ジッテの『芸術的原理に基づく都市計画』(原題 *Der Städtebau nach seinen Kunstlerischen Grundsätzen*，1889年．大石敏雄訳『広場の造形』1983年，鹿島出版会)がある．中世以来の有機的形態とヒューマンスケールの都市空間を賞揚したジッテの著書は反オースマンの旋風をひろく欧米世界に捲き起こ

した．約60年後のリンチの著書は，それとは別の形で，権力とは異なる都市の見方があることをひろく世界中に知らしめたのである．

『都市のイメージ』での主張は，判断の基準が大勢の都市居住者の側にあるという点，形態には気候や時間，記憶などの要素が付与されるので，形態を議論するということは単に物理的な空間構成を論じることに止まらないという点で，ジッテの思想とは異なる新しさがある．

では，リンチ以降では，どうだろうか．世界的な影響力を持ったという点ではC.アレグザンダーの著書『パタン・ランゲージ』(1977年．平田翰那訳，1984年，鹿島出版会)をあげることができる．同書は空間のつくりかたの規範として253の作法を帰納的に抽出しているが，誰もが心地よく感じる空間の質という価値判断を基本としている点で，リンチの思想と本質的に異なっている．

景観法のもとでの景観計画が全国各地で立案されるようになってきた今日の日本にあって，リンチが構想した5つのエレメントの工夫によってイメージアビリティの高い都市へと磨きをかけていこうという動きは，アレグザンダーの提唱したパタン・ランゲージの規範と並んで，普遍的な課題としてとらえられるようになっている．

次なる課題は，おそらくは，リンチが『都市のイメージ』ではあえて触れなかった都市空間の「意味」の世界を正面に見据えることではないだろうか．

リンチが都市空間の「意味」の世界を避けざるを得なかったのは1950年代のアメリカの現実に起因しているともいえる．都市の社会的な意味づけが階層によって異なっており，公約数的な集約はほとんど不可能だったに違いない．

しかし，歴史や文化に支えられた意味世界を抜きに都市空間を統合することは本来的にはあり得ない．初版刊行からおよそ半世紀を経て，都市を空間の現象として見据える『都市のイメージ』の果たしてきた役割を心に刻みつつ，私たちは次のステップに進むべきではないか．都市に対する共通の思念が曲がりなりにもあるといえる日本の現実において，そのことは可能だと考える．

まちをくまなく歩き，専門家の目と居住者の目を相互に重ね合わせて都市への正しい距離感を取るというリンチらが考えた手法によって，50年前のリンチの方法論的枠組みの限界を突破することが可能なのではないだろうか．本書はそのためのエネルギーを与えてくれる．

　巻末に付された翻訳者である富田玲子氏の長文の解説文も，1960年代後半の日本に生まれてこようとしていた都市デザインの新しい動きを体感させる口吻に満ちている．これもそのまま歴史的文書として読みごたえがある．

　それにしても本書のそこここにK.リンチの都市に対する限りない興味と愛着が感じられる．たとえば，この本の冒頭は次のようなフレーズで始まっている．

「都市を眺めるということは，それがどんなにありふれた景色であれ，まことに楽しいことである．」(1頁)

　これほど素直に都市に対する愛惜を表現した著書も少ないだろう．本書が永い命脈を保ってきた秘密も，都市に対するこうした暖かい心持ちに支えられた細かい観察眼にあるといえる．

　同時に，リンチは都市というものが大勢のひとの関与によって長い時間をかけて作られ，変えられていくという事実を忘れない．冒頭の一文に続いて，次のように述べている．

「建築作品と同じ様に都市も空間の構成ではあるが，スケールが非常に大きく，長い時間をかけてようやく感じとられるものである．だから，都市のデザインは時間が生み出す芸術である．」(1頁)

　そうした都市の構成員のひとりとして自らの立場をわきまえる謙虚さを著者が保っていたことも，多くの読者が長年にわたって本書を支持してきたひとつの理由である．

(にしむら ゆきお：東京大学名誉教授)

索　引

ア　行

アイデンティティ　10, 58, 85, 105, 113, 146
意味　10, 55, 101, 136
イメージ　1, 8, 85, 106, 110, 117, 127, 141, 146, 148, 150, 167, 204
イメージアビリティ　12-16, 19, 55, 119, 127, 178, 181
インタビュー　182, 187, 200
運動を意識させるもの　135
エッジ　56, 76-81, 125, 164
エレメント　9, 19, 56, 104
オリエンテーション　4, 11, 26, 48, 70, 129, 167

カ　行

環境のイメージ　7, 10, 16, 56, 104, 155-162
観察者　7, 13, 56, 204
規則正しさ　76
均質性　130, 229
近接　87, 90
空間的な特質　61, 120, 130
グループ・イメージ　9, 10, 19
形態　13, 17, 55, 114, 137, 147, 151, 171, 174
形態の単純さ　133
現地踏査　18, 182, 187, 201
コア　45, 57, 87, 94
個人のイメージ　55
コントラスト　54, 81, 90

サ　行

サン・マルコ広場　97
視界　134
視覚的な鮮明さ　69
視覚プラン　147
時間的な連続　135
シークエンス　1, 29, 68, 128, 143
ジャージー・シティ　30-38, 190
ジャージー・シティ（エッジ）：
　ハッケンサック河　79
　パリセイズの壁　31
ジャージー・シティ（ディストリクト）：
　ウェスト・サイド・パーク　32, 38
　バーゲンセクション　32
ジャージー・シティ（ノード）：
　ジャーナル・スクエア　31, 32, 37
　トンネル・アベニュー・サークル　35, 72
　ハミルトン・パーク　37
　バン・ボースト・パーク　38
ジャージー・シティ（パス）：
　コミュニポー・グランド　32
　ニューアーク・アベニュー　32
　バーゲン・ブールバード　73
　ハドソン・ブールバード　32, 73
　フェアビュー・アベニュー　37
　プラスキ・スカイウェイ　35
　モンゴメリー・アベニュー　32
ジャズのパターン　144
集中点　57
柔軟さ　140

障壁　56, 126
心理的な距離　106
スコレイ・スクエア(→ボストン：ディストリクト)
ストラクチャー　10, 58, 105, 113, 146
接合点　57, 90, 100, 123
接合の明晰さ　134
全体のイメージ　130, 197
全体のパターン　105, 145, 150,
存在感　117

タ　行

対照的な素材　125
知覚の材料　140
地形　139, 211
注意をひきつける焦点　129
継ぎ目　56, 126, 132
ディストリクト　56, 82-90, 130
適切感　117
テーマ　84, 94, 130, 214, 220
特異性　98, 126, 132
都市　2, 114, 119, 139
都市を見るための教育　148, 152

ナ　行

ネットワーク　124, 144
ノード　57, 90-98, 128

ハ　行

背景との対照　98, 126
パス　56, 59-76, 119-125
バック・サイド　209, 214, 217
パノラマ　52, 223
パブリック・イメージ　9, 18, 55, 147, 182, 197
ビーコン・ヒル(→ボストン：ディストリクト)
フィレンツェ　102, 115, 128-130

複合体　105
部分と全体との相互作用　137
フロント・サイド　209, 212, 216
分離　69, 70, 131
ベネチア　13, 97, 121, 167, 178
変化度　48, 65, 66, 121, 125
方向性　65, 81, 120, 125, 134
放射　87, 129
ボストン　20-30, 184, 188, 196, 207-235
ボストン(エッジ)：
　チャールズ河　21, 24, 51, 207, 219, 222
　ボストン港　70, 77
ボストン(ディストリクト)：
　ウェスト・エンド　195, 209, 219
　コップス・ヒル　223
　コモン　21, 23, 25, 195, 211, 219, 222
　サウス・エンド　85, 195
　スコレイ・スクエア　23, 91, 209, 212, 224-235
　ノース・エンド　22, 195, 224
　バック・ベイ　22, 23, 223
　パブリック・ガーデン　23
　ビーコン・ヒル　21, 24, 105, 195, 207-224
ボストン(ノード)：
　コプレイ・スクエア　22, 23
　サウス・ステーション　93
　地下鉄入口　233
　チャールズ・ストリート・ロータリー　91
　ドック・スクエア　224
　ヘイマーケット・スクエア　224
　ルイスバーグ・スクエア　22, 209, 220
ボストン(パス)：
　アトランティック・アベニュー

22, 24
ケンブリッジ・ストリート　24,
　195, 209, 224, 231
コート・ストリート　224, 227,
　230
コモンウェルス・アベニュー
　21, 23
サドバリ・ストリート　227, 228
ジョイ・ストリート　209, 219
ストロー・ドライブ　28
セントラル・アーテリー　28
チャールズ・ストリート　24,
　209, 217
トレモント・ストリート　23, 26,
　195, 212, 224
ハノーヴァー・ストリート　224
ハンティントン・アベニュー　23
ビーコン・ストリート　23, 209,
　212
ボイルストン・ストリート　26
ボードイン・ストリート　209,
　219
マウント・ヴァーノン・ストリー
　ト　209, 219
マサチューセッツ・アベニュー
　20, 23, 26
ワシントン・ストリート　21, 23,
　232
ボストン（ランドマーク）：
　州会議事堂　21, 101, 217, 219
　ジョン・ハンコック・ビル　101,
　　195
　ファナル・ホール　224
　メディカル・センター　32, 38

マ 行

マイナー・エレメント　186
満足感　117
見えやすさ　12

結びつける縫い目　79
名称　85, 136, 161
明白な構造　117
メジャー・エレメント　186
メロディー　135, 145
メロディックな方法　124

ヤ 行

優越性　133
用途の集中　61, 120, 128
よく目に見える都市　115

ラ 行

ランドマーク　58, 98-104, 126
リズム　86, 120
連想　61, 85, 101, 127, 136
連続性　64, 76, 108, 120, 125, 133,
　137
ロサンゼルス　38-51, 192
ロサンゼルス（ディストリクト）：
　シヴィック・センター　41, 52
　スキッド・ロウ　41
　トランスポーテーション・ロウ
　　41
　バンカー・ヒル　41, 45
　リトル・トーキョー　41
ロサンゼルス（ノード）：
　パーシング・スクエア　40, 42
　プラザ-オルベラ・ストリート
　　41, 45, 50
ロサンゼルス（パス）：
　6番街　45
　7番街　40, 45
　ウィルシャー・ブールバード　51
　スプリング・ストリート　41
　ハーバー・フリーウェイ　41
　ハリウッド・フリーウェイ　41,
　　47
　ブロードウェイ　40, 44

　　　　メイン・ストリート　41　　　　　　ユニオン・デポゥ　41
　　ロサンゼルス(ランドマーク)：　　　　　リッチフィールド・ビル　41, 49
　　　　公立図書館　41　　　　　　　　　　連邦貯蓄ビル　41
　　　　市役所　41, 49　　　　　　　　　　ロビンソンズ・デパート　41
　　　　スタトラー・ホテル　41, 45
　　　　ちいさな灰色の貴婦人　99　　　　　　ワ　行
　　　　ビルトモア・ホテル　41, 43
　　　　フィルハーモニック会館　41　　　わかりやすい環境　6
　　　　ブロックス・デパート　41　　　　わかりやすさ　3, 12, 66

ケヴィン・リンチ（Kevin Lynch：1918-1984）
イェール大学建築学科修了．タリアセンでフランク・ロイド・ライトに師事．MIT アーバンデザイン学科教授，同大学都市デザイン研究所所長をつとめた．アーバンデザイン分野の発展を牽引した指導的人物のひとり．邦訳書に，『時間の中の都市』『居住環境の計画：すぐれた都市形態の理論』『知覚環境の計画』などがある．

丹下健三（1913-2005）
東京大学建築学科修了．同大学都市工学科教授をつとめるかたわら，丹下健三都市建築設計研究所（URTEC）を開設．その活動範囲は建築設計を超え，都市計画など多岐にわたった．東京を巨大なコミュニケーション・システムとして構築する「東京計画1960」は，大胆さと未来性により注目を集めた．

富田玲子
東京大学建築学科修了（丹下研究室）．修士論文は，K.リンチの考察を手がかりにした空間の記号論．1971年より「象設計集団」に所属．

都市のイメージ 新装版　ケヴィン・リンチ

2007年5月29日　第1刷発行
2024年11月25日　第19刷発行

訳　者　丹下健三　富田玲子
発行者　坂本政謙
発行所　株式会社　岩波書店
　　　〒101-8002 東京都千代田区一ツ橋2-5-5
　　　電話案内 03-5210-4000
　　　https://www.iwanami.co.jp/

印刷・精興社　製本・松岳社

ISBN 978-4-00-024138-0　　Printed in Japan

デザインのデザイン
原 研哉

定価 2090 円
四六判 上製カバー 236 頁

- 第 1 章　デザインとは何か
- 第 2 章　リ・デザイン──日常の21世紀
- 第 3 章　情報の建築という考え方
- 第 4 章　なにもないがすべてがある
- 第 5 章　欲望のエデュケーション
- 第 6 章　日本にいる私
- 第 7 章　あったかもしれない万博
- 第 8 章　デザインの領域を再配置する

岩波書店刊

定価は消費税 10% 込です
2024 年 11 月現在